U0320171

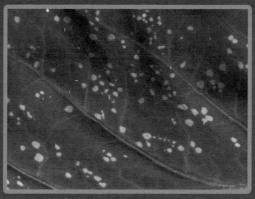

# 烤烟病虫害准确诊断与防治图鉴
## ——以临沧市为例

何元胜　段　焰　余　磊　主编

黑龙江科学技术出版社

# 图书在版编目（CIP）数据

烤烟病虫害准确诊断与防治图鉴：以临沧市为例 /
何元胜，段焰，余磊主编 . —— 哈尔滨：黑龙江科学技术
出版社，2022.4（2023.1 重印）

ISBN 978-7-5719-1313-7

Ⅰ.①烤… Ⅱ.①何… ②段… ③余… Ⅲ.①烤烟—
病虫害防治—图集 Ⅳ.① S435.72-64

中国版本图书馆 CIP 数据核字 (2022) 第 040719 号

**烤烟病虫害准确诊断与防治图鉴：以临沧市为例**

KAOYAN BING-CHONGHAI ZHUNQUE ZHENDUAN YU FANGZHI TUJIAN : YI LINCANG SHI WEI LI

| 作　　者 | 何元胜　段　焰　余　磊 |
| --- | --- |
| 责任编辑 | 蔡红伟 |
| 封面设计 | 安　吉 |
| 出　　版 | 黑龙江科学技术出版社 |
| 地　　址 | 哈尔滨市南岗区公安街 70-2 号　邮编：150001 |
| 电　　话 | （0451）53642106　传真：（0451）53642143 |
| 网　　址 | www.lkcbs.cn　www.lkpub.cn |
| 发　　行 | 全国新华书店 |
| 印　　刷 | 三河市元兴印务有限公司 |
| 开　　本 | 710mm × 1000mm　1/16 |
| 印　　张 | 17 |
| 字　　数 | 260 千字 |
| 版　　次 | 2022 年 4 月第 1 版 |
| 印　　次 | 2023 年 1 月第 2 次印刷 |
| 书　　号 | ISBN 978-7-5719-1313-7 |
| 定　　价 | 60.00 元 |

何元胜，男，1981年生，云南红河人，硕士研究生学历，中共党员，云南省烟草公司临沧市公司技术中心副主任，负责市烟草科技创新管理工作，主要研究方向为烟叶生产关键技术研究和推广应用。先后发表论文30余篇，获得授权专利12项、软件著作权3项，注册烟叶商标2个，主持编写并发布企业标准3个、地方性规范1个，出版学术著作2部；主持云南省烟草公司烟草科技项目等5项，获得国家局、省局科技进步奖4项；主持和举办各类技术培训会和现场会，参训人数每年1万人以上，每年编写下发指导手册、技术规范上万册，基本涵盖烟叶生产各个关键环节。

段焰，男，1971年生，云南保山人，本科学历，中共党员。1993年7月毕业于云南农业大学烟草专业，同年进入保山地区烟草公司，1997年至2011年任党支部书记、销售科副科长，2012年至2014年任保山市烟草专卖局（公司）经理助理兼办公室主任，2016年至2019年3月任保山市烟草专卖局（公司）党委委员兼腾冲市烟草专卖局（分公司）书记、经理，2019年3月至2020年5月任保山市烟草专卖局（公司）党委委员、副局长，现任云南省烟草公司临沧市公司副局长、副经理（主持工作）。主要研究方向为烟叶生产关键技术研究和推广应用，先后发表论文4篇，获得授权专利6项。

余磊，男，1981年生，河南夏邑人，农学博士，教授（三级），硕士生导师，中共党员，昆明学院云南省都市特色农业工程技术研究中心主任。2010年博士毕业于云南农业大学及农业生物多样性应用技术国家工程研究中心，现主要从事烤烟生产关键技术研究工作。先后发表相关科研论文90余篇，其中第一作者和通讯作者59篇，SCI和ISTP检索论文35篇，申请专利77项（已授权34项），获得软件著作权登记20项，出版专著3本；先后主持基金项目共12项，成果获"国际领先"鉴定1项，并入选云南省科技厅重点科技成果推介和国家科技部人才中心优秀项目奖；曾获云南省"科技特派员"称号；任云南省教育厅"2018—2022年云南省高等学校植物生产类专业教学指导委员会"委员及"2018—2022 年云南省高等学校农艺（含农学、植物保护）类专业教学指导委员会"副主任委员；获得"昆明市有突出贡献优秀专业技术人才""云南省中青年学术技术带头人后备人才""云南省万人计划青年拔尖人才"及"云南省政府特殊津贴专家"等荣誉称号。

## 副主编

吴巨广、郑元仙、王继明、许银莲、黄飞燕、陈小龙

## 编　委

亚平、何川、张永俊、李本辉、熊天娥、文涛、段宏、王树忠、孔广才、张晓远、叶正红、张开梅、陶春风、李翠芬、契逸梅、杨陈、龚玖零、贾燕超、李文瑜、宋辉、赵鹏翔、李树成、黄晓杰、和明东、沈修卿、黄海云、杨亚双、赵俊、罗登荣、阿相军、罗永佳、李正文、王文学、李亮、王倩儒、王小晓、李宇、李德祥、赵文龙、杨洪美、李财、段杰、顾少龙、何军、叶贤文、刘佳妮、陈泽斌、柯艳果、魏环宇、钟宇、苏源、蔡永占、闫鼎、蔡宪杰、张瑜瑜、杨敏、童文杰、邓小鹏、张留臣

# / 序 言 /

随着云南省临沧市烤烟种植产业的不断发展和种植规模的不断扩大，病虫害已成为制约当地烤烟产业发展的重要因素之一，导致烤烟产量和质量大大降低，直接影响烟农的种植效益，极大地打击了烟农种植烤烟的积极性。因此，有必要加强对临沧烟区烤烟病虫害的综合防治力度，始终坚持预防为主、防治为辅的原则，保证早发现并及时采取有效措施，尽量把病虫害所导致的损失降至最低。基于此，本书详细地探讨了烤烟在种植过程中所遭受的常见病害和虫害，并提出相应的防治措施，以期能有效控制烤烟病虫害，从而提高临沧烟区烤烟的产量和质量。

本书第一章从烟草概论入手，详细论述了烟草的类型、烟草的生物学基础及烟草的生长发育知识等，帮助读者了解烟草的基本常识；第二章介绍了烤烟的品种，包括烤烟的品种的培育、培育烤烟优良品种的作用及我国烤烟品种的发展历史等；第三章对云南省新烟区——临沧烟区进行了介绍，分析了其烟草种植的自然条件、烤烟种植区划及种植烤烟的优势等；第四章和第五章从临沧烤烟主要病虫害的诊断与防治的角度展开叙述，图文结合，实用性和参考性较强；第六章阐述了临沧市烤烟产业的健康发展，首先分析了该烟区病虫害趋于加重的原因，其次提出了烤烟产业健康可持续发展的对策，最后从"科技兴烟"的战略角度出发，分析了将科学技术应用于烤烟产业的具体实施策略，以期进一步推进临沧市烤烟产业的发展。

烟草病虫害对于烟草质量的影响是巨大的，因此相关工作者必须高度重视，严格贯彻落实"预防为主、综合防治"的策略，提升烟草病虫害防控效率，降低病虫害产生的损失，从而促进烟草产业的稳步发展。

# / 目 录 /

# 第一章　烟草概论

# 第一节　烟草的类型

烟草在长期的栽培过程中，由于人们的要求、栽培措施、调制方法和自然环境条件等方面的差异，形成了多种多样的类型。不同类型的烟叶无论外观性状、化学成分还是烟气特点都有明显差别，人们根据这些差别生产出不同类型的烟草制品。

## 一、国外烟草类型的划分

人类最开始栽培并传播至各地的烟草是黄花烟草，它的味道辛辣，刺激性大，产量低。大约从 1612 年起，美国弗吉尼亚州开始种植普通烟草，它的味道好，刺激性小，产量高，因而逐渐取代了黄花烟草，后来成为世界上广为栽培的红花烟草。

烟草对环境条件十分敏感，随着栽培区域的扩大，其品种的变异越来越大。与此同时，随着制烟工业的发展，烟草制品的种类发生了很大的变化，最先是斗烟和鼻烟，而后是嚼烟，再后来是雪茄烟，最后是卷烟。随着这些变化，人们逐渐发现一定的地区特别适合生产制造一定成品的烟叶，也逐渐发现在一定地区生产的一定品种的烟叶，最好采用一定的方法进行调制，只有这样才能符合制造一定成品的要求。这样，在区别烟草类型时，人们就自然而然地把产地、品种特点、调制方法和工艺用途联系起来进行考虑。同时，根据不同栽培措施对烟叶性质和工艺用途的不同影响，烟叶被分为不同的类型。

## 二、我国烟草类型的划分

最先传入我国的烟草是晒烟，而烤烟只有数十年的历史。晒烟、烤烟在生物学上并不存在特殊的差异，因为烤烟是在晒烟的基础上发展起来的，最初的烤烟生产本来用的就是晒烟品种，有些烤烟品种就是从晒烟品种中选育出来的。我国的香料烟、白肋烟是 20 世纪 50 年代引进的，近年我国又引进了马里兰烟进行试种。

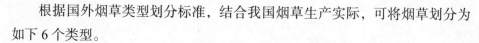

根据国外烟草类型划分标准，结合我国烟草生产实际，可将烟草划分为如下6个类型。

**（一）烤烟**

田间成熟的烟叶，采收编竿装入烟叶烘房内，用人工控制热能烘烤干燥的烟叶称为烤烟。烟叶烘房内的加热装置是火管，所以烤烟又叫火管烤烟；因其起源于美国弗吉尼亚州，所以也叫弗吉尼亚型烟。1932年，弗吉尼亚烟农发明了用火管在房内烤干烟叶的技术并获得专利，用这种方法烤出的烟叶色黄、鲜亮、品质好，因此很快得到推广。现在，烤烟是我国也是世界上栽培面积最大的烟草类型，是卷烟工业的主要原料。

**（二）晒烟**

田间成熟的烟叶被采收后，借助阳光加温干燥生产出的烟称为晒烟。我国先晾后晒或晾晒交替进行调制的烟叶均属晒烟。晒烟在国内外栽培历史最久，是我国第二大烟草类型，各地不仅具有丰富的栽培晒烟的经验，而且因地制宜地创造了许多独特的晒制方法，一些晒烟驰名中外。由于自然条件、栽培技术和调制方法的不同，我国产生了多种多样的晒烟类别，因晒后颜色不同而分为晒黄烟和晒红烟（相当于国外的浅色晒烟和深色晒烟）。晒烟除供制造斗烟、旱烟、水烟、卷烟外，还可作为雪茄芯叶、鼻烟和嚼烟的原料。一般晒黄烟的外观特征和所含成分比较接近烤烟，而晒红烟同烤烟差别较大。晒红烟一般单株叶片较少，叶肉较厚，需氮肥较多，分次采收或整株采收，以上部叶片质量最佳，晒后多呈褐色或紫褐色，一般含糖量较低，蛋白质和烟碱含量较高，因此烟味浓，劲头大。

**（三）晾烟**

调制过程是在晾房内或室外无阳光直接照射的自然气候条件下干燥的烟叶叫晾烟。除白肋烟以外的所有其他晾制烟草都是晾烟，主要包括雪茄包叶烟、马里兰烟和传统晾烟。

雪茄包叶烟要求具备叶片薄、无虫孔、油分足、质地细、有弹性、燃烧性好等特点。美国因此多采用遮阴栽培，在云雾多、日照弱的条件下生长的烟叶品质最好。这种烟叶的中下部叶片调制后薄而轻，筋脉细，完整无损，颜色为均匀的浅绿色，组织细而拉力强，而且阴燃持火性强、燃烧均匀。

马里兰烟因原产于美国马里兰州而得名，是浅色晾烟，其特点为叶片大，茎节较密，原烟阴燃性好，有中性芳香，因而将它与其他类型的烟叶混合，能够改进卷烟的阴燃性，又不干扰香气与吃味。此外，马里兰烟还具有填充力强、弹性好、能增加卷烟透气度等特点，其焦油和尼古丁含量比烤烟、白肋烟低，是制造混合型卷烟的原料。

我国传统晾烟产区有广西武鸣，云南永胜、罗平、陇川、瑞丽、蒙自等，栽培面积小。武鸣晾烟是将砍收的整个烟株挂在阴凉通风的场所，晾干后堆积发酵制成的。晾制后的烟叶尼古丁、总氮含量高，含糖量低，香气浓，劲头大。

### （四）白肋烟

白肋烟是马里兰型阔叶烟的一个淡色晾烟突变种，是 1864 年在美国俄亥俄州布朗县一个种植马里兰阔叶型烟的苗床里发现的缺绿型突变株，后经专门种植，证明其具有特殊价值，从而发展成为一种烟草新类型。白肋烟这个名字是由该烟的英文名称"Burley"的音译兼意译而得来的。

白肋烟的主要特点是茎和叶片的主脉呈乳白色，叶片呈淡绿色，叶绿素含量为其他正常绿色烟的 1/3。白肋烟的栽培方法与烤烟相仿，但要求其中下部叶片大而较薄，适宜较肥沃的土壤，对氮素营养要求较高，生长较快，成熟集中，分次采收或整株采收。其调制方法是将整株倒挂于晾房内晾干。白肋烟的烟碱量和总氮量比烤烟高，含糖量较低，叶片较薄，弹性强，组织疏松，填充性好并有良好的吸收能力，容易吸收卷制时的加料，是制造混合型卷烟的主要原料。

### （五）香料烟

普通烟草传到地中海沿岸之后，在当地特殊的自然条件下形成了一种新的烟草类型，主要分布在地中海和黑海沿岸的少雨地带，因土耳其栽培早，且面积大，故又称土耳其烟或东方型烟，是一种小叶型晒烟。因为其具有独特的芳香物质，所以又名香料烟。

香料烟的质量与产地的气候、地形、土壤和栽培调制方法密切相关，适宜种植在有机质含量少、肥力不高、土壤较薄的沙土或砾土的山坡上。香料烟的显著特点是株型纤瘦，叶片多而小，呈宽卵圆形或心脏形，有柄或无柄。生产上要求香料烟叶片小而厚，因此种植密度大，是烤烟的 5 ～ 10 倍，施肥数量较少，尤应控制氮肥，适当施用磷钾肥，不打顶，自下而上地分次采收。

调制方法是半晾半晒，先晾至萎蔫变黄后再进行晒制。品质以顶部叶最好，烟叶所含糖、总氮、蛋白质等化学成分介于烤烟和白肋烟之间，具有燃烧性好、焦油和烟碱含量较低、气味芳香等特点，是混合型卷烟和晒烟型卷烟的原料。

**（六）黄花烟**

黄花烟同以上 5 种类型烟草的根本区别在于它在植物分类上属于不同的种，是一种古老的烟草类型。目前黄花烟的主产国是俄罗斯，当地人将其称为马合烟。

黄花烟的植物学特性与其他烟草类型差异很大：黄花烟植株矮，主茎着叶 10 余片，叶片呈小卵圆形或心脏形，叶色深绿，有叶柄；花色淡黄至黄绿，花冠长度约为普通烟草的一半；果实呈球形，种子较大，千粒重约为普通烟草的 3 倍，黄花烟生育期短，性耐冷凉，多被种植于高纬度、高海拔和无霜期短的地区。我国兰州一带的黄花烟按收获和调制方法的不同，分为绿烟和黄烟。一般黄花烟叶含糖量较低，总氮和蛋白质含量较高，尼古丁含量高达 4% ～ 10%，烟味浓烈。

我国各类型烟草以烤烟为主，晒烟次之，其他类型烟草也有种植，但面积不多。以烟叶为原料，经加工制成的产品称为烟草制品，包括卷烟、斗烟、旱烟和水烟、鼻烟、嚼烟等种类。

## 三、烟草制品的种类

第一种：卷烟（纸烟、香烟、烟卷）。

用各种烟叶均匀混合，切成烟丝，用卷烟纸卷制包装后的卷烟成品叫作卷烟，包括过滤嘴卷烟和无过滤嘴卷烟。按烟叶品种及色、香、味等特点的不同，卷烟可分为以下几种。

烤烟型卷烟：全部或绝大部分烤烟型卷烟以烤烟烟叶为原料制成，烟丝颜色较淡，具有明显的烤烟香气、吃味，劲头适中。目前，国内绝大多数卷烟均属烤烟型卷烟。

混合型卷烟：混合型卷烟以烤烟、白肋烟、香料烟及其他晒晾烟叶为原料混合卷制而成。烟气中具有多种烟叶均匀谐调的香气和吃味。烟丝颜色较深、劲头较大。当今国际市场上的卷烟多为混合型卷烟。

晒烟型卷烟：全部或绝大部分以晒烟烟叶为原料制成，具有明显晒烟香气、吃味的卷烟。

雪茄型卷烟：雪茄型卷烟又称叶卷烟，全部由具有雪茄型香气的晒晾烟制成的圆柱形或方柱形卷烟。其最内层的芯叶要求芳香，具有适当的劲头和良好的燃烧性。包卷在芯叶外面的是内包皮叶，包卷在最外面的是外包皮叶。外包皮叶要求韧性好，叶片薄，支脉细少，组织细致，还要求颜色均匀美观，不带病虫损伤斑点。近代，为便于机械化生产，有的烟厂采用烟草薄片或用特殊的卷纸代替内包皮叶和外包皮叶。雪茄烟按其烟支重量可分为大雪茄和小雪茄；按内外包皮的构成不同，可分为全叶雪茄（用天然叶作内、外包皮卷制成的雪茄烟）、半叶雪茄（用棕色卷纸或烟草薄片作外包皮卷制的雪茄烟）；按吃味的浓淡程度可分为浓味型、中味型、淡味型雪茄。

药物卷烟：药物卷烟指在卷烟配方中加入某种中草药（以溶液的方式加入），对某些疾病具有一定的预防或治疗效果而无副作用的卷烟。

低焦油卷烟：低焦油卷烟为每支卷烟烟气中焦油含量低于 15 mg 的卷烟。

中焦油卷烟：中焦油卷烟为每支卷烟烟气中焦油含量为 15～25 mg 的卷烟。

高焦油卷烟：高焦油卷烟为每支卷烟烟气中焦油含量超过 25 mg 的卷烟。

特长卷烟：特长卷烟指成品卷烟烟支长度大于 84 mm 的卷烟。

目前我国市场上销售的卷烟分为甲一、甲二、乙一、乙二、丙一、丙二、丁、戊 8 个等级，具体标准如下。

甲一级：烟丝呈金黄或橙黄色，油润，没有青黄色或黄褐色烟丝，颜色微不均匀，香气浓郁、纯净、谐调，属清香型，入喉和顺、舒适。

甲二级：烟丝呈正黄或深橙黄色，较油润，没有青黄色烟丝，颜色微不均匀，略有白点，香气充足，较纯净、谐调，属清香型，入喉和顺、舒适。

乙一级：烟丝呈淡黄或深黄色，略有光泽，微有深褐色或青黄色烟丝，颜色微不均匀，有白点，香气较充足，微有杂气，谐调，属浓香型，入喉较和顺、舒适。

乙二级：烟丝呈赤黄或淡黄色，略有光泽，微有深褐色或青黄色烟丝，颜色略不均匀，有白点，略有杂气，略谐调，属浓香型，入喉较和顺，略有刺激性，微不舒适，微滞舌。

丙一级：烟丝呈褐色，较暗，略有深褐色和青色烟丝，颜色较不均匀，香气淡薄，稍有杂气，不谐调，入喉略有刺激性，微滞舌。

丙二级：烟丝呈褐色，较暗，略有深褐色、青色和黑色烟丝，颜色不均匀，略有香气，有杂气，不谐调，入喉较有刺激性，滞舌。

丁级：烟丝呈褐色，灰暗，有青色、青褐色和黑褐色烟丝，香气平淡，杂气较重，不谐调，入喉有刺激性，滞舌、涩口、微苦。

戊级：烟丝呈深褐色，香气平淡，杂气重，不谐调，入喉有刺激性，滞舌，涩口，有苦味。

质量好的香烟除色泽、香气和吸味外，水分含量也需适中。水分过多烟味会变得平淡，易发霉；水分过少易造成空头烟，使燃烧加快，烟气中尼古丁含量增加，刺激性强烈，吸味燥辣。香烟不能卷得过紧，也不能卷得过松。过紧燃烧速度太慢，吸不出烟来；过松会造成空头烟。质量好的香烟应该外观挺直饱满，不软不硬，不瘪不弯。香烟在燃烧过程中，不能熄火、燥火，燃烧速度不能过快或过慢，以燃烧完全者为优。烟丝燃烧完全，烟气的吸味才能丰满，一般从燃烧后的烟灰可以判别香烟燃烧是否完全：质量好的香烟燃烧后，烟灰呈白色；质量一般的香烟烟灰呈灰色；质量差的香烟燃烧较差，烟灰呈深灰色，但不应呈黑色。

第二种：斗烟。

用烟斗燃吸的烟草制品叫斗烟。一般烟草制成丝状或粒状，主要原料为晒烟，也有用烤烟、白肋烟、香料烟的。斗烟烟丝香气强烈丰满，具有一种特殊的风味。

第三种：旱烟和水烟。

用水烟筒和旱烟袋吸食的烟草制品是旱烟和水烟，主要原料是晒烟和黄花烟。兰州水烟是我国著名的传统出口商品，云南的蒙自刀烟、罗平八大河晒烟也很有名。

第四种：鼻烟。

鼻烟是一种直接涂抹在鼻孔内闻吸的烟草制品，以晒烟为原料制成，产品呈粉末状。

第五种：嚼烟。

嚼烟是一种供人咀嚼的烟草制品，香气浓，味甘甜，一般采用晒晾烟或烤烟烟叶加香料压制成芯，外用小麦粉包裹，涂上橄榄油，制成饼状、条状和卷状。在矿山、油库等不准吸烟的场所，可使用这种烟草制品。

# 第二节　烟草的生物学基础

## 一、根

### （一）根的形态

烟草的根包括主根、侧根和不定根 3 部分。烟草本属主根系植物，但移栽时主根会被切断，故在主根和根茎部分发生许多侧根，侧根又可产生二级侧根和三级侧根，因此在成长的烟株上主根不明显，侧根和不定根成为根系的主要组成部分。在耕作层中，根系分布的密度及宽度都较大，但随着深度的增加逐渐减少，因此根系呈圆锥形。烤烟的发根能力很强，生产上常利用这个特性，采取培土的方法，促使茎部长出许多不定根，以扩大吸收范围，并增强其对烟株的支持能力。

就烟草根系的密集范围来看，显然要比分布范围小得多，特别是深度方面的密集度更小。根据现有资料来看，根系有 70% ~ 80% 密集在地表下 16 ~ 50 cm 的土层内，而密集的宽度为 25 ~ 28 cm，密集的深度只有总深度的 1/4 ~ 1/3，这与表土条件有关。

### （二）主根、侧根和不定根的产生

从植物学的观点来看，种子发芽时，首先伸出胚根，胚根继续伸长形成主根。主根长出来之后，不断地形成侧根，侧根起源于中柱鞘，在根毛区的上部，也就是成熟区的较下部，当形成层刚刚产生和开始活动时，位于初生木质部外侧的中柱鞘细胞，经过平周（平行于茎周）分裂，形成了内外排列的 3 层细胞，最后分化成为侧根的根尖。其次由于伸长区的伸长和输导组织分化，根冠和生长点穿过母根（主根）的皮层而长成侧根。侧根的木质部和韧皮部，均与母根的相应部分相连，在构造上也与母根一样。烟草在许多部分可以产生不定根，特别是茎的基部，在培土以后，适当保持湿润和通气，可以促进不定根的发生。不定根数量可达总根量的 1/3，对烟草的生长具有重要的作用。茎部的不定根是由形成层产生的，当某一点产生不定根时，该处的形成层不仅形成平周分裂，而且进行垂周（垂直于茎周）分裂，并在次生木质部的外侧产生不定根的根冠和生长点，后者继续活动，并逐渐向外伸长，穿过茎的韧皮部和皮层，最终伸出茎外形成新根。

烟草从第一片真叶出现开始，根系即迅速生长；到第二片真叶出现时，从主根上发生侧根；到第五片真叶出现时，侧根在 20 条以上，并生出二级侧根；到成苗时，已经形成了完整的根系。幼苗移入大田时，主根被切断而停止生长，从而开始强烈地发生侧根；在移栽后 15 ～ 20 d，根系深度可达 25 cm；到植株开始开花时，根系深度可达 80 ～ 100 cm；打顶之后，根系会进一步发展。

### （三）根的生理机能

#### 1. 吸收机能

烟株所需要的养料和水分，大部分都是根从土壤中吸收的。根的吸收作用主要依靠根尖部分进行，但吸收水分主要通过根毛区，而对无机盐的吸收则主要靠根毛区前端吸收作用较强的部分。根毛的寿命很短，只几天到几个星期便会枯落，然后被新生的根毛代替，所以要使烟株有强大的吸收机能，保持根毛的顺利生长是十分重要的。因此，在栽培上要为根系生长创造一个良好的环境条件。首先，在移栽时应尽量减少根毛损伤。其次，要使土壤有良好的通气条件。田间积水会导致烟株凋萎，甚至萎黄枯死，这与缺氧和二氧化碳积累而影响呼吸作用有关。因为土壤中缺氧，会导致土壤中嫌气性微生物的活动加强，产生某些有毒物质而引起毒害，因此在低洼地带和多雨季节要注意排水。最后，土壤温度对根系吸收机能影响很大，在土壤温度降到 3 ～ 5 ℃时，烟苗即使不缺水也会停止生长，这显然是吸收机能受到严重影响的缘故。因此，在天气较冷的春季，提高土壤温度是保证烟苗健壮生长的一项重要措施。烟草大田生长期间的中耕，也是提高土壤温度的一个有效方法。

#### 2. 合成作用

烟草的根不但是重要的吸收器官，而且是一个重要的合成器官，不少重要的有机物和氨基酸等，都主要是在根部合成的。影响烟草品质的一个重要成分——烟碱（尼古丁）也主要在根部合成，尤其是在根尖部分合成较多，合成以后再运送到茎叶中去。烟草中的木烟碱，则在地上部和根部都可以合成，但以根部合成为主。

## 二、茎

### （一）茎的形态

在种子萌发之后，顶芽就开始分化，随着烟草个体的生长，顶芽体积不断增大。一方面，顶芽细胞的数目增多；另一方面，顶芽生长点的直径加大。这时，在外形上就可看出茎的形态。同时，随着顶芽的不断生长和分化，主茎开始不断生长。茎的生长表现，体现在节间的伸长、节数的增加和叶片数目的增多，直到植株全部形成，茎已经具备了完整的结构。

茎是连接根系，支持叶、花、果实，运输水分和养料的主要器官，是营养器官中的一个重要组成部分。烤烟烟草具有圆柱形直立的强大主茎，一般为鲜绿色，老时呈黄绿色。茎内含叶绿体，能进行光合作用，合成有机物。幼茎内充满了发达的髓，所以是实心的，里面可以储存养料，但老的茎内，髓部被破坏，只剩下一些残余物而变成空心。茎的表面密生茸毛，幼茎上尤多。茎上有气孔，能进行气体交换。在茎的节上，着生叶片。两节之间称为节间。在同一烟株上，茎的节间长短不一，因此叶在茎上的着生也有疏有密。茎高、节间长度及茎的粗细，随着品种和栽培条件而异。烤烟烟草的株高，一般为 100～360 cm。一般多叶型品种较高，少叶型品种较矮。主茎的高度取决于节数和节距的大小，节距大、节数多者，主茎高。主茎高度等于节数和节距平均长度之乘积。一棵烟株上的节间，一般是下部较短，上部较长。节距的这种差异，以不过大为好。茎的粗细，因品种和栽培条件的不同而不同，栽培条件好，则茎较粗。一般同一品种的不同植株间，茎的粗细与叶片的大小成正比。

### （二）茎的生理机能

烟草茎秆的主要机能是输送水分和养料，主要是通过输导组织进行的。根部吸收的水分和养料，由木质部的导管上升。由叶片合成的养料，由韧皮部的筛管运输到上部的嫩叶及生长点或果实中，同时也向下输送到根部。导管是中空的死细胞，所以水和无机盐养料的运送速度和方向，主要取决于其他部分的吸收力与呼吸强度。烟草上部的嫩叶生长势较强，呼吸较旺盛，而且亲水胶体较多，所以水分和无机盐养料优先运送到顶端，下部叶片得到的较少。在水分不足时，下部叶片首先受到影响，所以干旱和缺肥时，底部叶片首先枯黄。

有机养料的输送与上述情况不同，这一过程是在活的筛管中进行的，所以运送速度与茎部的生命活动，特别是与韧皮部的呼吸强度有关。低温、缺氧均会影响运输机能。但是有机养料的运输方向不取决于韧皮部，而取决于利用养料部分的生理状态，凡是生命活动比较活跃、代谢作用较盛、生长较快的部分，常常为养料集中的中心，顶部在这方面占有优势。而下部已长成的叶片，通常不能从其他部分获得大量的有机养料。当其本身制造的有机物质不能满足自己的需要时，只能枯落。

# 三、叶

烤烟烟草的叶，是由顶芽或腋芽的生长点细胞分化而成的。生长点中某一点的细胞分裂和生长较快，向外突出，就成为叶原基。通常叶原基出现在生长点的周围，按照叶序的规律排列。

## （一）叶的形态

烤烟的叶片，是没有托叶的不完全叶。其顶端叫叶尖，呈钝形或渐尖形；四周叫叶缘，平滑或呈波状；叶片宽大部分的基部叫叶基；叶基以下急速变窄，叫侧翼；侧翼下延，着生在主茎上，这一部分叫翼延，俗称"叶耳"，但与禾本科植物的叶耳不同，这只是形象的说法。普通烟草都有明显的侧翼，但有的较宽，有的较窄，无论窄到什么程度，都有翼延下伸至茎部。

烟叶中间有一条主脉，俗称"烟筋"或"烟梗"。主脉两侧有 9～12 对侧脉，主脉与侧脉形成的角度与叶形直接相关，角度大的叶宽，角度小的叶窄。叶脉的粗细，直接影响茎叶角度，脉粗的茎叶角度小，脉细的茎叶角度大。一般原烟的烟梗重量占全部叶片重量的 25 % 左右，粗的为 30 %～40 %，烟草工业偏好烟梗粗细适中的烟叶，烟梗太粗则降低烟叶的出丝率。

叶片的大小与厚薄，因品种不同而差别很大，即使同一品种，也因着生部位、肥力条件、光照条件的不同而有明显的变化。叶片大的品种，长度可达 70 cm。在同一植株上，一般是中部的叶片最大，下部次之，上部叶片则较小。肥水适宜，光照条件较好，叶片就大，反之则小。

叶片面积的大小，常通过叶面积指数进行计算，而叶面积指数则受叶形的制约，因品种不同而异。根据河南农业大学的测定，"长脖黄"品种的叶面积指数是 0.649 7，"满屋香"是 0.675 4，"潘元黄"是 0.625 8，大多数品种的叶面积指数都在 0.600 0 以上。

叶面积指数的计算方法如下：

$$叶面积指数 = \frac{叶片的实际面积（cm^2）}{叶片长（cm）\times 叶片宽（cm）}$$

在学术研究时，通常将叶面积指数计为 0.634 5，这沿用了传统数据。

叶片的实际面积 = 叶长 × 叶宽 × 叶面积指数

烤烟叶片的厚度，一般为 0.2～0.5 mm，因品种而异，一般多叶型品种叶片较薄，而叶数少的品种则较厚，在同一植株上，中、下部叶片较薄，上部叶片较厚。

叶片与茎形成的夹角，也有大小的不同，一般夹角小的，栽培密度可稍大一些。

由于栽培条件不同，叶片在茎上的着生部位不同，叶片的大小也不相同，从而形成了不同的株型：上、中、下叶片大小相近称为筒形；下部叶片明显大于中、上部叶片的称为塔形；上部叶片明显大于中、下部叶片的称为伞形。

叶片的颜色一般是绿色的，只是不同品种之间有深绿和浅绿之差。同一品种叶色深浅与环境条件有关，在肥水较多或轻盐碱地上生长的烟叶颜色较深，而在营养不良的情况下生长的烟叶颜色较浅。

烤烟的叶形差别也很大，虽然叶形受环境与着生部位的影响，但这种差别主要是由品种的遗传性所决定的。叶形是区别品种的主要特征之一。不同品种的叶形大体上可分为柳叶形和榆叶形两大类。在生产上，凡是叶子长宽比例大于 2∶1 的统称为柳叶形，等于或小于 2∶1 的统称为榆叶形。

烤烟的叶片数是指单株有效叶数，即可烤叶片数。可烤叶片数因烤烟叶片品种不同而有所差异：有 20 多片的，如长脖黄、红花大金元、NC89、G80、K326 等；也有 30～40 片的，如金星 6007 等。在同一品种内，单株叶片数比较稳定。但是环境条件不正常时，如低温、干旱等自然因素，使花芽分化加速，出现早花现象，叶片数目则会减少。生产上应用的一般是少叶型品种。

### （二）叶的构造

叶片的构造可分为表皮、气孔器、毛、叶肉和维管束5部分。

1. 表皮

烟草叶片的表皮分为上表皮和下表皮。上、下表皮都是由单层细胞构成的，外有极薄的角质层，无细胞间隙。表皮细胞近椭圆形或长方形。上表皮细胞较下表皮细胞稍大。正面看，表皮细胞形状不整齐，呈凸凹不平的波纹状轮廓，临近细胞凹凸部分互相嵌合。表皮细胞内不含叶绿体，叶缘部分细胞常膨大，并向外突出。

2. 气孔器

气孔器由两个半月形保卫细胞构成，以凹面相对，中间环抱一气孔，通过这里进行气体交换。气孔具有开闭的运动机能，因而对于蒸腾的调节和光合作用都有很大的影响。上表皮的气孔较少，每平方厘米200个左右；下表皮的气孔较多，每平方厘米300个左右。顶叶的气孔器较小，而脚叶的气孔器较大。据报道，气孔器在日出以后，随日照量的增加而增大张开度，达高峰以后，即出现中午的闭孔现象。烟叶气孔的张开度和张开时间与叶龄及土壤湿度有关。在土壤湿度适宜时，越上层的叶片张开度越大，土壤干燥时，上部叶片气孔张开度显著减小，张开时间缩短，中、下部叶片变化较小。

3. 毛

普通烟草幼叶的表皮上密生茸毛，随着叶龄的增加，一部分逐渐脱落，但在老龄的脚叶上，茸毛仍然存在。一般叶片在工艺成熟期，表皮上的茸毛大部分脱落。根据表皮茸毛的形态和功能，可将其分为保护毛和腺毛两类。腺毛是分泌器官，主要分泌物是精油、树脂和蜡质，这与烟叶的香气吃味有关。腺毛密度与主流烟气的总微粒物中的烟碱成正相关。保护毛对叶片起保护作用。

4. 叶肉

叶肉含有叶绿体，分为栅栏组织和海绵组织两部分。栅栏组织存在于上表皮的内部，是一些平行排列成栅栏状的长柱形细胞。栅栏组织含有叶绿体，是光合作用的主要场所，它的细胞长轴垂直于叶表面，有细胞间隙，但不十分大，一般品种只有一层栅栏组织细胞。海绵组织在下表皮的内部，一般品种由3～4层细胞构成，个别品种由7～8层细胞构成，细胞形状不规则，细胞间隙较大，呈腔穴状。海绵组织含有相当多的圆盘形叶绿体，其直径较栅栏组织的叶绿体稍大。幼叶比成熟叶的叶肉细胞排列紧密。脚叶的组织较疏松。有毒素病的叶片组织零乱且较厚，患缺钾症的叶片组织疏松且较薄。

5.维管束

维管束通常也称为叶脉，是输送水分、无机盐和同化产物的通道。叶片不同部位的叶脉构造不同，中脉具有内韧皮部，侧脉及支脉都无内韧皮部。维管束的构造随叶脉分枝的变细而趋于简单，先是次生构造不发达，然后形成层不出现，最后只剩极少数导管和韧皮部的薄壁细胞，到叶脉的末端，只剩有一个管胞。

**（三）叶片的生理机能**

1.光合作用

光合作用通过叶绿体吸收阳光的能量、二氧化碳和水，制造有机物。烤烟的干物质90％以上直接或间接来自光合作用。光合作用性能的强弱，通常用光合强度来表示。叶片的光合强度因着生部位不同而有差异，同时也受许多环境条件的影响，如栽培密度、施肥、灌溉等。根据河南农业大学和中国农业科学院烟草研究所对小黄金和长脖黄品种的测定，叶片约占全株光合作用总面积的92％，二氧化碳约占全株的98％；茎的光合作用面积约占6％，且光合强度较弱；花序占光合作用面积更小，其中花蕾及幼果虽有一定的光合强度，但在整株中所占的面积比例最少。为了增加光合强度，必须合理密植、灌溉和施肥，并配合合理的田间管理，以提高品质和产量。

2.烟叶的水分生理

叶片是主要的蒸腾器官，不同的环境条件蒸腾强度也不同。例如：在密度较高的情况下，因为株间光照较少，温度较低，所以蒸腾强度也较低，水分的饱和亏缺也较小；在密度较稀的情况下则相反。栽培密度较大，所产的烟叶含水量较高与此有关。烟草是一种抗旱能力较强的作物，它的保水能力和忍受脱水的能力比抗旱能力同样很强的向日葵优秀得多。但是干旱对烟草的生长发育影响很大，所以在生长时期及时而适当地进行灌溉是十分必要的。

同一品种不同部位的叶片，水分生理也有差异。上部叶片细胞较小，单位面积上气孔较多，叶脉较密，所以蒸腾强度比下部叶片大，同化能力也较强。同时，上部叶片细胞液的渗透压值较高，亲水胶体含量较多，能从下部叶片中夺取水分和养料，所以缺水时间较长时，下部叶片首先枯黄而发生底烘。

### 3. 吸收作用

烟草的吸收器官中，叶片也具有一定的吸收能力。叶片的角质层较薄，气孔较多，利于吸收。在国外，很早就利用这个特点进行根外施肥，使烟草通过叶片取得养料，以弥补根系吸收养料时的不足，尤其是微量元素，效果更为明显。河南农业大学在1982年用含铜、铁、硼、锰等药剂喷施叶面就起到了明显的作用。

此外，烟叶促熟剂"乙烯利"也是通过叶面喷洒，被吸收后而起作用的，在生产上可根据情况应用。

# 四、花

## （一）花的形态

烟草的花是完全两性花，花基数是5，也就是5个花萼，5个花冠联合，雄蕊5枚，雌蕊2心皮2室。

花萼绿色，呈钟形，由5个萼片组合而成。花冠呈管状，长4～6 cm，上部5裂。花的颜色和大小是识别品种的依据之一。普通烟草花冠长大，红色或基部淡黄色，上部粉红色，雄蕊5枚，轮列与花瓣相间，花丝4长1短，4枚长度与雌蕊相等，便于自花授粉，基部眷生在管状花冠的内壁上。花药短而粗，呈肾形，由4个花粉囊构成，成熟时通常连成2室，花药向内作缝状裂开。

雌蕊1枚，由2个心皮合成，子房上位，花柱1个，柱头膨大，在中央线上以1条浅沟分为两半。下边为子房，子房内有胎座，胚珠整齐地排列在胎座上。

## （二）开花习性

烟草的花从现蕾到凋谢，可以分为现蕾、含蕾、花始开、花盛开、凋谢五个阶段。现蕾是指花序中部开始出现花蕾；含蕾是花冠伸长到最大限度这一阶段，但是前端尚未裂开；花始开为花冠前端开裂有缝；花盛开为花冠开裂成平面；凋谢为花冠从枯黄到脱落。

烤烟一般在移栽后60～70 d开始现蕾，自现蕾到含蕾需8 d，从含蕾到花始开需超过1 d，从花始开到花盛开需1 d，从凋谢到果实成熟需

25 ～ 30 d，总的来说从花蕾出现到果实成熟约需 40 d。一株烟草从第一朵花开放到最后一朵花开共需 31 ～ 49 d。

开花的顺序一般是茎顶端第一朵花最先开放，两三天后花枝上的其他花就陆续开放。整个花序的开放顺序是先上后下，先中心后边缘。就一个花序来说，水平线上前后两朵花开放的时间间隔 1 ～ 3 d，垂直上下两花开放的时间间隔不规则。1 个花序上 1 d 内同时开花的数量最多时，就是杂交的有利时机。

外界环境条件对烟草开花的影响很大：烟草在阳光好、温度高、相对湿度小的晴天较阴雨天开花多；白天开花数占当日开花总数的 80 % 以上，尤以8:00—15:00 最多；17:00—21:00 和 4:00—5:00 开花很少。

烤烟是闭合授粉植物，天然杂交率只有 1 % ～ 3 %，在花冠开放前，其顶端呈红色时，花药已裂开，花粉已落在柱头上，因此在花冠开裂前，一般已经授粉，所以做杂交去雄时，应在花冠呈微弱红色时进行。

## 五、果实

烟草的果实为蒴果，在开花后 25 ～ 30 d 逐渐成熟。蒴果呈长圆形，上端稍尖，略近圆锥形。成熟时，沿愈合线及腹缝线开裂。花萼宿存，包被在果实的外方，与果实等长或略短。子房有 2 室，内含 1 200 ～ 2 000 粒种子，胎座肥厚，果实成熟时，胎座干枯。

烟草果实的果皮甚薄，呈革质，相当坚韧，包括外果皮和中果皮，由4 ～ 5 层圆形薄壁细胞构成。果实幼嫩时果皮细胞内含有叶绿体，可进行光合作用。果实成熟时，果皮外部干枯成膜质。果皮内部由 3 ～ 4 层扁长方形细胞组成，细胞壁木质化，加厚，所以成熟的果实相当坚韧。

## 六、种子

### （一）种子的形态

烤烟的种子一般为黄褐色，形态不一，呈圆形或长椭圆形，表面具有不规则的凹凸不平的花纹，这些花纹是由脐处发出的许多隆起的种脉弯曲而成的，因此种皮表面具有很大的相对面积，吸湿性很强，其湿度很容易随外界湿度变化而变化，所以烟草种子应保存在严格的条件下。我国烤烟种子利用年限一般为 2 年，烟区为保证播种质量，一般不使用贮存 1 年以上的种子。

烤烟种子很小，一般种子长 650 ～ 800 μm，宽 450 ～ 500 μm，1 g 种子有 10 000 ～ 15 000 粒，千粒重为 60 ～ 100 mg。一株烟能产生很多种子，因此烟草的繁殖系数较高，这给留种和育种工作带来了很多方便，同时也对栽培上的育苗工作提出了严格要求。

### （二）种子的构造

烟草的种子是由种皮、胚乳和胚 3 部分构成的。

1. 种皮

种皮包被在种子的表面，厚度大致相同，只有腹部略厚，芽孔不明显，种脐略突出，位于种子下端的胚根附近。种皮自外到内可分为 4 层，即角质透明层、木质厚壁细胞层、薄壁细胞层和角质化细胞层。

2. 胚乳

胚乳位于种皮内方胚的周围，由 2 ～ 4 层多角形细胞构成。在种子上、下两端，细胞层数较少，而腹面较多。细胞内含大量的蛋白质结晶（占 24 % ～ 26 %）、脂肪（占 36 % ～ 39 %）和少量的糖类（占 3.5 % ～ 4 %），未成熟的种子含有一定量的烟碱，成熟时则消失。

3. 胚

烟草大多数胚直立，胚根呈圆柱形，尖端略为细削。两片子叶相对结合，着生在胚轴上，两片子叶之间无明显的胚芽分化，仅有一狭长的平面，这就是胚芽的生长点。子叶细胞中含有大量的油滴及蛋白质结晶，与胚乳细胞的结构相同。

# 第三节　烟草的生长发育

烟草的整个生命周期包括营养生长和生殖生长两个阶段，营养生长是量的增加，生殖生长是质的飞跃。但从生产过程来讲，从播种到收获分为苗床期和大田期两个栽培过程，根据烟株的生长发育和对环境条件要求的不同又分为 8 个生育期。

## 一、苗床期

从播种到成苗再到移栽，这段时间为苗床期，因环境条件、育苗方式和管理技术不同，其时间长短相差较大。根据幼苗的形态特征及地上、地下部分的动态变化，可大致划分为出苗期、十字期、猫耳期和成苗期4个生育期。

### （一）出苗期

从播种到两片子叶展开为出苗期，50％的烟苗两片子叶平展时称为"出苗"。影响出苗的因素主要有温度、水分、氧气。出苗的最适温度为25～28 ℃，最低温度为10 ℃，低于10 ℃时萌动很缓慢，低于2 ℃时遭受冻害；最高温度为35 ℃，高于35 ℃时遭受灼伤。28～35 ℃间萌发快，但出苗不整齐。保持田间最大持水量的80％，苗床6 cm以下的土壤保持湿润而不是潮湿，并不是烟草种子出苗的必要条件，但对出苗有一定的促进作用，特别是在萌发初期。

### （二）十字期

从第1片真叶出现，到第5片真叶发生，称十字期。当第1、2片真叶出现并与两片子叶交叉形成十字形时，称为"小十字"。第3、4片真叶与第1、2片真叶交叉形成较大的十字形时称为"大十字"。随着真叶陆续出现，侧根不断发生，烟苗开始独立生长，但第1、2片真叶叶脉不明显，合成能力不高，此时幼苗输导组织刚刚开始发育，侧根产生数量少，叶片的合成能力和根系吸收能力都很弱，光合产物合成不多，幼苗生长缓慢，抗逆力弱，需要精细管理。当烟苗进入大十字期后，生长逐渐加快，对光、施肥有一定要求，要保证烟苗有一定的营养面积，保持苗色鲜绿，此时要进行间苗、施肥。

### （三）猫耳期

从第5片真叶出现到第7片真叶发生，第3和第4片真叶（最大叶）略向上，像猫耳朵，称猫耳期。

此时幼苗合成能力提高，但叶片面积不大，前期的主要功能叶为初生叶，后期则为第3至第5片真叶，叶片脉网已形成，输导组织已完善。根系发育很快，主根明显加粗，一次侧根大量发生，二次或三次侧根陆续长出。此时生长中心在地下部，地上部生长很慢，应促进根系生长。

猫耳期已有完整的根系，地上茎叶开始进入迅速生长阶段，具有一定的

抗逆力，对光、施肥、水有更多的要求。

### （四）成苗期

从第 8 片真叶出现到烟苗有一定苗型，可以移栽时，称为成苗期。成苗期的生长中心转移至地上部，根系继续发育，地上部分的生长速度逐渐超过地下部分。成苗期烟苗已有完整根系，输导组织基本健全，吸收合成能力均已增强，幼苗生长快，叶面积扩大，茎生长迅速，对光、施肥、水都有较高要求，要保证肥水供应。对于漂浮育苗，此期要注意进行剪叶，促进根系的发育，且移栽前要炼苗。对于常规育苗而言，出苗期、十字期均在母床内度过，在烟苗十字期后的猫耳期、成苗期在营养袋内生长。

## 二、大田期

从移栽到采烤结束称为大田期，大田期又分为还苗期、伸根期、旺长期和成熟期 4 个生育期。

### （一）还苗期

从移栽到成活这段时间称还苗期，需要 7 d 左右。

移栽时会扯断烟苗主根，影响吸收机能，从而引起烟株体内水分亏缺，以致生长停滞，直到新根生发到一定程度后，才能恢复生长。还苗期的长短与烟苗发育及移栽技术密切相关，要选壮苗移栽，浇足还苗水（定根水），加速生根，保证成活。

### （二）伸根期

从成活到团棵称为伸根期，需要 25～30 d。烟苗移栽成活后，茎叶开始生长，新叶不断出现，初期茎很短，生长也很慢，在新长出的 4～5 片叶子中，最大的叶子有巴掌大，向地面展开时称为"摆小盘"。接着叶面积增大，新叶也增加到 7～8 片，叶片仍集聚地面，称为"摆大盘"。随着新叶不断出现，茎开始伸长加粗，这时其高度为 30 cm 左右，株形近似球形，称为团棵。由于茎开始伸长加粗，烟农也叫它"发泡杆"。

伸根期仍以根系生长为主，但茎叶生长逐渐加快，到了后期茎叶的生长速度与根系相似。这一时期主要是为旺盛生长做储备，也是栽培管理上的一个重要时期。为促进根系的生长，中耕除草、施肥、培土都集中在这一阶段。

### （三）旺长期

从团棵到现蕾称为旺长期。团棵以后，茎叶生长迅速，甚至呈直线上升，25～30 d 就可现蕾，长成完整的烟株。烟株在一个月内株高由 30 cm 长到 100 cm 左右，有些地区烟农说的"烟疯子"，指的就是烟株的这个时期。

烟株团棵不久，叶芽停止分化，茎生长锥开始分化成花序原始体，这一时期是营养生长与生殖生长并进的时期，茎基部发生不定根，数量大增，茎秆迅速生长膨大，新叶不断出现，叶面积迅速扩展，光合产物积累增多，是决定烟叶产量和品质的关键时期。

旺长期管理既要促进茎叶的旺盛生长，又要保证充分的光照。这期间茎叶生长快，个体与群体、光合面积与光照条件的矛盾显得特别突出，能否解决这些矛盾是烤烟能否优质高产的关键。因此，栽烟的密度、方式、施肥和水浆的调控显得尤为重要。

### （四）成熟期

从现蕾到叶片采收结束称为成熟期。从生理角度看，成熟期还包括开花结果、种子成熟采收的过程。现蕾以后，烟草由营养生长转入生殖生长，叶片自下而上逐渐成熟。由于花蕾的生长不利于烟叶的增产增质，因此栽培管理时应控制生殖生长和腋芽的发生，采取封顶打杈、改善光照条件等促进叶片成熟的措施。叶片的生长过程是：幼叶生长—旺盛生长—生理成熟—工艺成熟。

**1. 生理成熟**

此时产量最高，干物质积累最多，叶面积定型，但品质未达到最佳状态。

**2. 工艺成熟**

内含物开始转化、分解，组织疏松，游离氮减少，与香气吃味有关的物质增加，产量有所下降，但品质最佳。

**3. 过熟**

叶片内储存的物质逐渐分解，部分可溶性物质被上部正在生长的叶片或花蕾夺取，叶片变黄变薄。叶片薄、颜色淡、重量轻等是其重要表现。

# 第二章　烤烟的品种

# 第一节　烤烟的品种的培育

## 一、育种的方法

新品种的选育是烤烟生产的一项基础工作。中华人民共和国成立以来，在广大科技人员和烟农的共同努力下，我国选育出了 120 多个烤烟品种和杂交种。但目前，生产上仍迫切需要优质、抗病、丰产、适应性强的烤烟新品种。

烤烟新品种选育主要有以下几种方法。

### （一）系统育种法

系统育种法是从现有的品种群体中，选择优良的变异单株，而后按单株分别脱粒和播种，通过比较鉴定，选优去劣，育成新品种的方法。利用此方法育成的新品种，实际上是由一个优良变异单株形成的一个系统（群体），故称为系统育种法。

系统育种法是烤烟新品种选育常用的方法之一。如长脖黄、红花大金元、金星 6007 等均是采用此法育成的。在一个烤烟品种连续种植使用的过程中，各种因素的影响会引起品种产生变异，这种变异被称为自然变异。选择符合育种目标要求的优良变异单株，培育成新品种，是一种优中选优、简单有效的育种方法。利用系统育种法选育新品种一般有以下 5 个步骤。

1. 大田选株

一般认为，在生产中的大面积栽培的品种中，或在新推广的品种中进行选择最为有效。因为大面积种植的品种，一般是当地较好的品种，具有较多的优良性状和较强的适应性，由于广泛种植和各地生产条件的不同等因素，容易产生新的变异。针对某个品种存在的一两个缺点，有目的地选择在该性状方面的优良变异单株，克服缺点，而其他性状保持原来的水平，其实质就是对该品种的改良。但选择时应注意不要在品种混杂的地块和地力不一致的地块进行，以免误选。选择的数量可根据情况而定，若变异类型表现突出，有几株就选几株；若变异类型的表现不太明显，可多选几株，第二年进行比较鉴定。

2. 株行试验

将上年选择的单株种子，分别育苗、移栽，种成株行，一般每株行种植50株以上。在株行试验中设置对照小区，对照品种可选用原品种或当地的当家品种。株行试验的目的，是鉴定上年入选的单株是否优良，若不符合要求即可淘汰，选优良的株行留种。若在优良的株行内，各株在主要性状方面的表现不一致，可继续进行单株选择；若表现基本一致，可混合收种。

3. 品系比较试验

对表现优良且已稳定的株行，可升入品系比较试验，进行较精确的全面的比较鉴定。品系比较试验按随机区组方法设计，重复 3 ~ 4 次。该试验一般进行两年以上，评选出优良品系准备参加区域试验。

4. 区域试验和生产试验

区域试验一般由省级单位组织进行，参试材料由各育种单位和个人提供。区域试验的目的是对参试品系进行进一步选拔，确定其利用价值和适宜的种植范围。在进行区域试验的同时，可对新品系进行小面积生产示范试验，了解新品系的栽培、烘烤等特点，为品种审定和推广做好准备。

5. 品种审定和推广

在区域试验和生产示范试验中表现优良，在品质、产量、抗逆性等方面符合生产要求，并在某些方面比对照品种有明显提高的新品系，可报品种审定委员会审定。审定合格并批准后方可定名，作为新品种在生产中大面积推广。

## （二）杂交育种法

利用两个或多个遗传性不同的亲本进行有性杂交，通过对杂交种后代的连续选择，可以实现不同亲本间优良性状的结合或某些性状的改良和提高，进而选育出新的烤烟品种，此法称为杂交育种法。若选用亲缘关系较近的品种进行有性杂交，如一种烤烟品种与另一种烤烟品种杂交，一种烤烟品种与一种晒烟品种杂交等，称为品种间杂交；若选用亲缘关系较远的材料杂交，如普通烟草与黄花烟草杂交等，称为远缘杂交；若用 A 亲本与 B 亲本杂交，杂交种后代再与双亲之一杂交，称为回交；若用两个以上遗传性不同的亲本杂交，称为复交。无论采用哪种方式杂交，均包括如下 3 个主要环节。

1. 亲本选配

亲本选配是杂交育种的关键。亲本选配得当，就容易选育出新品种，有时甚至可以从一个杂交组合中选育出多个具有不同特点的新品种；若选配不当，则很难选育出好的品种。这里以品种间杂交为例，简要介绍亲本选配的一些原则和方法。

第一，亲本的优点多、缺点少，亲本间主要性状的优缺点能相互弥补。烤烟许多经济性状，如单叶重、产量、烟碱含量等，大都是数量遗传性状。若亲本的优点多，杂交种后代的表现总趋势较好，出现优良变异类型的概率就高。优点多，不等于亲本没有缺点，但应注意，亲本间不可有相同的缺点，否则就难以克服这个缺点。有时为了在某性状方面有所突破（如提高烟碱含量），还要选用该性状两亲都较好（如两亲烟碱含量都较高）的材料进行杂交。

第二，选用当地推广的优良品种作为亲本之一。这样育成的新品种一般具有较强的地区适应性和较好的综合性状。

第三，选择遗传差异较大的材料作为亲本进行杂交，有利于扩大杂交种后代的变异范围，有可能选育出具有特殊利用价值的新类型或新品种。

当亲本选配方案确定之后，可在烤烟花盛开期进行杂交。杂交的方法如下。首先，在母本植株上选择花冠未开放或将要开放的花朵（其余蕾、花果全部去掉）进行去雄。花朵内有 5 个雄蕊，只要其中之一的花药已经张开，该花朵就不可利用。其次，去雄后立即采集父本花粉，即选父本植株上花冠开放不久、花药刚裂开、花粉呈黄色的花朵，将其花粉授在母本花朵的柱头上。一般 1 个杂交组合要做 10 个以上的花朵。最后，杂交后要在花序上加套纸袋，防止串粉，并要挂牌，标明杂交名称、日期等。

2. 杂交种后代的种植与选择

杂交种后代的处理一般采用系谱法，具体过程如下。

杂交种一代（F1）：若两个亲本杂交，F1 群体在性状上表现一致，一般不进行单株选择，只种植 20 ～ 40 株即可。

杂交种二代（F2）：该世代是性状开始强烈分离的世代，因此种植的群体要大一点，一般种植 200 ～ 300 株。同时，还要种植亲本和对照品种，以利于单株选择时进行比较。根据育种目标的要求，选择优良的变异单株，套袋留种，并给予编号。

杂交种三代（F3）：将 F2 入选的单株种成株行，每个株行为一区，每区 100 株以上，同一个组合的入选单株种在一起，同时种对照品种。F3 株行内性状仍有分离，还要根据育种目标的要求，进行单株选择，其方法与 F2 基本相同，差别在于选择的标准更加严格，必要时可进行单株的质量鉴定。

杂交种四代（F4）、杂交种五代（F5）等以后的世代：F4 及其以后世代的种植方式和 F3 基本相同，在株系内入选的单株到 F4 仍种成株系，若 F3 在某个株系内选了 10 株，F4 将这 10 个单株的株系排在一起，称为株系群，因为这 10 个株系来自 F3 的同一个株系，即来自 F2 的同一个单株，故它们互称姊妹系。

F4 的特点是株系群间差异明显，而株系群内差异较小，有一部分株系在主要性状上已表现一致。因此，F4 工作的重点可以转为选择优良的株系升级进入鉴定试验。凡是升级进入鉴定试验的株系改称为品系。F4 中有些株系和准备升为品系的株系还会出现性状分离的现象，所以继续进行单株选择仍有必要。但这时选株的目的主要是提纯稳定，当然优中选优也是一个目的。

对 F4 及以后世代的选择应根据育种目标的要求对各性状进行全面、综合的评定，整齐一致的株系可以混合收获。烟草类型内品种间单交组合（如烤烟 × 烤烟）到 F4 或 F5 就基本表现一致，但对于一些类型间杂交（如烤烟 × 晒烟）或复交组合，由于遗传差异较大，遗传基础较为复杂，性状分离的世代较长，到 F4 或 F5 会仍有分离。所以，应根据各个组合类型特点灵活确定各世代的工作内容。

品系鉴定：品系鉴定是指对入选的新品系进行初步的比较。因材料较多，一般每个材料的种植面积较小，有时也不重复，采用间比法与对照品种进行比较，淘汰低劣于对照品种的品系，选拔出优良的品系进入品系比较试验。

3. 品系比较试验、区域试验及审定推广

品系比较试验及以后的工作与系统育种法相同。

杂交育种法是目前国内外烤烟新品种选育应用最普遍、成效最显著的方法，因为它可以有目的地创造变异，集不同亲本品种的优点于一体，选育出超过亲本的新品种。但是，由于杂交种后代性状的分离会持续多代，要选育出一个遗传性稳定的新品种，往往需要花费 10 年甚至更长的时间。为了加快育种进程，缩短育种年限，在近代的烤烟育种中，常采用"南繁北育"措施，一年进行两代或多代育种。另外，有时也采用生物技术措施，进行单倍体育种，缩短杂交种的分离世代，提高育种效率。

**（三）杂交种的选育方法**

两个遗传性不同的亲本杂交获得杂交种一代，在生长势、抗逆性、产量和品质等方面优于双亲的现象称为杂交种优势。杂交种优势是生物界的一个普遍现象，利用杂交种优势是作物生产的一个发展方向。目前，在白肋烟生产中，使用杂交种已相当普遍。在烤烟生产中，我国在 20 世纪 50 年代曾大面积推广种植杂交种。实践证明，杂交种具有长势强、适应范围广、抗逆能力强、产量高等优点。若能恰当地选配亲本，保证烟叶质量水平不下降甚至有所提高，那么在烤烟生产上推广种植杂交种是十分有益的。

烟草是自花授粉作物，基因型一般是纯合的，两个品种杂交即可得到整齐一致的杂交种一代。选择在产量、品质、抗逆性等方面具有较强优势的杂交种一代即可得到优良的杂交种。所以，烟草杂交种优势的利用方式主要是品种间杂交种。杂交种的选育程序如下。

1. 正确地选配亲本

正确地选配亲本是杂交种选育的关键。一般规律是：双亲亲缘关系越远，杂交种优势越强；双亲配合力越高，杂交种优势也越强；双亲性状良好且能缺点互补，则杂交种的综合性状就较好。例如，在烟叶品质方面：双亲的品质性状相仿且都优良，杂交种的品质则不易下降，而且会相应提高；若双亲品质因素差距过大，则杂交种的品质就很难超过最优亲本。因此，要正确地选配亲本。

2. 杂交种一代的比较鉴定

将上年获得的杂交种，按顺序在田间排列种植，与对照品种（或杂交种）进行比较。比较试验一般要进行 2 ～ 3 年，从中选拔出优良的杂交种，参加区域试验和生产示范试验。

3. 杂交种制种技术

杂交种是指杂交种一代的种子，若杂交种自杂交时就是杂交种二代，杂交种二代会发生性状的分离，因而不能再用于生产。所以，生产上使用杂交种必须年年制种。制种方法有人工杂交制种法和雄性不育杂交制种法两种。

人工杂交制种需对母本逐花去雄，然后采集父本花粉进行人工授粉。因人工去雄工作量大，速度慢，制种效率低，成本高，难以满足生产用种的需要。利用具有雄性不育性的材料做母本，可以省掉人工去雄这一环节，大大提高制种效率和制种产量。雄性不育杂交制种法首先要使母本转育成不育系。雄性不育系的转育一般采用回交法，连续回交5～6代即可。在制种田内，雄性不育的母本与正常可育的父本间行种植，因母本没有花粉，必须接受父本的花粉才能结实，故母本植株上的种子即杂交种。在雄性不育杂交制种过程中，为提高制种产量，单靠自然串粉是不够的，还必须采用人工辅助授粉或其他措施。

## 二、良种繁育

### （一）良种繁育的任务与指导方针

良种的含义包括两个方面的内容：一是指优良的品种，即品种的综合性状要好；二是指优质的种子，即种子的纯度、净度、发芽率、饱满度等方面符合种子质量标准的要求。有了优良的品种和优质的种子，才能充分发挥优良品种增产增收的作用。如果忽视了这一点，不仅会影响新品种的推广速度，而且已推广的品种也会因使用过程中的混杂退化而变劣，进而影响烤烟产量和质量的提高。

1. 良种繁育的任务

烤烟良种繁育工作的主要任务有以下两个方面。

（1）推广新品种

有计划地繁殖和推广经国家审定通过的烤烟新品种，更换生产上不符合要求的老品种，以满足烟叶生产对品种质量和数量的要求，是烤烟烟草良种繁育的首要任务。中华人民共和国成立以来，在烤烟生产上先后经过了两次大规模的品种更换，推广了许多优良品种，对提高烟叶质量和产量发挥了积极的作用。随着生产水平的不断提高，烤烟生产对烟叶品种的要求也在不断地变化和提高，推广新品种以满足烤烟生产的需要仍是良种繁育工作的一项重要任务。

（2）防止混杂退化，提高种子纯度

品种是烟叶生产的重要生产资料，生产并提供种性好、纯度高的种子是烤烟烟草良种繁育的另一项重要任务。为做好这项工作，必须建立一套完整科学的良种繁育体系，制定出系统的技术指标，以防品种的混杂退化，满足种子质量的标准化要求。

2. 良种繁育工作的指导方针

我国烤烟良种繁育工作以"四化一供"为指导方针。"四化一供"的具体内容是：种子生产专业化、种子加工机械化、种子质量标准化、品种布局区域化，有计划地统一供种。

种子生产专业化是指根据生产用种量，有计划地建立种子专业化生产基地，按照各品种特征特性和良种繁育技术规程，繁殖原种和生产用种。

种子加工机械化是指把繁殖单位生产出来的"半成品"种子，用各种种子加工机械进行精选、干燥、分级及药物处理，加工制成合格的种子。

种子质量标准化是指生产的原种及良种，必须按照规定的技术标准进行检验分级，使这些种子在质量方面符合国家的要求，否则不得用于生产。

品种布局区域化是指根据不同品种的区域适应性，合理布局品种。在一个生态区域内，选用最适宜的优良品种，并合理搭配，最大限度地实现烤烟品种的优化组合。

有计划地统一供种是指根据烟区的规模大小和具体情况，实行有组织的集中统一繁殖、统一供种，烟农不再自行留种。

（二）良种繁育的程序与方法

1. 品种混杂退化的原因

良种繁育的工作对象是品种群体，为保证品种的典型性，提高群体的纯度，必须在繁育过程中做好防杂保纯和防止退化的工作。品种的混杂和退化现象是时常发生的。混杂是指一个品种中混进了其他品种或其他植物的种子。退化是指一个优良品种在连续使用的过程中失去了它原有的优良特性，产生了不符合要求的不良变异。品种的混杂或退化，均表现出植株生长不整齐、成熟不一致、抗逆性减弱、产量和品质下降等不良现象。造成品种混杂退化的原因主要有以下几个方面。

（1）机械混杂

烟草是最容易发生种子机械混杂的作物。因为烟草种子太小，千粒重仅为 0.08 g。在种子收获、脱粒、运输、贮藏及播种等作业中，稍不注意就会产生人为的机械混杂。对于物种间混杂还可在育苗移栽过程中加以提纯，但对品种间混杂就难以克服。因为许多烤烟品种的苗床期表现差异不大，不易识别。混杂严重影响着优良品种的群体结构，给大田栽培管理和烘烤带来许多不利和困难。

（2）生物学混杂

由天然杂交（或称串粉）导致的混杂，称为生物学混杂。在良种繁育过程中，种子田与其他品种田之间未采取隔离措施，或者是种子田内本来就有混杂现象，从而造成与其他品种的天然异花传粉。尽管烟草属于自花授粉作物，但仍然有1%～3%的异交率，有时可能更高。因此，在良种繁育过程中，必须采取一定的隔离措施和及时的去杂去劣技术，防止生物学混杂现象的发生。

（3）品种自身遗传性的变化

一个品种，特别是一些主要的优良品种在连续的种植使用过程中，种植面积和范围较大，由于各地生态条件的差异和各种外界因素的影响，常常会发生或多或少的自然变异现象。这些变异绝大多数是无益的，如果不及时剔除，就会造成整个品种群体的混杂和退化，进而影响烟叶产量和质量的稳定与提高。

（4）不正确的选择

在良种繁育过程中，对品种的特征特性认识不够，或选择人员的个人偏向等原因，进行了偏离原品种典型性的不正确选择，导致原品种面目的改变，加速了品种的退化。这种现象在种植历史较长的品种中尤为突出，如在移栽过程中，长势较强、植株较高的大苗容易被保留，而小苗、弱苗易被淘汰，久而久之，就会改变原品种的苗床期长势和长相。因此，人为的不正确选择常是改变原品种典型性的主要因素之一。

2. 原种、良种生产的程序与方法

为防止品种混杂退化现象的发生，需在良种繁育方面制定一套科学的技术程序和技术措施，保证品种的典型性和种子的纯度。国外（美国、加拿大等）良种繁育多采用重复繁殖法，即良种繁殖从育种家种子（原始种子）开始，到生产出大田用种为止，下一轮的种子生产重复相同的过程。归纳起来其程序如下。

第一，育种家种子是指育成品种时的原始种子。由育种单位或个人直接控制，根据需要进行适当的保存和繁殖，每年取其中一部分用于生产基础种子。

第二，基础种子（相当于我国的原种）由育种者、其授权人或单位负责扩大繁殖，供生产合格种子使用。

第三，合格种子由基础种子繁殖而来，供生产使用。一般由种子公司生产或经营。

在重复繁殖技术程序中，生产用种来自育种家种子，其间一般只有 3～4 代的繁殖过程，故不需花费更多的人力物力去进行选择和去杂去劣，因为育种家种子在典型性和纯度方面是较高的。但该方法要求种子生产的专业化、标准化程度较高，且需要充足的贮备和运输能力。我国因烤烟种植面积较大，种植范围广，加之农业生产条件等因素的限制，育种单位或个人一般不承担育成品种原始种子的保存或供应任务，而是各地根据需要，从推广的品种群体中通过选优提纯，繁殖与原品种在典型性方面相一致的原种，用原种生产良种，供生产使用。此方法可称为循环选择法。

# 第二节 优良烤烟品种的作用

## 一、品种的概念

品种是人类在一定的生态和经济条件下，根据自己的需要创造的某种作物的一种群体，它具有相对稳定的特定遗传性，主要生物学性状和经济性状在一定的地区和一定的栽培条件下具有相对的一致性，其产量、品质和适应性等方面符合生产的需要。遗传的稳定性和性状的一致性是品种最主要的特点。一方面，一个优良的品种要在生产中连续使用，必须保证世代间性状的遗传稳定性，否则会在种植过程中逐渐丧失其原有的特征特性，出现退化现象；另一方面，在一个烟草品种群体内，个体间的性状要整齐一致，因为整齐程度直接关系着烟叶的质量和产量，关系到田间管理各项栽培技术的实施和作用的发挥。

## 二、优良品种在烟叶生产中的优点

### （一）提高品质

在提高烟叶品质方面，优良品种起着十分重要的作用。20 世纪 60 年代至 20 世纪 70 年代，我国烟叶生产片面追求产量的提高，推广了一批高产品种，致使烟叶品质下降，内在化学成分不协调，香味、吸味变劣。进入 20 世纪 80 年代，我国在烤烟生产上推广了一批优良品种，使烟叶品质大幅度提高，烟叶各项化学成分都比较适宜，烟叶的香味、吸味有了明显的改善。随着近年"吸烟与健康"问题的提出，人们对烟叶的品质提出了更高的要求，不仅要重视烟草的色、香、味，还要更多地考虑它的"安全性"问题。这些问题的解决，在很大程度上将依赖于品种的更新和改良。

### （二）增加效益

烟草是经济作物，优良品种对降低成本、增加单位面积的产量和收益十分重要。美国北卡罗来纳州在 1983 年总结了 28 年来烤烟生产的变化，共鉴定推广烤烟新品种 109 个，平均年产量以 4.95 g / m² 的速度增加，每吨烟叶的价格以每年提升 260 美元的速度增长。其中，优良品种的贡献占 32 %。这些实例表明，优良品种在提高产量和质量、增加效益等方面发挥着巨大作用。

### （三）增强抗逆性

优良品种在抵抗烟草病虫害及不良环境条件方面具有特殊的作用，尤其是在抗烟草病害方面表现突出。许多烟草病害依靠药剂防治不但效果不显著，而且成本高、有残毒。实践证明，培育抗病品种是防治烟草病害的最佳途径。优良品种在抵御不良气候条件，如抗旱、抗寒等方面也有重要的作用。

# 第三节　我国烤烟品种的发展历史

中华人民共和国成立以来，随着烟叶生产和卷烟工业的发展，在烤烟品种方面先后经历了两次大规模的品种更换：第一次是在 20 世纪 60 年代初，以产量高、品质差、抗病性的品种，取代了优质、低产、感病性的品种；第二次是在 20 世纪 80 年代初，以优质、稳产、抗病性的品种，取代了高产、质量差的品种。品种的更换是我国不同时期烤烟生产特点的主要标志。20 世纪 50 年代，我国烤烟生产发展比较缓慢，种植的品种也较多，但大多数是品质好、单株叶数较少的品种。进入 20 世纪 60 年代，由于卷烟工业的发展，烟叶生产不能满足市场的需要，高产品种相继而生，开始种植叶数较多的品种，面积不断扩大，如河南种植的偏筋黄、乔庄多叶、千斤黄等，山东种植的金星 6007、潘元黄、山东多叶等，云南种植的寸茎烟、中卫 1 号、云南多叶等。这类品种单株叶数较多，产量高，叶小而薄，品质差。这些品种的推广，对解决当时烟叶原料不足起了很大的作用，但是也导致了烟叶品质下降。20 世纪 80 年代初期，国内烤烟原料生产相对过剩，国际市场原料竞争激烈，对烟叶质量的要求越来越高，高产劣质品种已不能满足新形势的要求，优质抗病品种迅速增加。进入 21 世纪，K326、云烟 85、云烟 87 等烤烟品种被成功转育成不育系，并大面积推广种植，逐年实现对同型常规品种的替代。目前，全国主栽烤烟品种有云烟 87、K326、云烟 97、云烟 85、红大、翠碧 1 号、云烟 99 等。

# 第三章　云南省新烟区——临沧烟区

# 第一节　云南烟区种植的自然条件

烤烟的产量和品质，受遗传因素（品种）和环境条件所影响。环境条件包括自然条件与栽培条件两方面。

自然条件主要包括以下几种。

## 一、土壤

各种土壤虽然都能栽种烤烟烟草，但不同土壤栽种的烤烟烟草，产量与品质有显著的差异。云南省栽烟的土壤，多属微酸性红壤，pH 为 6～7，符合烤烟烟草良好生长的要求。其中又分沙壤、壤土、沙土、黏土等四大类。

1. 沙壤

沙壤最适合栽烤烟烟草，这种土壤，土层深厚，团粒结构好，表土疏松而湿润，保水保肥力较好，含有一定的有机质，栽烟成活率高，植株根系发达，生长旺盛，产量高，品质好。

2. 壤土

壤土中的鸡粪土，有机质含量高，肥沃疏松，透气、透水性能好，栽烟品质好。但黑鸡粪土中腐殖质过高，若施用氮肥偏多，会造成烟叶后期不褪色，烤后品质差。

3. 沙土

沙土多分布在湖泊、溪河、山谷两侧，属冲积土，透气性好，保水保肥力差，栽烟产量、品质随土质肥分而定，如黑、红油沙土就较寡沙土的产量高，品质好。

4. 黏土

黏土中的正红土、泥土等，土质不太黏重，保水保肥力强，栽烟前期生长缓慢，但有后劲。在合理施肥和精细管理的前提下，可获得较高的产量与较好的品质。黏土中的重黏土（僵泥土）、胶泥土，无团粒结构，质地黏重，保水保肥力强，通气不良，能坐水（积水），土温不易上升，微生物活动受阻，整地时土垡不易细碎，烟农形容这类土壤是："天晴一把刀，下雨一包糟，

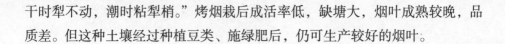

干时犁不动，潮时粘犁梢。"烤烟栽后成活率低，缺塘大，烟叶成熟较晚，品质差。但这种土壤经过种植豆类、施绿肥后，仍可生产较好的烟叶。

## 二、温度

烤烟烟草是喜温作物，大田期的昼夜平均温度，对烤烟烟草的生长发育和品质有很大影响。烤烟烟草移栽后在 18～20 ℃的温度条件下生长旺盛，品质良好；超过 35 ℃，烟碱含量偏高；低于 10 ℃则生长缓慢；0 ℃以下持续一定时间，会造成植株死亡。

云南烤烟大田期 5 至 9 月的昼夜平均温度在 20 ℃左右，每天最高温度未超过 35 ℃，最低也在 12 ℃以上，因而对烤烟烟草的生长发育和品质是有利的。

云南昼夜温差大，如中部广大烟区日较差为 10～12 ℃。白天气温高，有利于烤烟进行光合作用；夜间气温低，烟叶的呼吸作用变弱，减少养料的损耗，有利于烟叶的干物质积累。

## 三、雨量

烤烟大田生长期供水条件，对产量、品质有很大影响。如雨量充沛又分布均匀，能促使烤烟迅速生长，叶片宽大，组织细密，蛋白质与烟碱含量较低，烤后颜色鲜黄，燃烧性强。若雨水过多，土壤肥分流失，叶片太薄，缺乏油润，还易导致下部叶片提前枯黄。雨量不足，叶片长不大而厚度增加，烟碱和蛋白质含量偏高，糖分减少，品质降低。云南省烤烟大田期适值雨季，雨量一般占全年雨量的 85 %，为 800～900 mm，各地降雨量虽不均匀，但已能满足烤烟生长需要，而且雨量与高温期基本一致，更适应了烤烟旺长期需要水分多的要求。

## 四、光照

烤烟烟草是喜光作物，光照不足，生长缓慢，延迟成熟，叶片干物质积累很慢，细胞的间隙体积占整个叶组织体积的比例提高，叶厚度显著降低，形成薄而大的叶片，重量减轻，品质差。光照太强，叶的栅状组织与海绵组织的细胞壁加厚，叶肉变厚，主脉突出，形成粗筋暴叶，品质降低。云南属高原烟区，又属多山区，空气比较稀薄和清新，日照短波光线较强，能使烤烟烟草旺盛生长，增加干物质的积累。同时，烤烟烟草旺长期的 6 至 7 月，由于云量多，除阴云密布的雨天外，几乎常常是多云间晴、晴间多云、多云间阴、阴间多云的天气。日光穿过云层，时遮时射，形成了良好的光照效果，更有利于促进烤烟生长和提高品质。

另外，由于云南自然条件复杂，烤烟生长在不同年度、不同地区，也遭受一些自然灾害的侵袭，主要有以下几种。

1. 干旱

干旱灾害全年都有发生，5 月末至 6 月初才进入雨季的地区，在 5 月份移栽的烤烟，需要浇水抗旱。夏秋干旱出现时，水利条件差的山地烟，常因干旱而使烟株生长受到抑制。

2. 洪涝

烤烟移栽后的 6 至 9 月，不时出现大雨（日降水量 25～50 mm）、暴雨（日降水量大于 50 mm），造成低洼地方排水不良，烟田积水糟根及山坡地的土壤、肥料流失，影响烟株正常生长。由于空气湿度大，烟株又易感染病害。

3. 低温和霜冻

云南东北地区气温稍低和无霜期较短的一些区域，烟苗生长缓慢。移栽后，植株生长发育也慢，未收完的上部叶片，因受早霜或寒流危害，品质会降低。

4. 冰雹

冰雹是云南较为常见而严重的自然灾害，滇中和滇东北地区，1 至 5 月份出现最多，占全年冰雹日的 50％～75％。其他地方，有的年份也有发生，使烤烟幼苗及大田植株受到不同程度的损伤。

但是，在各级党委的领导下，云南烟区广大烟农发扬了"无灾防灾，有灾抗灾"的精神，在长期的生产实践中，总结出了许多抗灾的经验。例如：采用塑料薄膜或草帘覆盖苗床，既可预防低温、晚霜、冰雹危害，又能提高地温促苗快长，实现早播、早栽、早烤，避开早霜、寒流侵袭；在山上修筑塘、坝，蓄水抗旱；坡地改台地或横向作畦，防止水土流失；等等。这些防灾抗灾方法在对抵抗自然灾害，保证烤烟丰产丰收方面都起到了良好的作用。

# 第二节  云南烤烟种植区划

## 一、云南烟草种植区的划分

云南的气候属温带、亚热带气候，烤烟种植区集中在海拔 1 200 ～ 1 900 m，优质烟区集中在海拔 1 400 ～ 1 800 m，是世界上海拔较高的烟区。云南气候随海拔的不同，垂直变化大，构成了"立体农业"的特点。据《云南农业地理》介绍，云南海拔每上升 100 m，平均气温递减 0.6 ～ 0.7 ℃，形成了"一山分四季，十里不同天"的复杂情况，给烟草种植区划及宜植区的划分带来了一定的困难。从烤烟生产的自然条件、社会经济条件、栽培调制技术及烟叶品质等多种因素综合考虑，本着烤烟生产的自然条件和社会经济条件的基本一致性、烟叶品质和风格的基本一致性、烤烟生产上存在的主要问题和发展方向的基本一致性，尽量保持现行行政区划的基本完整性等原则，全国烟草种植区划研究协作组，将云南烟草种植区划为 4 个烟区，即云南高原烤烟晒烟区，川滇高原山地烤烟晒烟区，滇西山地烤烟晒烟区，滇南山地谷地晒烟区。笔者根据实际情况，将云南烟草种植区分为 6 个烟区。

滇中烤烟区：玉溪、江川、澄江、峨山、新平、易门、华宁、通海、宜良、路南、弥勒、富民、呈贡、晋宁、安宁、西山、官渡等 17 个县（市）。

滇东烤烟区：曲靖、富源、寻甸、马龙、师宗、罗平、陆良、嵩明等 8 个县（市）。

滇西烤烟晒烟区：楚雄、牟定、永仁、禄丰、宾川、弥渡、保山、永胜、永平、南涧、巍山、大姚、武定、禄劝、祥云、南华、泸水、景东、丽江、华坪、腾冲、兰坪、剑川、鹤庆、碧江、宁蒗、云龙、洱源、双柏、元谋等 30 个县（市）。

滇东南烤烟晒烟区：建水、蒙自、个旧、开远、石屏、砚山、邱北、广南、泸西等 9 个县（市）。

滇东北烤烟晒烟区：昭通、鲁甸、镇雄、威信、宣威、会泽、彝良、大关、巧家、绥江、盐津、永善等 12 个县（市）。

滇南山地谷地晒烟烤烟区：盈江、陇川、梁河、瑞丽、潞西、畹町、昌宁、永德、镇康、耿马、云县、沧源、西盟、孟连、澜沧、景谷、镇沅、元江、墨江、普洱、勐海、景洪、勐腊、江城、绿春、红河、元阳、金平、屏边、河口、马关、西畴、富宁、麻栗坡、龙陵、凤庆、临沧、双江等38个县（市）。

## 二、云南烟草适宜生态类型的划分

烟草适宜生态类型的划分是区划工作的重要组成部分。种植区的划分是根据自然条件和社会经济条件综合分析决定的。适宜生态类型的划分是按照自然条件决定的，比较客观。结合云南实际，适宜生态类型可以分为4类（表3-1）。

表3-1　云南烤烟适宜生态类型及县名

| 最适宜 | 玉溪、峨山、江川、澄江、华宁、易门、新平、宜良、路南、富民、蒙自、弥勒、建水、石屏、广南、邱北、砚山、弥渡、宾川、牟定、永仁、禄丰、楚雄 |
|---|---|
| 适宜 | 姚安、通海、武定、禄劝、大姚、南华、元阳、泸西、屏边、开远、个旧、罗平、陆良、曲靖、富源、嵩明、寻甸、威信、大关、彝良、晋宁、安宁、呈贡、文山、西畴、马关、麻栗坡、巍山、南涧、永平、漾濞、保山、腾冲、昌宁、施甸、临沧、双江、凤庆、镇沅、墨江、景东、云县、永德、耿马、华坪、永胜、祥云、西山、官渡 |
| 次适宜 | 剑川、鹤庆、洱源、云龙、大理、碧江、潞西、盈江、瑞丽、梁河、陇川、泸水、贡山、福贡、龙陵、沧源、镇康、景洪、勐腊、勐海、西盟、孟连、江城、景谷、普洱、思茅、澜沧、双柏、元谋、富宁、金平、绿春、红河、河口、元江、师宗、马龙、宣威、会泽、东川、永善、巧家、绥江、鲁甸、盐津、镇雄、昭通、畹町、水富 |
| 不适宜 | 中甸、德钦、维西、兰坪、宁蒗、丽江 |

不适宜区：无霜期不足120 d；海拔2 200 m以上，0～60 cm土壤含氯量大于0.045‰。

次适宜区：无霜期大于120 d；海拔1 000 m以下和2 000～2 200 m；月平均气温大于20 ℃的持续天数在50 d以上；0～60 cm土壤含氯量小于0.045‰。

适宜区：无霜期大于120 d；海拔1 000～2 000 m；月平均气温大于20 ℃的持续天数在70 d以上，9月下旬平均气温在17 ℃以上；0～60 cm土壤含氯量小于 0.03‰，土壤 pH ≤ 7.0。

最适宜区：海拔 1 400 ～ 1 800 m；月平均气温大于 20℃的持续天数在 70 d 以上，9 月下旬平均气温在 17℃以上；0 ～ 60 cm 土壤含氯量小于 0.03‰；土壤 pH 为 5.5 ～ 6.5；所产烟叶香气质好，香气量足，吸味纯净。

根据上述指标，划分出全省各县烤烟适宜生态类型。

由于区划报告仅指烤烟烟草种植，又是以县为单位的，所使用的气象资料是各县（市）气象站所在地的观察记录，难以代表云南省"立体农业"复杂的气候情况，在一个县内同时存在几种适宜生态类型的情况也是客观存在的，各地应根据当地的实际认真调查分析，确定各自的适宜生态类型，正确指导今后的烟草生产。

# 第三节　临沧烟区的烤烟种植优势

## 一、自然条件适宜，有种烟基础

早在 20 世纪 50 年代至 20 世纪 60 年代，临沧地区就开始探索种植烤烟，曾在一些县几次试种，局部地区曾获较好效益，烤烟种植技术已初步被部分群众所掌握。由于当时受单一经营指导思想的影响，烟农对发展烤烟的认识和信心不足，加之受种植技术落后、交通不便等因素的制约，烤烟生产几起几落，始终没有形成规模，最终放弃了发展。临沧地区位于东经 98°42′ ～ 100°33′、北纬 23°07′ ～ 25°12′，受印度洋暖湿气候和西南季风气候的影响，全区属亚热带低纬山地季风气候。四季温差不大，旱雨季分明，日照条件较好。种烟区域海拔高度均为 1 100 ～ 1 600 m，土壤肥力中等，大多数为红壤土，pH 为 4.8 ～ 6.7。据有关资料分析，从烤烟生产的自然条件和社会经济基础、栽培调制技术及烟叶品质等多种因素综合考虑，本着"烤烟生产的自然条件和社会经济基础的基本一致性，烟叶品质和风格的基本一致性，烤烟生产上存在的主要问题和发展方向的基本一致性和尽量保持现行行政区划的基本完整性"等原则，按照烤烟对水、土、光、热、气等诸要素的需要来进行分析，临沧地区有 35 万亩耕地适宜发展烤烟，其中有 13 万亩为最适宜区。

经过 5 年的试种推广，总的来说临沧地区的烤烟种植是有发展、有提高的。

## 二、各级领导重视、支持烤烟生产

为了加快临沧经济发展的步伐，地委、行署在充分调查研究的基础上，认真分析了茶、糖、胶等几个原有产业的现状，认为从临沧的实际出发，在产业结构调整中，必须建立不同层次、不同规模、不同区域的多元化产业结构，才能适应风云变幻的市场经济的需要，决定把发展烤烟生产作为振兴临沧经济的又一项新兴产业。全区各级党委、政府始终把进一步统一和提高各级、各部门对发展烤烟生产的重要性、必要性的思想认识问题放在首位，并针对几年来存在的一些问题在组织领导、机构设置、经营体制、人员配套、资金投入、技术培训、种植区划、基础设施、服务体系、物资配套等方面做了大量工作，采取了一系列行之有效的措施，取得了初步成效，为烤烟生产发展提供了前提保障。

## 三、理顺体制，建立"以烟养烟"机制

在云南省烟草专卖局的关心和支持下，继永德县之后，云县、风庆、沧源三县又先后批准成立了县烟草公司。临沧行署也正式撤销了行署烟办，将业务工作与地区烟草公司合并，实行"一套班子，两块牌子"的管理方式，负责全区烤烟生产、经营和专卖管理工作，改变了长期以来生产、经营和专卖管理相脱节的体制。地、县两级均实行生产、经营和专卖管理高度集中统一的体制，并调整、充实和加强了地、县两级烟草公司的领导力量。同时，临沧行署还结合自己的实际，研究制定了适合于烤烟生产发展的地、县两级扶持政策，建立和完善了地、县两级烟草发展基金，健全了奖惩制度，极大地调动了广大基层干部和烟农种烟的积极性，有力地保证了全区烤烟生产的持续、稳定发展。

## 四、烤烟生产的新变化带来了新的机遇

云南"两烟"经过几年的高速发展，目前面临新的严峻形势，在烤烟生产上出现了一些新情况，即优质烟叶供求矛盾突出，严重制约了云南卷烟的

持续发展。全国烟叶生产量连续两年滑坡。为缓解全国烟叶原料供求矛盾问题，国家烟草专卖局每年还要求云南调出 400 万担（20 万 t）烟叶，因此如何千方百计确保云南烟叶生产持续、稳定、健康发展，是云南卷烟工业能否持续、稳定、健康发展的前提条件，也是云南烟草这个优势产业能否继续保持和发展其优势的首要问题。全国、全省烟叶减产，外调烟叶不足，省内卷烟产量和加工能力对烟叶质量和数量要求仍有缺口，加之玉溪烟厂"红塔山"烟翻番工程（年产量由原来的 120 万箱增加到 250 万箱）的实施，全省优质烟叶的需求量将大幅度增加。

## 五、发展烤烟产业是临沧地区产业结构调整和增加地方税收的需要

分析临沧地区的财政收入：以产业划分，53 % 的财政收入来源于糖业；以国有企业划分，85 % 的财政收入来自糖厂。这样的财政收入构成可以说是单一的"糖财政"格局，其他如茶叶、橡胶等优势产业，近几年难以显示应有的效益，这对发展中的临沧地区来讲十分不利。从烤烟特性看，其是一个能增加地方财政收入、增加农民收入、脱贫致富见效快的项目。尤其在国家税制改革后，烤烟的农特税及教育、城建附加税，加快了产业结构调整，推动了新兴优势产业开发，促进了地方经济发展。

## 六、发挥种植优势应采取的措施

根据烟叶市场中等烟叶饱和、次等烟叶过剩、上等烟叶不足的供求关系变化，临沧地区烤烟生产必须走稳步发展的路子，即种植面积稳步增长，单产、质量快速提高，通过 5 年左右或更长时间，实现"25875"工程目标〔种植烤烟 20 万亩、产量 50 万担（25 000 t）、生产 80 % 的中上等烟、获得 7 000 万元农民纯收入、获得 5 000 万元财政收入〕实现这一规划目标，需要采取以下措施。

1. 确定指导方针，抓住工作重点

制定正确的烤烟生产指导思想和工作方针，是烤烟生产发展的一项重要工作。必须认真总结几年来种植烤烟的成功经验和失败教训，密切联系临沧实际，抓住薄弱环节，把各项工作抓紧抓好。要坚持以市场为导向，以提高

质量为核心，按照"布局区域化、生产专业化、经营企业化、服务一体化"的要求，坚持"择优布局，集中连片，稳步发展，依靠科技，增加投入，主攻质量，提高单产，增加效益"的指导方针，并在"主攻质量，提高单产，增加效益"上下功夫，以实现较好的经济效益。

2. 切实加强领导，认真统一思想

烤烟既是一项周期短、效益好、富民的产业，同时也是一项环节多、涉及面广、技术性强、难度大的产业。各级要切实加强领导，地、县、乡都要有一名领导专门负责烤烟生产，要进一步统一县、乡、村各级领导、烟农和烟草部门的思想认识。发展烤烟生产是加速临沧经济发展和烟农脱贫致富的有效途径，要形成共识，使政府、企业、烟农形成合力，共同努力，扎实工作，加快发展。

3. 建立基地，搞好基础设施建设

为便于扶持、搞好服务，要按照"择优布局，集中连片，区域种植，规范栽培，建设基地"的要求，逐步建立起不同规模、不同层次的烤烟生产基地乡（镇）。用5年左右的时间建立8个1万亩的种烟乡（镇），10个0.8～1万亩的种烟乡（镇），8个0.5～0.8万亩的种烟乡（镇）。形成4个县、26个乡（镇）的烤烟种植基地。为确保基地建设的顺利实施，必须做好烟水、烟路、烟煤、烟叶收购站和烟叶烘房等基础设施建设的配套服务。

4. 多渠道集资，建立烤烟生产发展专项基金，增加烤烟生产投入

烤烟是一项高投入、高产出的产业，没有足够的投入，难保该产业的发展。但临沧经济基础十分薄弱，地方财政拿不出更多资金投入，只能采取多渠道筹集、建立烤烟发展专用资金的方式，不断增加烤烟投入。除争取省财政和省公司给予补助外，地、县、乡都要从地方财政预算、烟草经营利润、烤烟农特税返还、烟叶收购环节等多渠道筹集资金，专项用于烤烟发展，并实行专项管理、专款专用。

5. 加大科技含量，实行科技兴烟

在整个种植业中，烤烟属技术性较强、要求较高的产业之一，而临沧的烟农大多数科技素质较低，这给烤烟生产的发展和提高增大了难度。只有加大科技含量，坚定不移地走科技兴烟的路子，才是偏远地区发展烤烟生产、不断提高经济效益的重中之重。在建立健全科技机构，配备科技力量的同时，

要狠抓烟农技术素质提高，多层次、多渠道地开展技术培训，做到每个种烟农户有 1～2 名技术骨干指导，形成机构健全、人才辈出、科技兴烟的新格局。

6. 确定目标，强化管理

要把烤烟生产搞上去，必须强化管理。根据烤烟生产的特点和经验，参照滇西南农业综合开发的做法，把烤烟生产按基地项目管理，对其计划安排、产量要求、质量指标等进行目标考核。各项优惠政策的兑现、奖惩制度的建立和基础设施建设计划的确定，以及资金投向等都要按项目管理的要求进行。根据不同的指标编制项目计划、可行性研究报告、项目进度及实施方案，并按年度分期完成。通过检查、考核，对本年度各计划进行总结验收。同时，参照当年完成情况，确定下年项目任务及投资。

综上所述，只要领导加强、认识统一、布局优化、投入增加、科技含量加大，就能加快临沧烤烟生产的发展，逐步形成地方的主要经济优势产业。抓住机遇、正视挑战，通过努力，规划目标是可以实现的。

# 第四章 临沧烤烟主要病害的诊断与防治

# 第一节　临沧烟草真菌性病害

在我国烟草上发现的真菌病害有 30 多种，真菌可导致叶片斑点、根茎坏死等症状。普遍发生且造成一定危害的主要有炭疽病、黑胫病、赤星病、根黑腐病、镰刀菌根腐病、靶斑病、蛙眼病和白粉病等 10 余种病害。随着我国烟草种植区域调整和气候变化，一些次要病害逐渐上升为主要病害，如山东、贵州、河南、福建发生的镰刀菌引致的根腐病，东北烟区发生的靶斑病等。另外，以前的一些主要病害的病原生理小种及抗药性等也发生了较大变化，如烟草黑胫病，在湖北、重庆、四川、云南部分地区，黑胫病菌 1 号生理小种比例在上升，对甲霜灵、霜霉威盐酸盐等常用药剂的抗药性明显上升，这些都需要我们根据变化对防治措施做出调整。霜霉病是我国烟草上最重要的检疫病害，虽未在我国发生，但对我国烟叶生产具有潜在威胁，因此在引种及烟叶贸易中，应加强检疫，提高防范意识。

## 一、烟草炭疽病

烟草炭疽病在我国各烟区普遍发生，主要在烟草苗床期发生，移栽至团棵期有时也会发生。20 世纪 90 年代至今，烟草育苗方式发生较大变化，目前主要以集约化漂浮育苗为主，苗床期炭疽病总体发生较少。

[症状] 幼苗发病初期，叶片产生暗绿色水渍状小点，可扩展成直径 2～5 mm 的圆斑（图 4-1）。病斑中央为灰白色或黄褐色，稍凹陷，边缘明显，呈赤褐色，稍隆起。天气多雨时，病斑多呈褐色或黄褐色，其上有时有轮纹或小黑点，即病菌的分生孢子盘。发病严重时，病斑密集合并，使叶片扭缩或枯焦。叶脉及茎部病斑呈梭形，凹陷开裂，黑褐色，严重时可致幼苗枯死。大田期时，本病多先由底脚叶发病，逐渐向上蔓延（图 4-2）。茎部病斑较大，呈网状纵裂条斑，凹陷，黑褐色，天气潮湿时，病部产生黑色小点。

[病原] 烟草炭疽病是由半知菌亚门炭疽菌属真菌引起的，目前鉴定的病原主要为烟草炭疽菌，亦有报道称其他炭疽菌也可造成类似症状。

烟草炭疽菌的菌丝体有分枝和隔膜，初为无色，随着菌龄增长，菌丝渐粗、变暗，内含大量原生质体，并在寄主表皮上形成子座，子座上着生分生孢子盘。分生孢子盘上密生分生孢子梗，孢子梗无色、单胞、棍棒状，上着生分生孢子，分生孢子呈长筒形，两端钝圆，无色、单胞，两端各有一油球。在分生孢子盘上着生刚毛，暗褐色，有隔膜，该菌在自然条件和人工培养条件下形态大小有差异（图 4-3）。

图 4-1　烟草炭疽病苗床期症状

图 4-2　烟草炭疽病大田期症状

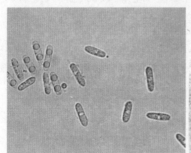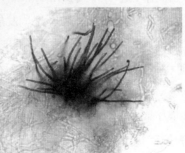

图 4-3　烟草炭疽菌分生孢子及分生孢子盘

[发生规律]烟草炭疽病菌主要随病株残余遗落于土壤或肥料中越冬，亦能以分生孢子黏附于种子表面或以菌丝在种子内部越冬，成为翌年苗床病害初侵染源。在病组织上产生的分生孢子，借助风、雨等传播方式可再次引起侵染。水分对炭疽病发病起决定作用，分生孢子只有在潮湿情况下才产生，并且有水膜存在时，才能萌发侵染。苗床温度高、湿度大、通风不良，则病害发生严重。移栽后，雨日多，雨量大，病害易流行。

[防治方法]①加强苗床管理：控制苗床温湿度，做好通风，及时剪叶，改善幼苗间通风透光条件。②药剂防治：在发病前可用 1∶1∶（160～200）波尔多液进行预防或喷施 80% 代森锰锌可湿性粉剂 500～600 倍液，或 80% 代森锌可湿性粉剂 500～600 倍液等药剂。

## 二、烟草猝倒病

烟草猝倒病在山东、河南、安徽、云南、贵州、四川、福建、黑龙江和台湾等地都有发生，是我国各烟区普遍发生的一种苗床期病害。

[症状]该病主要在烟株苗床期发生，也能对大田期的烟株产生危害。被侵染的幼苗接近土壤表面的部分先发病，发病初期，茎基部呈褐色水渍状软腐，并环绕茎部，幼苗随即枯萎倒伏在地面上，子叶暂时保持暗绿色，苗床湿度大时，周围可见一层密生白色絮状物。幼苗长出 5～6 片真叶时被侵染，植株停止生长，叶片萎蔫变黄，病苗根部水渍状腐烂，皮层极易从中柱上脱落。当病菌从地面以上侵染时，茎基部常缢缩变细，地上部因缺乏支持而倒折，根部一般不变褐色而保持白色。移栽至大田的病幼苗，遇到适宜环境条件，病症继续蔓延，茎秆全部软腐，病株很快死亡。幸存的植株可继续生长，遇到潮湿天气，接近土壤的茎基部出现褐色或黑色水渍状侵蚀斑块，茎基部下陷皱缩，干瘪弯曲，茎的木质部呈褐色，髓部呈褐色或黑色，常分裂成碟片状，故大田期也将该病称为茎黑腐症（图 4-4）。

图 4-4 烟草猝倒病症状

[病原]烟草猝倒病主要由腐霉属瓜果腐霉引起。该病菌属于鞭毛菌亚门，寄生范围很广，包括玉米、甘蔗、水稻、大豆、亚麻、甜菜、甘蓝、花椰菜、芹菜、黄瓜、茄子、南瓜、萝卜、莴苣、番茄、马铃薯及草莓等，还可侵染松树幼苗。

[发生规律]该病菌通常以卵孢子和厚垣孢子在土壤中越冬，在适宜的条件下，萌发形成芽管或游动孢子，游动孢子或菌丝在植株近地面的部位侵染根茎部。在潮湿天气，病菌借助于地表水或灌溉水进行传播，移栽的病苗也携带病菌。病菌在寄主中形成卵孢子，组织腐烂时，卵孢子释放到土壤中成为再侵染源（图 4-5）。该病害发生的最适宜温度为 28℃左右，若连续几天温度在 28℃左右，加之空气湿度大，土壤含水量大，就有利于病菌的繁殖，导致病害暴发，土壤中有机质过多也会加重病情。

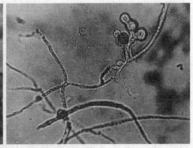

图 4-5 烟草猝倒病菌菌丝及孢子囊

[防治方法]①苗床选地和土壤消毒：苗床应选择地势较高、排水良好的向阳面。土壤可用威百亩水剂消毒：苗床整理好后，每平方米用 32.7% 威百亩水剂 50～70 mL 兑水 5 kg 混匀后喷洒，喷药后立即用塑料薄膜严密封盖，7 d 后揭膜松土，通风散药，3 d 后播种。在东北烟区沿用的蒸气熏蒸营养土方法简便适用，效果亦佳。方法是在热锅上放蒸帘，分层撒营养土，中间插放温度计，装满后盖上锅盖，待温度升至 93℃时，保持 30 min，即可达到杀菌、消毒、除虫卵、灭杂草的目的。②加强苗床管理：苗床的肥料要充

分腐熟，撒施均匀；浇水量要适中，防止过湿；要注意通风、排水，降低湿度；要培育壮苗，以提高幼苗抗病能力；当苗床上发现少数病苗时，应立即挖除，移出苗床，妥善处理。③药剂防治：烟苗大十字期后可喷施1：1：（160～200）波尔多液进行保护，每7～10 d喷一次。发病后可选用58%甲霜锰锌可湿性粉剂600～800倍液浇灌。

## 三、烟草立枯病

烟草立枯病于1904年在美国烟区首次被发现，目前所有产烟国家都有分布，我国各烟区均有发生。由立枯丝核菌（R. solani）引起的烟草立枯病病害已上升为世界烟草生产中的重要病害之一，且该病的危害正逐年加重，由烟草立枯病导致的烟叶损失可达15%。

[症状]幼苗发病部位为茎基部，起初在表面形成褐色斑点，逐渐扩大到环绕茎部，病部变细，病苗干枯甚至倒伏（图4-6）。在高湿的情况下，本病能引起烟苗大面积死亡。此病的显著特征是接近地面的茎基部呈显著的凹陷收缩状，病部及周围土壤上常有蜘蛛网状菌丝黏附，有时在重病株旁可找到黑褐色菌核。大田期，受害烟株茎基部起初有褐色下陷病斑，随后病斑逐步扩展至环绕整个茎围，并不断向茎秆上部及根部扩展（图4-7）。后期病株不倒伏；根部变黑，表皮腐烂脱落，保湿后密生灰色、蛛丝状的菌丝（图4-8）；病茎髓部干缩呈褐色碟片状，木质部变脆而易折断；叶片自下而上黄化枯死。

[病原]本病病原菌是立枯丝核菌，属半知菌亚门无孢目丝核菌属。菌丝起初无色，老熟后呈黄褐色，直径5～14μm，分枝与母枝呈锐角，分枝基部缢缩，近分枝处有分隔。后期部分菌丝细胞膨大呈椭圆体至筒状，细胞多核，由菌丝体交织形成菌核，表生，初为白色，发育成熟时黄褐至暗褐色，呈扁球形，表面粗糙，大小为1.5～3.5 mm。病菌生长的最适温度为28～32℃，菌丝致死温度和时间为53℃、5 min，菌核致死温度为55℃。综合广西、江苏、湖南、浙江等省份关于菌丝融合亲和现象的研究报道，立枯丝核菌可分为9个菌丝融合群，引起广西烟草病害的R. solani主要属于AG-4HG-I和AG-2-2IIB两个菌丝融合群（图4-9）。不同地区报道的菌丝融合群差异较大，可能与地理条件、烟草品种及侵染部位有关。该病菌寄主范围很广，可侵染水稻、玉米、甘蔗、大豆、花生、马唐、莎草等54科210种植物。

[发生规律] 本病病菌主要以菌核在土壤中越冬，或以菌丝和菌核在病株、田间及其他寄主上越冬。初侵染来源主要是在土壤中越冬的菌核，相对湿度增大时，依附于植株基部的菌核萌发生成菌丝，直接通过气孔，或穿透表皮细胞壁侵入植株。株间通风透光差、湿度过大时利于菌丝延伸扩展传播。温度 28～32℃、相对湿度 97% 以上时病害发生发展较快，连续雨天是病害明显发生或严重发生的必要条件之一。因此，若降水多、湿度大，则病害发展快、危害重，烟稻轮作区比旱地烟田发病重。

图 4-6　烟草立枯病茎基部症状

图 4-7　烟草立枯病大田期症状

图 4-8　烟草立枯病茎基部蛛丝网状的菌丝体

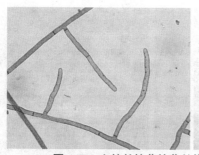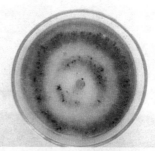

**图 4-9 立枯丝核菌的菌丝体及 PDA 培养基上的菌落**

[防治方法] 该病应采取以农业防治为基础，减少病菌初侵染来源，加强肥水管理，及时施药防治的综合防治措施。①减少菌核残留量，铲除田边杂草。加强苗床管理，苗床应通风透光。②施足基肥，以有机肥作底肥，起高垄种植，深挖排水沟。③田间发现零星病株时及时施药防治，可选用 70% 甲基硫菌灵可湿性粉剂 10 000 倍液、10% 井冈霉素水剂 600 倍液或 40% 菌核净可湿性粉剂 500 倍液等。

## 四、烟草黑胫病

黑胫病又称"腰烂病"（图 4-10），是世界烟草生产上较具有毁灭性的病害，目前在我国除黑龙江的各烟区均有发生，发生较重的省份和直辖市有云南、贵州、四川、河南、山东、湖南、湖北和重庆等。

[症状] 黑胫病在烟草苗床期很少发生，主要对大田期烟株产生危害。苗床期受害烟株呈猝倒状。旺长期烟株发病时，茎秆上无明显症状，而茎基部出现缢缩的黑色坏死斑，根系变黑死亡（图 4-11），导致叶片迅速凋萎、变黄下垂，呈"穿大褂"状，严重时全株死亡（图 4-12）。黑胫为此病的典型症状，病菌从茎基部侵染并迅速横向和纵向扩展，侵染面积可达烟茎 1/3 以上，纵剖病茎，可见髓干呈褐色碟片状，其间有白色菌丝（图 4-13）。在多雨潮湿季节，孢子通过雨水飞溅可以从茎秆伤口处侵入，形成茎斑，使茎易从病斑处折断形成"腰烂"（图 4-14）；孢子飞溅侵染到下部叶片，则形成直径 4～5 cm 的坏死斑，又称"猪屎斑"。

图 4-10　烟草黑胫病叶片上的病斑

图 4-12　烟草黑胫病整株萎蔫及枯死症状

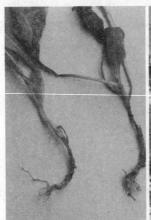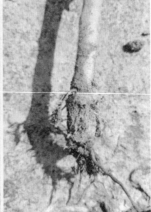

图 4-11　烟草黑胫病茎基部及根系坏死症状

图 4-13　烟草黑胫病髓部碟片症状及菌丝体

图 4-14　烟草黑胫病"腰烂"症状

[病原] 本病病原菌属卵菌疫霉属。

[发生规律] 烟草黑胫病菌（图 4-15）主要以休眠菌丝体和厚垣孢子在病株残体、土壤和粪肥中越冬。

苗床期初侵染源主要是带菌的土杂肥及灌溉水等，尚未发现种子带菌现象。大田期初侵染源首先是带菌土壤和被病菌污染的土杂肥，其次是带病烟苗和流经病田的灌溉水或雨水。在田间，烟草黑胫病菌一般是通过流水进行传播的。水流经被污染的土壤和病烟田，该菌的孢子囊和游动孢子等（图4-16）即可顺水传播到所流经的田块，使病害逐步蔓延。风雨亦可将病土、病株上的孢子囊、游动孢子传到邻近烟株，导致叶片或茎部受害。此外，人、畜、农具等在潮湿病土上经过，也可以携带病菌，将病菌从一块田传到其他田中，甚至发生较远距离的传播。

影响黑胫病流行的首要因素是湿度，其次是温度，在温度适宜的条件下，多雨高湿有利于病害发生，土壤类型、耕作制度等对其流行也有较大影响。一般来说，黏重、低洼、排水差的地块病重，而沙质土壤排水良好，病害较轻，土壤有机质含量对发病率无明显影响。在土壤 pH 适宜于烟草生长的条件下，pH 对烟草黑胫病发病程度无显著影响。

图 4-15　烟草黑胫病菌培养形态

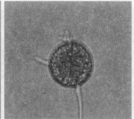

图 4-16　烟草黑胫病菌菌丝（左）、孢子囊（中）及厚垣孢子（右）

[防治方法] ①种植抗病品种：目前生产上推广的大多数国内外品种，如中烟 100、K326、K346、K394、NC82、RG11、RG17 等都是较抗黑胫病的品种，可根据实际需要选用。②农业防治，实行轮作：间隔 2 年或 3 年栽烟，

有条件的地方可以实行水旱轮作；适时早栽，使烟株感病阶段避过高温多雨季节；采用高垄栽烟，可防止田间过水、积水。③药剂防治：播种后 2 ~ 3 d 或烟苗零星发病时，用药剂喷洒苗床进行防治，连续 1 ~ 2 次；在移栽时或还苗后施药 1 次；发现黑胫病零星发生时进行施药，以后每隔 7 ~ 10 d 施用 1 次，连续用药 2 ~ 3 次，基本上可以控制该病的危害。施药方法是向茎基部及其土表浇灌。目前常用杀菌剂有 25 % 甲霜霜霉威可湿性粉剂 600 ~ 800 倍液、58 % 甲霜锰锌可湿性粉剂 600 ~ 800 倍液、80 % 烯酰吗啉可湿性粉剂 1 250 ~ 1 500 倍液、72.2 % 霜霉威盐酸盐水剂 1 000 倍液等。

## 五、烟草根黑腐病

烟草根黑腐病是世界性的烟草病害，该病也是我国烟草主要根部病害之一，在山东、河南、安徽、云南、湖北、湖南、重庆、陕西、四川、福建、吉林、贵州和甘肃等省份均有不同程度发生。

[症状] 该病俗称烂根、黑根等，从烟草苗床期至大田期均可发生，主要发生在烟株根部，因发病根部组织呈特异性黑色坏死而导致烟苗死亡或地上部分生长不良。幼苗很小时，病菌从土表茎部侵入，病斑环绕茎部，向上侵入子叶，向下侵入根系，使整株腐烂呈现"猝倒"症状（图4-17）；较大的幼苗感染病菌后，根尖和新生的小根系变黑腐烂，大根系上呈现黑斑，病部粗糙，严重时腐烂。病苗移栽至大田后生长缓慢，植株矮化，中下部叶片变黄、易萎蔫，可在病部上方培土处新生大量不定根，而使其后期恢复生长（图4-18）。

图4-17　烟草根黑腐病幼苗症状　　图4-18　烟草根黑腐病大田期症状及根部症状

[病原] 本病病原菌是根串珠霉，属半知菌根串珠霉属。

尚未见根串珠霉有性世代的报道，该菌在无性繁殖时可产生两种类型的孢子：一种是产孢瓶梗内生的分生孢子，亦称瓶梗孢子，单细胞，圆柱形或偶尔桶形，两端平截或钝，透明、半透明或淡褐色，成熟后依次排出，大小（7.5～30.0）μm×（3.0～5.0）μm，平均为 19.0 μm×4.2 μm；另一种是厚垣孢子，通常由 5～7 个孢子串生于孢子梗顶端或侧面，基部有 1～2 个无色孢子，其余为褐色，壁厚、光滑，最后可断裂成单个，除顶孢子上部钝圆，其余孢子为圆柱形，两端平截，大小为（6.5～14.0）μm×（9.0～13.0）μm，平均为 10 μm×11 μm，单个厚垣孢子通常在一端产生横裂，伸出芽管见图 4-19。

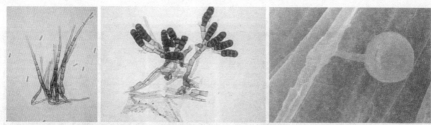

图 4-19 烟草根黑腐病内生分生孢子（梗）、厚垣孢子（梗）和厚垣孢子萌发

[发生规律] 根黑腐病是土传病害，主要以厚垣孢子和内生分生孢子在土壤、病残体和粪肥中越冬，成为第二年初侵染源，田间发病最适宜温度为 17～23 ℃，土壤湿度大，尤其是接近饱和点时易发病，土壤 pH ≤ 5.6 时极少发病。

[防治方法] 配合栽培措施、生物防治和药剂防治等措施，可有效地控制病害发生。①选用抗病品种，如 NC 系列、白肋烟、贵烟 4 号和秦烟 96 等。②采用高垄栽培，施用腐熟的有机肥，适当控制土壤的发病条件，如土壤温湿度、pH 及土壤菌量等。③药剂防治可在烟苗移栽时土穴施药，发病初亦可喷施 70％甲基硫菌灵可湿性粉剂 800～1 000 倍液。

## 六、烟草枯萎病

烟草枯萎病又称镰孢菌萎蔫病，在世界各产烟区均有发生。虽然其危害性并不十分引人注意，但在部分国家（如南非）或部分地区（如美国北卡罗来纳州）曾有过严重发生和危害的报道。该病在我国湖南、湖北、河南、福建、陕西、辽宁、吉林、黑龙江、云南及台湾等地的局部地区有发生，但发生普遍较轻。目前关于烟草枯萎病的报道较少。

[症状] 该病的典型症状是植株一侧的叶片逐渐表现出黄化和干枯（图4-20）。植株从苗床期即可受害，常表现为一侧叶片变小，叶片褪绿至黄化或青铜色。由于叶片生长不均衡，叶片中脉弯曲，植株顶端常向发病一侧倾斜或弯曲。若扒开发病侧茎的韧皮部，可见木质部变成褐色或黑色，维管束同样坏死变成褐色或黑色。病菌常从一条根系或一侧根系侵染发生，并向地上相应一侧扩展，在一侧叶片表现症状。解剖发病根系和叶片中脉的横截面可见维管束变色。发病植株茎部常表现为干腐，不同于细菌引起的湿腐或黏腐。枯萎病发生严重时可使植株明显矮化甚至死亡。在显微镜下观察变色导管组织或发病组织，可见病菌菌丝和分生孢子，再结合木质部褐变症状，即可确定为该病。

图4-20　烟草枯萎病症状

[病原] 该病病原菌是尖镰孢烟草专化型，为子囊菌无性型。病菌在酸性培养基上生长的菌落常呈白色、粉色、淡紫色或玫瑰色，在碱性培养基上呈紫色或蓝色。该菌具分生孢子座，上生分生孢子梗，呈轮状分枝，短小，上生分生孢子（图4-21）。产孢方式为单瓶梗。病菌产生大、小两种类型的分生孢子：小型分生孢子单胞，无色，呈卵形、椭圆形或肾形，大小为（5～12）μm×（2.5～3.0）μm，多生于气生菌丝上，呈假头状；大型分生孢子有3～5个隔膜，多数有3个隔膜，直至微弯，呈镰刀形，无色，大小为（40～50）μm×（2～4.5）μm。厚垣孢子光滑或粗糙，呈球形，1或2个细胞，生于菌丝末端或中间。未见有性阶段。

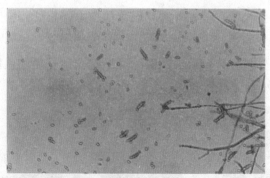

**图 4-21　烟草枯萎病菌分生孢子**

[发生规律] 枯萎病菌为土壤习居菌，以厚垣孢子形式在土壤中越冬存活，厚垣孢子在土壤中可存活长达 10 年。随着烟草植株根系的发育和根系分泌物的增多，厚垣孢子开始萌发，遇伤口则侵入根系，在木质部导管中繁殖形成大量菌丝体，其酶解作用使受侵害的导管组织变褐。在发病条件下，病菌侵染 10 d 后植株即可表现症状。发病植株叶片含糖量下降，但树脂和蜡质增加，使烟叶质量下降。该病为喜温病害，在 28 ～ 31℃条件下最为活跃，而在冷凉条件下危害较轻。沙壤土利于发病。干旱或缺水虽然可显著抑制植株长势，但也可降低病害发生程度。根结线虫和胞囊线虫为害造成的根系伤口或干扰植株生理代谢也利于枯萎病发生。该病菌在田间借雨水或流水、土壤及病苗调运等进行传播。

[防治方法] ①种植抗病品种是防治该病的最有效措施，但生产上缺少高抗品种。较抗病的品种有 G28、G140、Coker176、Coker319、NC82、NC95、NC628、Burley11A、Burley11B、Burley49、Ky14 等。②烤烟不应与甘薯进行轮作。③发病初期用 70 % 甲基硫菌灵可湿性粉剂 800 ～ 1 000 倍液灌根。

## 七、烟草镰刀菌根腐病

烟草镰刀菌根腐病是一种具有潜在危害性的根部病害，在云南、贵州、山东、河南、福建和安徽等省份均有发生，常见于烟草生长后期，一般病株率为 3 % ～ 5 %，常与烟草青枯病、黑胫病和根黑腐病混合发生。

[症状] 该病主要发生于大田期，在漂浮育苗条件下，苗床期一般不易发病。大田期该病典型症状表现为幼苗受害后萎蔫倒伏死亡，叶片皱缩变褐，基部呈软腐状，潮湿条件下有粉红色霉状物（图 4-22）。大田病株比健株显

著矮小，色黄，生长慢，茎秆纤细。病重植株上部枯死，根部腐烂。拔起病株，可见植株根系明显减少，根系皮层极易破碎脱落，仅剩木质部，且明显变黑，并伴有粉红色、紫色等，潮湿时可见有白色至粉红色霉层。接近地表部分，常出现新生根，易与黑胫病混淆（图4-23）。

图4-22　烟草镰刀菌根腐病田间症状　图4-23　镰刀菌根腐病（右）与黑胫病（左）根部症状

[病原]镰刀菌属的多种病原菌都可引起危害，其中以茄镰孢和尖镰孢为主。茄镰孢菌株在马铃薯葡萄糖琼脂培养基（PDA）上的气生菌丝生长旺盛且产生紫色色素，能产生大型分生孢子、小型分生孢子及厚垣孢子。大孢子呈月牙形，稍弯，向两端比较均匀地变尖，3～5个分隔，多为3个分隔，大小为（22.1～32.3）μm×（5.1～6.8）μm；小孢子呈卵形或椭圆形，0～1个分隔；厚垣孢子呈球形，单生或串生（图4-24）。尖镰孢在PDA培养基上气生菌丝生长旺盛，白色，分生孢子座淡红色。大型分生孢子多为3个分隔，也有4或5个分隔的，细长且顶细胞逐渐狭窄，大小为（33.18～48.94）μm×（3～6.5）μm；小型分生孢子多为单胞，呈卵形或纺锤形，大小为9μm×3μm，数量大；厚垣孢子顶生或间生，直径6～10.2μm（图4-25）。

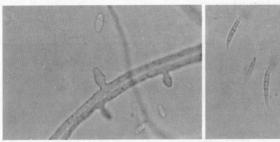

图4-24　茄镰孢小型分生孢子、产孢细胞与茄镰孢大型分生孢子

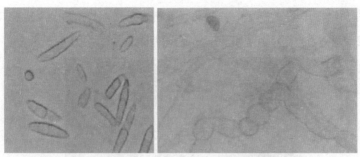

**图 4-25 尖镰孢大、小型分生孢子和尖镰孢厚垣孢子**

[ 发生规律 ] 该菌以休眠菌丝体和分生孢子在土壤和病残体上越冬，成为翌年的初侵染源，主要通过风雨、病残体、农事操作等传播方式进行再侵染。镰刀菌产孢能力很强，传播途径很多，除土传外还可以通过空气传播，侵染植物维管束系统，破坏植物的输导组织。该病的发生与流行取决于寄主的抗病性、土壤环境、气候条件及栽培管理等因素。不同的烟草品种抗病性差异很大，种植感病品种是病害流行的重要因素之一，红花大金元、云烟 97 等品种易感病。烟田连作一般发病重；地势低、易积水的黏质土发病较重，沙质土壤发病较轻；高温多雨利于病害的发生流行。

[ 防治方法 ] ①选用抗（耐）病品种：如 K346、RG11、毕纳 1 号等。②农业防治：于发病初期及时拔除病株并深埋，及时中耕除草，注意排灌结合，降低田间湿度；推广高起垄、高培土技术；有条件的区域实行轮作，与禾本科作物轮作 3 年以上或水旱轮作。③药剂防治：烟苗移栽后 10 d 内，可轮换选用 58 % 甲霜锰锌可湿性粉剂 800 倍液、50 % 烯酰吗啉可湿性粉剂 1 500 倍液、48 % 霜霉络氨铜水剂 1 500 倍液、722 g/L 霜霉威盐酸盐水剂 900 倍液灌根，每隔 7 ～ 10 d 施用 1 次，连续 2 ～ 3 次。

## 八、烟草低头黑病

烟草低头黑病俗称"勾头黑""半边烂""偏枯病"等，最早于 1953 年在山东潍坊地区被发现。2010 年以来调查发现，在河南豫中、豫南烟区本病时有发生，危害面积不大，但一旦染病，绝大部分病株均会枯萎死亡。

[ 症状 ] 幼苗在长出 2 ～ 3 片真叶时即可发病，主要危害地上部分。大田期烟株发病时，初期茎部出现小黑斑，并逐渐向上向下扩展形成条状斑，沿茎的一侧逐渐向上蔓延至顶芽，由于受害一侧枯萎，顶芽逐渐向下弯曲，最

终全株枯萎死亡（图4-26）。后期病部干枯的部位会产生小黑点，即病原菌的分生孢子盘，小黑点逐渐增多并密集排列呈椭圆形（图4-27）。

图4-26 烟草低头黑病大田症状

图4-27 烟草低头黑病茎部与叶部症状及茎部病斑

[病原] 本病病原菌是辣椒炭疽菌。在PDA上，菌落呈圆形，边缘整齐，菌丝生长密实，正面初呈白色、黄色或灰色，逐渐变为灰白色，绒毛状，背面褐色。后期出现散生小黑点，并逐渐增多，以接种点为中心呈轮纹状与辐射状排列。菌丝发达，多分枝，分隔，老熟菌丝形成厚壁孢子。分生孢子盘呈圆形或椭圆形，直径为56.8～149.6μm；刚毛深褐色，直立，散生于分生孢子盘中，3～5个分隔，末端渐细，大小为（41.3～221.9）μm×（2.6～7.7）μm；分生孢子梗无色，呈圆柱形或棒状，密集栅栏状排列；分生孢子无色，单胞，新月形，内含油球，大小为（16.1～28.4）μm×（3.6～5.8）μm（图4-28）。

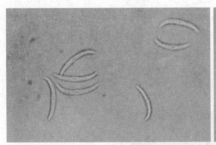

**图 4-28 烟草低头黑病菌分生孢子及分生孢子盘**

[发生规律] 病菌以菌丝在土壤或病残体上越冬，可存活 3 年以上，是主要的初侵染源，带菌的有机肥和病苗也是重要的初侵染源。连作地块容易发病，田间湿度大、土壤黏重、地势低洼、排水不良的地块发病重。适宜条件下，该病菌可产生大量的分生孢子，随风雨和流水传播，在农事操作时，人、畜和农具等黏附的病土也可以传播。多雨、高湿及较高的温度有利于病害发生，特别是暴风雨后伴随较高的温度，往往会出现一次发病高峰。

[防治方法] ①选用抗病品种：除个别品种外，抗黑胫病或耐黑胫病的品种都能兼抗低头黑病，如 K326、K346、G80 和中烟 14 等。②农业防治：重病区可与小麦、玉米、水稻、高粱等禾本科作物进行 2～3 年轮作，但要避免与马铃薯等茄科作物及其他作物轮作。③培育无病壮苗：不从病区调运烟苗，并对苗床土、漂浮育苗基质进行消毒。④加强田间管理：推广高起垄、高培土技术，烟田要求平整，防止积水，及时拔除病株和摘除病叶，并集中销毁。⑤药剂防治：移栽时，每亩穴施 70% 甲基硫菌灵可湿性粉剂 0.5 kg，后期根据发病情况喷施 70% 甲基硫菌灵可湿性粉剂 1 000 倍液进行防治。

## 九、烟草白绢病

烟草白绢病又称根白腐病、南方疫病，常发生在温带和热带，美国、印度尼西亚、菲律宾、日本和非洲一些国家均有发生，中国已在贵州、湖南、湖北、广东、广西、福建、安徽和山东等烟区发现。本病一般在田间零星发生，其危害尚不严重。

[症状] 本病主要发生在大田后期，发病部位在成熟烟株接近地面的茎基部。受害部位初期出现褐色下陷斑痕，逐渐环绕茎部，病斑产生白色菌丝，

后形成油菜籽状菌核，菌核初为白色，后变成黄色至茶褐色。随着病情发展，病株自下而上叶片变黄萎蔫至枯死（图4-29）。湿度大时，病部易腐烂，病株倒伏枯死。病株根部一般不腐烂。

图4-29　烟草白绢病整株症状

[病原] 本病病原菌是齐整小核菌，属半知菌亚门丝孢纲无孢目小菌核属。菌丝白色至灰白色。菌核多球形，表面平滑，初为白色，后变茶褐色（图4-30）。有性世代属担子菌亚门薄膜革菌属。

图4-30　烟草白绢病病株基部菌核及菌丝

[发生规律] 病菌以菌核及菌丝在土壤中越冬，翌年在适宜的条件下，菌丝或菌核萌发产生的菌丝侵染烟株形成初侵染。菌核在干燥的土壤中可存活10年以上。病菌可通过病土、病株残体、各种作物种子中的菌核、农家肥料及流水传播。田间病株产生的菌丝及病株与良株的相互接触都可以引起再侵染。

烟草白绢病发生的最适宜温度为 30～35 ℃，病害的发生程度随温度的降低而减轻，15 ℃以下病害极少发生；土壤含水量高有利于病害的发展；烟株种植过密，通风透光不良有利于病害的发生；沙土地病害发生重。

[防治方法] 采用以轮作为主的综合防治措施。①旱地种烟可实行 3～5 年轮作，最好与禾本科作物轮作；烟草与水稻轮作是减少病害发生的有效措施。②使用土壤熏蒸剂熏蒸土壤并暴晒，清除病残体。③用 50％甲基硫菌灵可湿性粉剂 1 000 倍液浇灌根部，可抑制病害的蔓延。④烟草生长中后期，田间追施草木灰，必要时在烟株基部撒施草木灰。⑤用麦麸培养木霉菌施于烟株周围。

## 十、烟草菌核病

烟草菌核病又称菌核疫病、白霉病，全国大部分烟区均有分布，但发生较轻。烟草菌核病为害幼苗和成株的茎、叶、蒴果等。

[症状] 受害烟苗茎基部呈现褐色圆形凹陷斑，湿度大时，病斑迅速扩展导致整株幼苗呈水渍状腐烂。成熟期病害在茎基部或茎秆上发生，受害烟株先由叶柄处发病，病斑浅褐色，向上下左右扩展，颜色亦变为淡褐色至黄白色。当病斑合围时，叶片凋萎，湿度大时叶片上形成白色菌丝，继而形成菌核。发病后期茎部病斑凹陷，外部伴有菌核形成，髓部中空易折断，空茎内形成更多菌核（图 4-31）。

图 4-31　烟草菌核病症状

[病原] 本病病原菌是核盘菌，属子囊菌亚门核盘菌属。病菌产生黑色、坚硬、老鼠粪状菌核（图 4-32）。菌核可产生子囊盘，淡褐色，直

径 2 ～ 20 mm。子囊棍棒状，无色，内含 8 个子囊孢子，子囊大小为（81.0 ～ 252.2）μm×（4.3 ～ 22.4）μm。子囊孢子单胞、无色、呈椭圆形，大小为 12.5μm×4.9μm。菌核产生子囊盘的最适温度是 10 ～ 15℃，且需要光照和较高的湿度。子囊孢子萌发的温度范围为 5 ～ 30℃，最适温度为20 ～ 25℃，5 ～ 10℃时的萌发率最高。菌丝白色，有隔膜，形如棉絮状（图4-33）。病菌菌丝生长温度为 5 ～ 31℃，适宜温度为 15 ～ 23℃，最适温度为23℃；菌核萌发产生菌丝的温度为 10 ～ 31℃，适宜温度为 15 ～ 29℃。病菌子囊在 9 ～ 16℃时生长最多最快。

[发生规律] 本病病菌以菌核在病残体和土壤中越冬，菌核在干燥的土壤中不易萌发，其生存活力一般可维持7～8年，在潮湿的土壤中仅能存活1年。本病发病适宜温度为 5 ～ 20℃。子囊孢子和土壤中的菌核萌发生成的菌丝是重要的初侵染源，一般很少有再侵染。病菌可以侵染很多种作物，因而前茬如为向日葵、大豆或土壤里含有很多菌核则发病严重。7 ～ 8 月降水多，种植较密的地块易发病。

[防治方法] ①农业防治：与禾本科作物 2 ～ 3 年轮作，勿与向日葵、大豆、蔬菜等容易发病的作物进行轮作。适时早栽，高垄种植。晴天打顶和采收，及时采摘下部叶片。②加强田间管理：秋天清除病残体，及时拔除病株集中处理，在病株周围撒施草木灰、石灰粉（4：1）或硫黄、石灰粉[1：（20 ～ 30）]。③药剂防治：发病初期可喷施 40％ 菌核净可湿性粉剂400 ～ 500 倍液，7 ～ 10 d 喷 1 次，连用 2 ～ 3 次。

图 4-32　烟草菌核病叶片及茎秆内的菌核

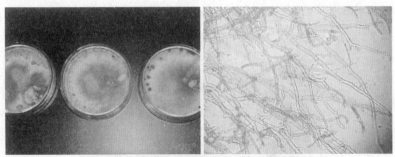

图 4-33　烟草菌核病菌培养形态和病菌菌丝

## 十一、烟草茎点病

烟草茎点病于 1991 年 9 月在吉林农业大学试验田中被发现，是国内烟草生产中首次报道的新病害，目前仅在国内部分烟区零星发生。

[症状] 本病在烟草生长中后期主要为害茎秆，病株茎部出现褐色病斑，形状不规则，一般呈长椭圆形，后期扩展连片呈灰白色的斑驳状病斑。多个病斑融合成长条状溃疡，有时扩展很长，甚至自顶部一直到茎基部，全部茎秆或半边茎秆呈褐色斑驳状溃疡（图 4-34）。病斑略凹陷，密生小黑点，为其分生孢子器。严重时茎枯，呈灰白色，叶片萎蔫枯死。

图 4-34　烟草茎点病症状

[病原] 本病病原菌是茎点霉属茎点菌，属半知菌亚门。分生孢子器初埋生，后突破表皮，呈扁球形，黑褐色，散生，大小为（72.6～106.5）μm×（50.8～87.2）μm，器壁膜质（图 4-35）。产孢为单胞，无色，不分枝，瓶梗

式。分生孢子单胞，呈圆筒形，无色，内有 $1 \sim 3$ 个油球，大小为（6.7 ～ 8.6）μm×（3.6 ～ 4.8）μm。在 PDA 或燕麦培养基上 3 d 就可产生分生孢子器。

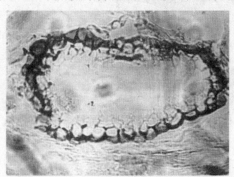

图 4-35　烟草茎点病病原菌分生孢子器

[发生规律] 本病病菌在病残体上以分生孢子器和菌丝体越冬，翌年在适宜条件下，分生孢子即从分生孢子器孔口溢出并随风雨传播，因而重茬地或离病残体近的地块发病重。病害多在打顶、抹杈、采收后发生。病菌从伤口侵入，因而病斑先从打顶、抹杈、采叶的伤口处形成，逐渐扩大蔓延。病菌不侵害叶片，但因茎变褐、组织干枯、水分与营养输送受到阻碍，导致叶片早衰、枯死。后期雨水多时发病加重，茎秆的伤口多容易发病。

[防治方法] ①轮作、深翻地，清除并烧毁病残体。②发病初期，喷施 1 ：1 ：200 波尔多液或 70% 代森锰锌可湿性粉剂 500 ～ 800 倍液进行预防。

## 十二、烟草赤星病

烟草赤星病是烟草生长中、后期发生的一种叶部真菌性病害，是对烟草生产威胁最大的叶部病害。烟草赤星病在我国各烟区普遍发生，由于其流行具有间歇性和暴发性的特点，一般发病率为 20% ～ 30%，严重时发病率达 90%，减少产值 50% 以上，对产量、质量影响较大。

[症状] 烟草赤星病多发生于烟叶成熟期，主要危害叶片、茎秆、花梗、蒴果。赤星病先从烟株下部叶片开始发生，随着叶片的成熟，病斑自下而上逐步发展，最初在叶片上出现黄褐色圆形小斑点，后变成褐色（图 4-36）。病斑的大小与湿度有关，湿度大则病斑大，湿度小则病斑小，一般来说最初斑点直径不足 0.1 cm，随着病斑逐渐扩大可达 2 cm。病斑呈圆形或不规则圆形，褐色，有明显的同心轮纹，边缘明显，外围有淡黄色晕圈。湿度大时，

病斑中心有深褐色或黑色霉状物。茎秆、蒴果上也会产生深褐色或黑色圆形、椭圆形凹陷病斑（图4-37）。烤后烟叶呈赤星病症状（图4-38）。

图4-36　烟草赤星病叶部症状

图4-37　烟草赤星病茎部症状

图4-38　烤后烟叶赤星病症状

[病原] 本病病原菌是半知菌亚门链格孢属真菌，目前鉴定的病原菌主要包括链格孢菌、长柄链格孢菌和细极链格孢菌、鸭梨链格孢菌等（图4-39）。

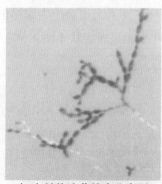 

（a）链格孢菌的产孢表型　（b）分生孢子梗及分生孢子

（c）长柄链格孢菌的产孢表型（d）分生孢子梗及分生孢子

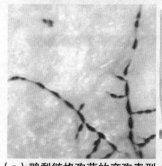 

（e）鸭梨链格孢菌的产孢表型（f）分生孢子梗及分生孢子

图 4-39　几种烟草赤星病病原菌

　　本病病原菌菌丝无色透明，有分隔，直径 3～6 μm。分生孢子梗浅褐色，单生或丛生，聚集成堆，形状多为直立，部分为屈膝状，合轴式延伸，上面有多个明显的孢痕，有 1～3 个横隔膜。分生孢子萌发初期的颜色较浅，成熟后变成浅褐色，呈卵圆形、椭圆形、倒棍棒形等，有 1～7 个横隔，1～3

个纵隔，有时微弯曲，喙孢长短不等，孢子链末端的分生孢子较小，呈椭圆形或豆形，只有一个分隔。分生孢子的形状、大小因菌龄和产生孢子时间长短的不同有很大差异，文献报道的长度范围为 66～100 μm，宽度范围为 3～20 μm，大小一般为（35～50）μm×（8～15）μm，分生孢子梗大小为（25～65）μm×（5～6）μm，喙孢长度为 6～46 μm。

[发生规律] 赤星病菌主要以菌丝在遗落于田间的烟叶等病株残体或杂草上越冬。病株残体上的分生孢子也可直接越冬，作为初侵染来源。越冬后的病原菌在温度达到 7～8 ℃，相对湿度大于 50 % 的条件下，开始产生分生孢子，由气流、风、雨传播到田间烟株上侵染下部叶片（初侵染），形成分散的多个发病中心。这些发病的烟株病斑上再产生分生孢子，又由风雨传播，形成再次侵染。经过多次再侵染，病害逐渐扩展流行。雨日多、湿度大是病害流行的重要因素，移栽迟、晚熟、施氮过多及暴风雨后发病较重。

[防治方法] ①农业防治：种植抗病品种，合理轮作，适时早栽，控制氮肥，增施磷、钾肥，宽行窄株栽培，改善田间通风透光条件，注意田间卫生，及时采摘底脚叶。②药剂防治：打顶前后可喷施 1∶1∶200 波尔多液进行预防，发病初期可选用 40 % 菌核净可湿性粉剂 500 倍液、80 % 代森锰锌可湿性粉剂 500 倍液、50 % 氯溴异氰尿酸可溶粉剂 1 000 倍液等，发病初期全株均匀喷雾，隔 7～10 d 一次，防治 2～3 次。喷药后若遇降雨，雨后需补喷。药剂最好交替使用，以防植株产生抗药性。③生物防治：可以选择 10 % 多抗霉素可湿性粉剂 1 000 倍液、枯草芽孢杆菌、短小芽孢杆菌、丁香酚等生物源药剂进行辅助防治。

## 十三、烟草白粉病

烟草白粉病俗称冬瓜灰、上灰、下霜、上硝、发白等，在我国主要烟区均有发生，云南、湖北、福建、广东、广西、贵州、重庆及陕西等省份和直辖市时有暴发流行。

[症状] 本病烟草苗床期和大田期均可发生，主要危害叶片，严重时可危害茎秆。白粉病的主要症状是先从下部叶片发病，发病初期，在叶片正面呈现白色微小的粉斑，随后白色粉斑在叶片正面扩大，严重时白色粉层布满整个叶面（图 4-40）。白粉病与霜霉病的主要症状区别是：白粉病的霉层在叶片正面，颜色为白色；霜霉病的霉层在叶片背面，颜色为灰蓝色。

图 4-40　烟草白粉病叶部症状

[病原] 本病病原菌是二孢白粉菌，属子囊菌亚门白粉菌目白粉菌科白粉菌属。二孢白粉菌形成椭圆、透明、单细胞粉孢子，粉孢子串生，着生在不分叉的粉孢子梗上（图 4-41），粉孢子大小为（20～50）μm×（12～24）μm，平均为 31μm×16μm。子囊壳呈黑色圆形，无孔，但有弯曲的、不确定的附属丝，附属丝长度为 80～140μm。子囊壳内含 4～25 个（通常 10～15 个）卵形、微小、短柄的子囊，大小为（58～90）μm×（30～35）μm，多数子囊中含有 2 个透明、单细胞的子囊孢子，大小为（20～28）μm×（12～20）μm，个别子囊含有 3 个子囊孢子（图 4-42）。2014 年邢荷荷等报道奥隆特高氏白粉菌亦可侵染烟草引起白粉病。

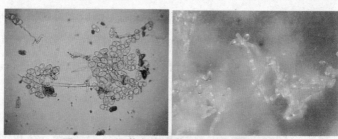

图 4-41　烟草白粉病菌粉孢子和粉孢子梗

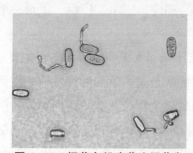

图 4-42　烟草白粉病菌孢子萌发

[发生规律]白粉病病菌在病株残体上以菌丝或子囊壳越冬，也可在其他寄主上越冬。此菌为外寄生菌，除吸器外，菌丝和分生孢子全部长在叶片表面，分生孢子极易飞散，主要借气流传播。在温暖潮湿、日照较少的条件下发生较严重，最适侵染温度为 16 ～ 23.6 ℃，相对湿度为 73 % ～ 83 %。高温高湿度不利于白粉病的发生，大雨可减轻白粉病的发生程度。

[防治方法]控制烟草白粉病应采用综合防病措施，以种植抗病品种为主，加强农业防治和药剂防治。①选用抗病品种：各类型烟草中都有抗白粉病的品种，晒烟抗白粉病品种有广红 12、塘蓬等，烤烟抗白粉病品种有 NC89、K346、吉烟 9 号等。②农业防治：适时早栽、及早摘除底脚叶、及时采烤等措施可以大大降低烟草白粉病的发生概率和减轻危害；平衡施肥，增施磷、钾肥可提高烟株抗性；改进栽培措施，创造不利于烟草白粉病发生的条件也是重要防病措施。③药剂防治：在发病初期开始喷药防治，以后根据病情发展，每隔 7 ～ 10 d 喷药一次，重点喷在中下部叶片上，可选用 20 % 腈菌唑微乳剂，每亩有效成分用量为 4 ～ 5 g；30 % 己唑醇悬浮剂，每亩有效成分用量为 3.6 ～ 5.4 g；30 % 氟菌唑可湿性粉剂，每亩有效成分用量为 3 ～ 4.5 g。

## 十四、烟草蛙眼病

烟草蛙眼病广泛分布于我国所有产烟省份，除东北三省、山东等地零星发生外，其他多数省份均大量发生。一般发病率为 10 % ～ 30 %，严重的达到 90 % 以上。

[症状]该病主要危害叶片，多发生在大田生长后期。病斑一般最先发生在烟株下部老叶上，然后由下部叶向上部叶蔓延发展。初期病斑为水渍状暗绿色小点，逐渐扩展成圆形、多角形或不规则形褐斑，最后发展成褐色或灰白色、中央白色、有狭窄而带深褐色边缘的圆形病斑（图 4-43）。在高湿条件下，病斑中部散生着由分生孢子梗和分生孢子构成的微小黑点或灰色霉层，似蛙眼，故称蛙眼病。病斑大小因烟草品种和自然条件的不同而不同。例如：在大黄金品种上，病斑较大，直径为 0.3 ～ 1.2 cm；在香料烟沙姆逊品种上病斑较小，直径为 0.3 ～ 0.5 cm。病斑遇暴风雨时常破裂穿孔，严重时多个病斑连成大的斑块，致使整叶干枯。

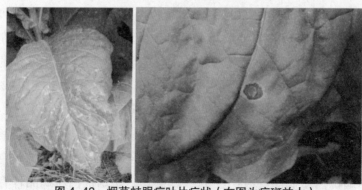

**图 4-43　烟草蛙眼病叶片症状（右图为病斑放大）**

[病原] 本病病原菌是烟草尾孢菌，属于半知菌亚门尾孢属。分生孢子梗有分隔，不分枝，膝状弯曲，丛生在子座上，基部褐色，上部色淡。分生孢子顶生，细长鞭状，直或略弯曲，多分隔（无纵隔），无色，基部较粗大（图4-44）。不同来源的分生孢子梗和分生孢子大小差异很大。我国报道的分生孢子梗大小为（35～80）μm×（3.5～5）μm，有 1～3 个隔膜，分生孢子大小为（42～115）μm×（4～5）μm，有 5～10 个横隔。

[发生规律] 该病病菌以菌丝体随病残体在土壤中越冬。翌年产生的分生孢子借风雨传播，引起发病，在一个生长季节，有多次再侵染。病害的发生流行与寄主抗病性、气候条件和栽培条件密切相关。目前生产上种植的各种类型烟草无高抗品种，多数品种易感病。高温多雨是该病流行的主要条件，病情发展速度往往取决于降水量和湿度，发病后若遇多雨高湿的气象条件，有利于病害蔓延，甚至暴发成灾。种植密度过大，会导致病情加重；播期越晚，发病越重。

**图 4-44　烟草蛙眼病菌的分生孢子和分生孢子梗**

[防治方法]①农业防治：早育苗、早移栽，合理密植，合理施肥，适时采收，及时清除病残体并集中烧毁。②药剂防治：70％代森锌可湿性粉剂或70％代森锰锌可湿性粉剂500倍液，间隔7～10 d喷施1次，根据病情连喷2～3次。

## 十五、烟草灰霉病

烟草灰霉病于1982年首次在日本黄花烟草上被发现，目前是漂浮育苗苗床期烟株主要病害，在我国分布于云南、贵州、四川、广西、福建、湖南、广东、黑龙江、陕西等地。在苗床期轻者发病率为5％～8％，重者达50％以上，造成烟苗成丛死亡。还苗期后，揭膜覆土、降低烟株间的湿度，危害可减轻，旺长期该病仅在局部烟区偶然发生。目前该病害在大田期发生范围逐渐扩大，发生程度呈上升趋势（图4-45）。

[症状]该病主要危害烟株的叶片及茎。在苗床期，烟苗发病多从茎基部开始，初呈水渍状斑，高湿条件下很快发展成中部黑褐色、稍下陷的长圆形病斑，叶片变黄、凋萎，湿度大时烟苗腐烂而死（图4-46）。大田期，病菌侵染叶片时，多始于叶尖、叶缘，初为水渍状，后发展为圆形或不规则的淡褐色病斑，可见明显的轮纹。高湿条件下，叶片叶脉腐烂，叶片脱落（图4-47），而茎斑可以环绕全茎（图4-48），导致其上部叶片变黄枯萎，湿度大时，可见病斑表面密生灰色霉层。

图4-45　烟草灰霉病病苗

图 4-46　烟草灰霉病苗床期症状

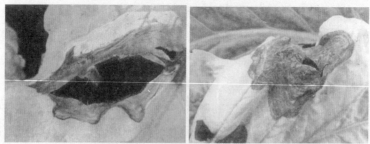

图 4-47　烟草灰霉病叶片症状

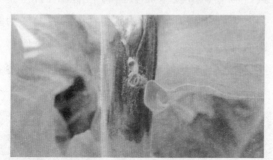

图 4-48　烟草灰霉病茎秆症状

[病原] 本病病原是灰色葡萄孢，属半知菌亚门丝孢目浅色孢科葡萄孢属真菌。菌丝起初为白色，后渐变为灰色；分生孢子梗细长，簇生，浅灰色至褐色，顶端分枝，其末端膨大呈近球形，其上密生小梗，着生大量分生孢子，外观似葡萄穗状；分生孢子为单胞，无色，圆形、椭圆形或卵圆形，末端稍凸，大小为 $(6.1 \sim 114)\,\mu m \times (6.0 \sim 9.6)\,\mu m$（图 4-49）。病原菌菌丝在 5 ～ 30 ℃均可生长，最适温度为 20 ℃。pH 为 3.0 ～ 10.0 的情况下该菌均能生长，最适 pH 为 6.0。相对湿度低于 100 % 时该菌不能萌发，完全光照对该菌菌丝生长有促进作用，而完全黑暗更利于产孢、孢子萌发及菌核的形成，分生孢子的致死温度为 42 ℃。

该病原菌是一种寄主范围很广的兼性寄生菌，多种水果、蔬菜和花卉都有灰霉病发生。

**图 4-49　烟草灰霉病菌的分生孢子梗及分生孢子**

[ 发生规律 ] 本病病菌以菌核、分生孢子和菌丝体随病残组织在土壤中越冬，分生孢子通过气流传播，经伤口、自然孔口及幼嫩组织侵入寄主发病，病斑上的分生孢子借气流传播进行再侵染。中温高湿是灰霉病发生的主要条件。该病是烟草生产中采用漂浮育苗技术后新发生的一种病害，苗床期的发病重于大田期，由于漂浮育苗过程中湿度大，通风透光不足，以及剪叶造成伤口等原因更易造成病害的发生与流行。烟苗移栽到大田后，由于苗间距离增大，通风透光好，则病害症状逐渐减轻。近地面的底脚叶易受害，随着温度的升高及揭膜覆土，该病仅在中下部的叶片零星发生。

[ 防治方法 ] 该病防治的中心环节是预防烟草苗床期发病。①加强苗床管理，育苗棚要通风透气透光。②苗床消毒处理，育苗地开好排水沟，播种前浇足底水，降雨时不揭膜，雨后高温注意通风。可喷施 1 ∶ 1 ∶ 200 的波尔多液进行预防。③在发病初期及时使用药剂控制发病中心，在移栽前或阴雨天气前喷药 1 次，可选用 25 % 异菌脲可湿性粉剂 1 000 倍液，或 40 % 菌核净可湿性粉剂 600 倍液，隔 7 d 喷药 1 次，连续使用 2 ～ 3 次。

## 十六、烟草煤污病

烟草煤污病又称煤烟病，常与蚜虫和粉虱类昆虫伴随发生。该病害由真菌引起，在我国大部分烟区均有发生，一般在蚜虫或粉虱为害严重的烟田里，该病害发生较多，但总体危害性较小，属次要病害。

[症状] 在烟叶表面，尤其是在下部成熟的叶片上，散布煤烟状的黑色霉层（图4-50）。多呈不规则形或圆形。霉层遮盖叶表，影响光合作用，致使病叶变黄，重病叶出现黄色斑块，使受害叶片变薄，品质变劣。

图4-50　烟草煤污病症状

[病原] 本病病原菌是多种靠蚜虫或粉虱排泄的蜜露作为营养物滋生繁殖的腐生或附生真菌，主要有链格孢菌、草本枝孢菌（图4-51）、出芽短梗霉菌、枝状枝孢菌等。

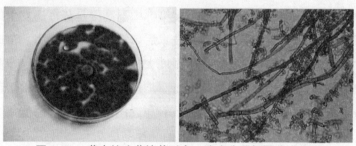

图4-51　草本枝孢菌培养形态、分生孢子梗及分生孢子

[发生规律] 煤污病是腐生菌或附生菌，随病株残体或土壤中的有机物越冬。烟株密度过大、通风透光不良的地块，持续阴暗多雨的天气，蚜虫或粉虱发生重的烟株易发生此病，多在烟株中下部叶片发病。

[防治方法] ①及时防治烟田蚜虫和粉虱。②加强田间管理，注意田间的排水，防止田间湿度过大。③平衡施肥，合理密植，及时采收底脚叶。

## 十七、烟草灰斑病

烟草灰斑病是20世纪90年代在河南省烟田发生的一种新病害，近年在贵州省毕节地区金沙县和安顺市西秀区的漂浮育苗上发生较重，病株率为10%～20%。该病不仅对苗床期烟株造成危害，移栽后还会继续侵染大田烟株。目前该病仍属于次要病害，危害较轻，但要关注其发展动向。

[症状] 本病主要发生于移栽前后的烟苗叶片或茎上，典型症状是发病初期为淡黄色斑点，后扩大成近圆形、白色至灰白色具有浅褐色边缘的凹陷梭形斑，后期变为黑褐色，无同心轮纹，病斑直径为 2 ~ 3 mm，少数病斑的长度达 7 ~ 11 mm，天气潮湿时，病斑上着生黑色霉状物，即病原菌的分生孢子梗和分生孢子（图 4-52）。病斑密集会导致叶片干枯、茎部变黑枯萎，最终整株烟苗死亡。

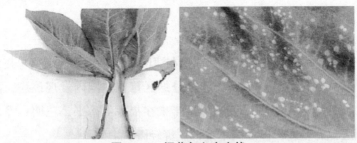

**图 4-52 烟草灰斑病症状**

[病原] 本病病原菌为多格链格孢菌，属半知菌亚门链格孢属。孢子梗散生，暗褐色，直或稍弯曲，1 ~ 3 个隔膜，大小为（32 ~ 107）μm ×（5.0 ~ 9.2）μm，顶端串生多个倒棍棒形或椭圆形分生孢子（图 4-53），褐色，大小为（20 ~ 67）μm ×（10.0 ~ 16.8）μm。分生孢子具横纵隔，横隔 1 ~ 6 个，纵隔 0 ~ 3 个；顶端有喙，平均长度为 3.9 μm。病原菌的适温范围是 21 ~ 32 ℃，最适温度为 24 ~ 27 ℃。灰斑病菌孢子萌发要求有较高的湿度，相对湿度小于 75 % 时几乎不萌发，在水滴中最有利于孢子萌发。

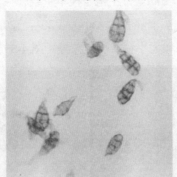

**图 4-53 烟草灰斑病菌分生孢子**

[发生规律] 目前学术界对于烟草灰斑病菌发生规律尚缺乏深入研究，一

般病菌以菌丝和孢子的形式在病残体或寄主杂草上越冬，成为次年初侵染源。菌丝产生的分生孢子借气流或雨水传播到健康烟株上。移栽前后气温偏高、湿度偏大、烟苗密度大、营养匮乏、大田返苗慢的情况下烟株易发病。

[防治方法]①加强育苗管理：早间苗，早定苗，培育壮苗，适时移栽，带土移栽，可缩短返苗期，提高抗病性，从而减轻病害。②化学防治：必要时采取药剂防治，可喷施70%甲基硫菌灵可湿性粉剂800～1 000倍液，根据病情连续施用2～3次。

## 十八、烟草早疫病

1956年霍普金斯（Hopkins）首先在津巴布韦南部发现烟草早疫病。1989年，我国吉林的敦化、蛟河及长春部分烟区首先在国内发现该病，随后河南的宝丰、商丘等地也发现了该病，近年来在福建的南平、三明、龙岩，以及重庆各烟区也有发现，但发病不重，危害轻微。

[症状]病斑暗褐、黑褐或深黑色，圆形至近圆形，易受较大叶脉限制而分布于叶脉间，不同烟草品种上的病斑大小差异较大，有明显的同心轮纹，早期病斑周围有黄白色晕圈，后期随叶片成熟晕圈消失，但病斑颜色不变，天气潮湿时病斑上可产生黑色霉层（图4-54）。

[病原]本病病原菌是茄链格孢菌，属半知菌亚门链格孢属。分生孢子呈倒棍棒形或卵形，单生或串生，黄褐色，有2～8个横隔，纵隔0～5个，大小为（15～63）μm×（7～14）μm，分生孢子有喙，淡褐色，大小为（6～62）μm×（2～6）mm。分生孢子梗单生或簇生，直或弯曲，不分枝或少见分枝，黄褐色，有1～7个隔膜，大小为（20～120）μm×（4～10）μm，但不同地区分生孢子形态和大小存在一定差异（图4-55）。

 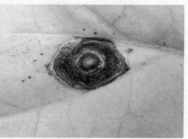

**图4-54　烟草早疫病病斑及黑色霉层**

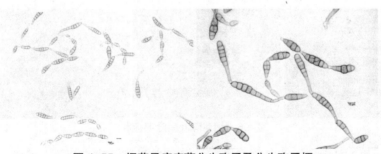

**图 4-55　烟草早疫病菌分生孢子及分生孢子梗**

[发生规律] 本病病菌在病残体上越冬，当春季环境条件适合时即可形成分生孢子，随气流或风雨传播。分生孢子在适宜温度下遇雨滴或露滴 20 ～ 30 min 即可萌发，从气孔侵入或直接侵入，湿度低则不能侵入。菌丝在细胞内或细胞间繁殖并分泌交链孢酸，这些毒素可杀死寄主细胞并在叶片上形成褐色斑点，在茎上或叶柄上形成暗褐色坏死斑。病菌由于昼夜生长速度不同而形成同心轮纹。本病病菌在适宜条件下潜育期一般为 2 ～ 3 d，一般在温度较高、湿度大，且在后期叶片趋于成熟时病害发生逐渐加重。

[防治方法] 防治早疫病应综合利用农业防治和药剂防治等措施。①收获后烟秆和残叶要及早清理，秋翻烟田。②移植时剔除病苗、弱苗或将病叶摘除后再移到大田。③避免与茄科植物邻作或轮作。④发病时，可喷施 40 % 菌核净可湿性粉剂 800 ～ 1 000 倍液或 80 % 代森锰锌可湿性粉剂 600 ～ 800 倍液。

## 十九、烟草碎叶病

烟草碎叶病是烟草叶片上常见的一种次要病害，该病分布虽广，但危害轻微，在辽宁、湖北、广东、重庆、黑龙江等省份和直辖市有发生，严重烟田病株率可达 19.3 %。

[症状] 烟草碎叶病危害烟叶的叶尖或叶缘部位。病斑呈不规则形，褐色，杂有不规则的白色斑，造成叶尖和叶缘处破碎。后期在病斑上散生小黑点，即病菌的子囊座，在叶片中部沿叶脉边缘也常出现灰白色闪电状的断续枯死斑，后期枯死斑常脱落，叶片上出现一个或数个多角形、不规则形的破碎穿孔斑（图 4-56）。

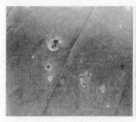

4-56 烟草碎叶病叶部症状

[病原] 本病病原菌是烟球腔菌，属子囊菌亚门球腔菌属。子囊座埋生，呈球形或扁球形，黑褐色；子囊束生于子囊座内，呈圆柱形，无色，且含双列8个子囊孢子，无拟侧丝（图4-57）；子囊孢子梭形，无色，具有1个隔膜，上部细胞比下部细胞长，大小为（14～18）μm×（4～5）μm。

[发生规律] 本病病菌以子囊座和子囊孢子在病株残体上越冬，成为第二年的初侵染源。病害多发生于多雨的7月至8月，不同品种发病轻重不一。病害一般在田间零星发生，对产量影响不大，属次要病害。

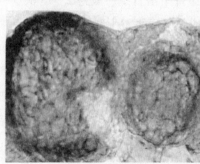

（a）子囊座埋生　　　　（b）子囊在子囊里平行排列
图4-57 烟草碎叶病菌形态

[防治方法] ①收获后及时清除田间枯枝落叶并烧毁，及时秋翻土地将散落于田间的病株残体深埋，合理密植，增施磷、钾肥，促使烟株健壮生长，增强抗病力。②田间发现病情及时全田施药防治，结合其他病害的防治可用下列药剂：70%甲基硫菌灵可湿性粉剂800～1 000倍液，25%丙环唑乳油2 000倍液+50%福美双可湿性粉剂500倍液，每亩用药液50 kg均匀喷雾。

## 二十、烟草黑霉病

烟草黑霉病主要在苗床期发生，1990年在我国广州市郊种植的石牌烟草的苗床期首次发现此病，局部发生危害。

[症状] 该病主要在苗床期危害叶片。病斑从叶尖或叶缘开始发生，初呈水渍状，后变成暗褐色病斑。在潮湿条件下，病斑扩展迅速，直径可达60 mm。天气干燥时，病斑皱缩破裂，叶片向发病一侧扭曲，叶面和叶背病斑上有一层灰黑色霉状物（图4-58）。

**图4-58　烟草黑霉病症状**

[病原] 本病病原菌为枝孢菌，属半知菌亚门枝孢属。分生孢子梗直立，单支或稍分支，顶端或中央有结节状膨大，褐色，直径4～5 μm，分生孢子在顶端形成，橄榄色，单生或形成短链，孢子呈卵圆形至圆柱形，0～3个分隔，大小为（5～23）μm×（3～5）μm（图4-59）。该菌还可侵染番茄，引起果腐。

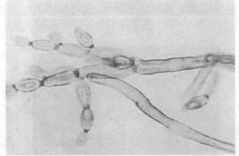

**图4-59　烟草黑霉病菌分生孢子及分生孢子梗**

[发生规律] 烟草黑霉病的初侵染源主要是病残体和带有病残体的未腐熟的堆肥。病菌通过气流传播，由自然孔口和伤口侵入。病部产生的分生孢子引起再侵染。低洼积水、湿度较高的苗床有利于病害的发生和扩展。

[防治方法] ①加强苗床管理，注意排除积水，及早间苗和拔除病苗。②零星发病时，及时喷施70%甲基硫菌灵可湿性粉剂800倍液，间隔7～10 d再喷1次，可控制病害扩展蔓延。

## 二十一、烟草弯孢菌叶斑病

烟草弯孢菌叶斑病最早于 20 世纪 60 年代在印度北部烟区被报道，1989—1991 年，我国首次进行烟草侵染性病害调查时，仅在广西武鸣和浦北两地发现。在近几年我国烟草侵染性病害第二次调查中，广西河池、百色零星发生，为偶发性病害。

[症状] 烟草弯孢菌叶斑病主要危害叶片（图 4-60），危害部位以下部叶为主，病斑初呈淡黄色，后变为直径 5 ~ 15 mm 的圆形至椭圆形病斑，呈黄褐色至深褐色，周围有明显黄晕，病健交界处明显，无轮纹，潮湿条件下病斑上着生灰褐色霉层，条件适宜时病斑迅速扩展，致整片叶枯死（图 4-61）。

图 4-60　烟草弯孢菌叶斑病症状

图 4-61　烟草弯孢菌叶斑病病斑

[病原] 本病病原菌是车轴草弯孢，属半知菌亚门丝孢目暗色孢科弯孢属。在 PDA 培养基上，菌落呈灰黑色，绒状或絮状。分生孢子梗自菌丝顶端或中段细胞上产生，单生或丛生，呈圆柱状，直或略弯曲，不分枝，有时顶部曲膝状弯曲，分隔，淡褐色，顶部产孢区色泽渐淡，外壁光滑，长 50 ~ 100 μm（图 4-62）；分生孢子顶生或侧生，大小为（20 ~ 30）μm ×

（10 ~ 17）μm，平均 $25\mu m \times 12.7\mu m$，通常第一隔膜形成于分生孢子中部，从基部数第 3 个细胞不均匀膨大，使孢体向一侧弯曲，中部细胞淡褐色至褐色，两端细胞近无色至淡褐色，外壁光滑，脐点突出（图 4-63）。车轴草弯孢的寄主还包括车轴草、针茅、马唐及莴苣。

[发生规律] 目前对于烟草弯孢菌叶斑病尚缺乏深入研究，其发生规律不详。一般弯孢属真菌主要在病残体上越冬，也可在其他寄主植物或杂草上越冬。弯孢属真菌可腐生也可寄生生活，但通常寄生性较弱，栽培管理粗放的田块易发病，高温高湿有利于该病害发展。病菌主要靠气流、风雨传播，病害潜育期短，田间再侵染频繁。

图 4-62　车轴草弯孢在 PDA 上的菌落及分生孢子梗

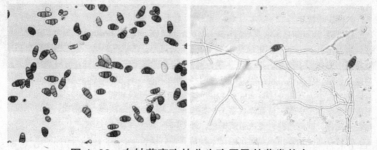

图 4-63　车轴草弯孢的分生孢子及其萌发状态

[防治方法] ①及时清除烟田病残体。②加强栽培管理，增强烟株抗病性。③发病初期及时进行药剂防治，可选用 70 % 代森锰锌可湿性粉剂 500 ~ 800 倍液、50 % 咪鲜胺锰盐可湿性粉剂 1 000 倍液等广谱性杀菌剂喷雾防治。

## 二十二、烟草棒孢霉叶斑病

法约拉（Fajola）等首次报道了发现于尼日利亚的烟草棒孢霉叶斑病，我国于 1998 年在贵州烟区首次发现该病，发病烟田损失率为 10 % ~ 30 %。目前国内该病主要分布于贵州、广西等烟区。

[症状] 该病主要发生在旺长期以后，以危害底脚叶和下二棚叶为主，严重时也可侵染上部叶。病叶初期病斑为暗绿色至暗褐色小点，迅速扩大成直径 2～4 mm 的灰白色至褐色小圆斑，具浅褐色至暗褐色边缘，后期可扩大成直径 10 mm 以上的近圆形病斑或连合成不规则形病斑，颜色为浅褐色至褐色，具深褐色边缘，轮纹较少或不明显（图 4-64）。病斑中心常具有褐色霉层，病斑周围常伴有明显的黄色晕圈（图 4-65）。叶柄、主脉和茎秆（图 4-66）均可受到侵染，其病斑一般为褐色至黑褐色凹陷条斑。

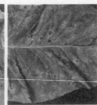

图 4-64　烟草棒孢霉叶斑病褐色病斑

图 4-65　烟草棒孢霉叶斑病　　　　图 4-66　烟草棒孢霉叶斑病
　　叶部白点型病斑　　　　　　　　　茎部病斑

[病原] 本病病原菌是山扁豆生棒孢，属半知菌亚门丝孢目暗色孢科棒孢属。分生孢子梗单生或丛生，褐色，具隔膜，大小（81～218）μm×（4～9）μm [（140±33）μm×（6.7±1.0）μm]。分生孢子单生，偶有两个串生于分生孢子梗顶端，浅褐色，具 4～14 个横隔。分生孢子有棒槌形和长圆柱形两种形态，均有侵染力，其所产孢子在自然条件下以棒槌形为主，连续保湿条件下以长圆柱形为主（图 4-67）。在培养基上菌丝生长和产孢的最适温度为 27.5～30℃，20℃ 以下产孢量很少，10℃ 时不产孢，最适相对湿度为 95%～98%，最适 pH 为 6.0～6.5。在叶斑上产孢和孢子萌发的最适温度为

25～30℃。孢子致死温度和时间为 55℃、10 min。此菌寄主范围很广，可侵染棉花、黄瓜、羽扇豆、番木瓜、橡胶、芝麻、大豆和西瓜等 380 个属的530 种植物。

[发生规律] 本病病原菌主要在烟秆及其残体上越冬，也可在其他寄主植物上越冬。在室内通风条件下带菌烟秆上的病菌可存活 46 个月以上，在土壤中可存活 2 年以上，其初侵染来源主要是带菌烟秆，病菌借气流传播。病害发生发展的最适温度为 25～30℃，湿度是决定病害发生与流行的关键因子，连续雨天、叶面湿润持续 24～36 h 以上是病害明显发生或严重发生的必要条件之一。因此，一般降雨多、湿度大，则发展快、危害重，反之，则发生轻。

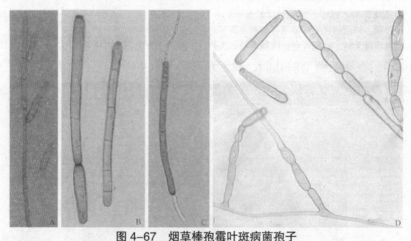

图 4-67 烟草棒孢霉叶斑病菌孢子
（A. 自然发病病斑上的孢子及孢子梗；B. 接种病斑上的孢子；C. 接种病斑上的孢子萌发；D.PDA 培养基上产生的孢子）

[防治方法] ①烟秆及其残体处理：采收结束后及时拔除烟秆和清理病残体，禁止将其长期堆放于田间田边。②烟株营养调控：通过平衡施肥、合理打顶留叶等措施，使烟株生长发育良好、营养协调，以提高烟株抗病性。③及时摘除底脚叶。④药剂防治：于发病初期选用 70％代森锰锌可湿性粉剂500～800 倍液喷雾，还可选用 30％苯醚甲环唑悬浮剂 1 500 倍液、50％咪鲜胺锰盐可湿性粉剂 1 000 倍液等药剂。视病情和天气状况确定施药次数，一般间隔 7～10 d 施用 1 次，连续施药 2～3 次。

### 二十三、烟草靶斑病

烟草靶斑病是我国烟草生产中发现的新病害。该病于 1948 年在巴西被最先报道，1983 年在美国北卡罗来纳州被发现，1989 年在非洲津巴布韦和欧洲保加利亚亦相继发现此病。2006 年，该病害大面积发生于辽宁省丹东烟区，且流行趋势不断加重。近几年，云南、广西、四川、吉林、黑龙江亦分别发现此病害，分布范围有扩大趋势。该病在烟叶进入成熟期的中部叶片发生，严重时病斑连片，影响烟叶产量和质量。

[症状] 本病主要发生于大田期烟株开始成熟时的叶片上（图 4-68），初为小而圆的水渍状斑点，随后迅速扩大，病斑不规则，直径 2 ～ 10 cm，病斑呈褐色，常有同心轮纹，周围有褪绿晕圈，病斑的坏死部分常碎裂脱落而穿孔，形如射击后在靶上留下的孔洞，故称靶斑病（图 4-69）。空气湿度大时，病斑背面会出现白色毡状霉层，为该菌的菌丝及其有性世代的子实层（图 4-70）。

图 4-68　烟草靶斑病大田期症状

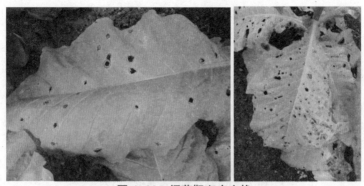

图 4-69　烟草靶斑病症状

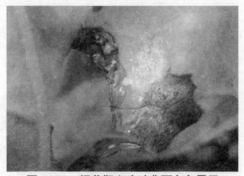

图 4-70　烟草靶斑病叶背面白色霉层

[病原] 本病病原菌是瓜亡革菌，属于担子菌亚门层菌纲亡革菌属（图4-71），无性世代为立枯丝核菌，可引起烟草立枯病。菌丝宽 9 ～ 12μm，有索状联合，担子大小约为 9μm×14μm，担子梗长度为 5 ～ 25μm，基部宽仅为 3μm。担孢子顶生 2 ～ 5 个小梗，每个小梗上着生 1 个担孢子，担孢子透明光滑，呈球形或椭圆形（图4-72）。

该病菌菌丝生长的适宜温度范围为 20 ～ 30℃，最适温度为 25℃；适宜相对湿度为 65% ～ 90%，其中相对湿度 90% 时菌丝生长最快，表明湿度高有利于菌丝生长，持续黑暗有利于菌丝和菌核的生长，12 h 黑暗和光照交替有利于病菌侵入。人工接种试验显示，不同地区来源的烟草靶斑病菌菌株间致病力存在明显差异。

由瓜亡革菌引起的烟草靶斑病的分离物担孢子，人工接种可侵染烟草、茄子、番茄、辣椒、黄瓜、冬瓜、白菜、甜菜和葫芦。

图 4-71　烟草靶斑病菌培养形态

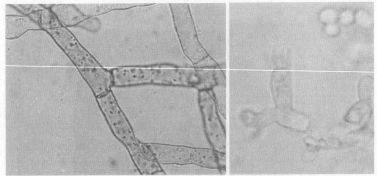

图 4-72　烟草靶斑病菌菌丝烟草靶斑病菌担孢子

[发生规律] 瓜亡革菌以菌丝和菌核在土壤和病株残体上越冬，越冬菌产生小而轻的担孢子，靠气流传播扩散到健康烟株上，温度为 24℃以上和湿度适宜时，担孢子萌发直接侵入烟草叶片，完成初侵染。大田的另一个初侵染过程是大田期烟叶生长到可以覆盖土壤，形成局部土壤表面较高的湿度时，担孢子可以从土壤表面的子实层产生并通过风雨、气流散布到底层叶片上，侵染叶片组织。叶部的再侵染也是由担孢子引起的，其靠气流传播，遇适宜条件，即相对湿度较高（叶部湿润）和温度中等（20～30℃）时，病害可迅速扩散蔓延。当湿度小、条件不适于担孢子产生时，该病原菌又能引起烟苗的立枯病。

[防治方法] ①控制苗床和烟田湿度、合理密植、增加田间通风透光、保持叶片干燥可抑制病情发展。②合理施肥，提早采收。③烟叶收获后及时清除田间枯叶和病株残体，防止初侵染源形成。④发病初期喷施 70％代森锰锌可湿性粉剂 500 倍液、10％井冈霉素水剂 600 倍液或 30％苯甲丙环唑乳油

1 000 倍液进行防治，可有效减轻病害发生。

## 二十四、烟草白星病

烟草白星病又名穿孔病、褐斑病、叶点霉斑病，广泛分布于世界各产烟国，我国国内分布于吉林、辽宁、山西、河南、湖南、广西、云南等烟区。该病田间危害轻，为次要病害。

[症状] 苗床期至大田期，烟株叶片均可被侵染而发病，但旺长期至打顶期发生较多，尤其是中下部叶片发病更多。病斑呈白点状，边缘褐色，圆形、近圆形或不规则形，直径 1 ~ 3 mm，后期病斑上着生小黑点（分生孢子器），病斑组织易碎裂、脱落为穿孔状（图 4-73）。病斑密集产生时，数个病斑相互愈合为大斑，叶组织坏死、干裂、脱落。

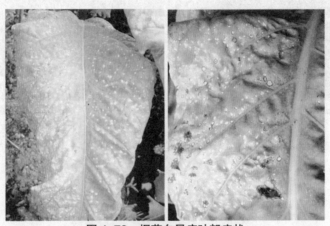

图 4-73　烟草白星病叶部症状

烟草白星病与蛙眼病的病斑都是白色或灰白色小斑点，极易混淆。两种病害的主要区别是：白星病病斑中央散生小黑点（分生孢子器或子囊果），蛙眼病的病斑中央为黑色霉层（分生孢子梗和分生孢子）。

[病原] 本病病原菌是烟草白星叶点霉。分生孢子器呈球形或扁球形，有明显孔口，大小为（60 ~ 110）μm×（50 ~ 100）μm（图 4-74）；分生孢子呈圆筒形或椭圆形，两端钝圆，单胞，无色，大小为（4 ~ 7）μm×（2 ~ 3）μm（图 4-75）。烟草白星叶点霉在自然条件下能形成有性态球腔菌。烟草球腔菌的子囊座散生于枯死叶斑组织上，黑色，呈球形或扁球形，有孔口（图 4-76）；子囊圆柱形，双层壁，束生于子囊腔内壁基部（图 4-77）；子囊孢子呈椭圆形，

双细胞，上部细胞较大（图4-78）。

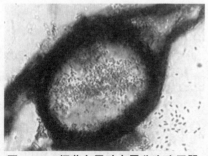
图 4-74　烟草白星叶点霉分生孢子器

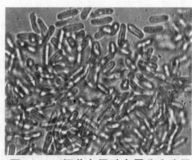
图 4-75　烟草白星叶点霉分生孢子

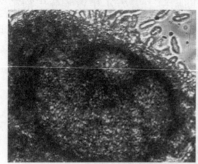
图 4-76　球腔菌的子囊座

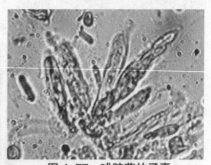
图 4-77　球腔菌的子囊

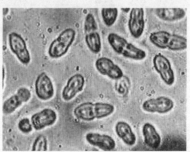
图 4-78　球腔菌的子囊孢子

[发生规律] 本病病菌以菌丝、分生孢子器或子囊座在病株残体上越冬，来年条件适宜时以分生孢子或子囊孢子进行初侵染；病斑上又产生孢子，借风、雨传播进行再侵染，使病害不断扩展蔓延。缺肥、偏施氮肥的植株易发生本病，长势衰弱的烟株发病重。

[防治方法] 本病在防治时可参照烟草赤星病的防治方法，与赤星病兼治，不需单独防治。

## 二十五、烟草盘多毛孢灰斑病

拟盘多毛孢可引起多种经济植物病害，部分病害危害严重，但其所引起的烟草盘多毛孢灰斑病仅零星发生，田间危害轻微。

[症状] 本病烟草团棵期至旺长期多发，病斑初期为淡黄色不规则形，逐渐扩大为近圆形或不规则形，褐色，后期病斑灰白色，边缘褐色，病斑上产生黑色小粒点（分生孢子盘和分生孢子），病斑组织易破碎穿孔（图4-79）。

图4-79　烟草盘多毛孢灰斑病症状

[病原] 本病病原菌是拟盘多毛孢，分生孢子盘为盘状，近表生。分生孢子呈直的纺锤形，有4个横隔膜，两端细胞无色，中间细胞褐色，顶细胞有2～3根附属丝，基部细胞有1根内生附属丝（图4-80）。

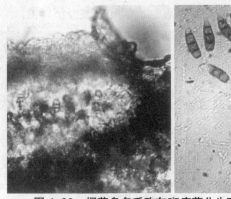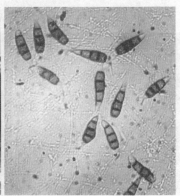

图4-80　烟草盘多毛孢灰斑病菌分生孢子盘和分生孢子

[发生规律] 本病病菌以菌丝体在病组织中越冬，成为翌年的初侵染源。多雨高湿，烟株长势弱、伤口多等条件有利于发病。发病时，烟株下部老叶易发病，风雨天气可加重病害的发生，病原菌产生的分生孢子，借风力进行传播。

[防治方法] 本病防治时可参照烟草赤星病的防治方法，与赤星病兼治，不需单独防治。

## 二十六、烟草霜霉病

烟草霜霉病又称蓝霉病，是危害烟草的一种毁灭性病害，1891 年澳大利亚首次发现烟草霜霉病，随后美洲一些国家（如阿根廷和美国）也相继报道发现该病，目前烟草霜霉病已于欧洲普遍发生，并蔓延至北非和亚洲（东亚除外）。霜霉病菌具有多次重复再侵染的特点，因此在冷凉、阴湿的适宜天气条件下，该病可在苗床和田间迅速蔓延。我国至今尚未发现烟草霜霉病。

[症状] 本病苗床期发病症状因苗龄不同和受害程度不同而异。叶片宽度小于 2 cm 时，发病叶片先出现黄色小病斑且直立。叶片宽度 4 cm 左右的烟苗发病，首先苗床上出现黄色圆形的发病区域，发病中心的烟株叶片呈杯状，有时病斑背面可产生蓝灰色霜霉层（病原菌子实体）（图 4-81）。生育期不足 1 个月的烟苗易感病，染病后迅速死亡。霜霉病发病初期发展缓慢，随着大量孢子囊的产生，病害可能暴发，一夜间整个苗床全部发病。大田期染病，叶片正面出现黄色条纹，继而形成黄色圆斑，病斑常相互连片，形成淡棕黄色或浅褐色坏死区，叶片皱缩、扭曲。当病菌生长时，叶背面出现蓝灰色霉层。病株矮小，重病株根系黑褐色，发病严重时，烟叶失去经济价值。

图 4-81　烟草霜霉病叶片症状

[病原] 本病病原菌是烟草霜霉菌，属卵菌门霜霉属，是一种专性寄生菌（图 4-82）。

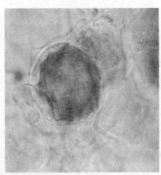

图 4-82  烟草霜霉病菌孢子囊和卵孢子

[发生规律] 在土壤中越冬的卵孢子是本病的主要初侵染源，在冬季比较温暖的地区，病菌可在病株上越冬，成为苗床期病害的主要初侵染源，有些烟区的初侵染源为气流传播的孢子囊。孢子囊小而轻，可随风飘浮，主要借助风力传播。病害发生主要取决于气候条件，昼夜温差大、相对湿度高有利于霜霉病的发生，而强光可以杀死孢子囊。据报道，28～30℃和15～18℃两种温度条件交替、相对湿度90％以上、弱光或黑暗，均是霜霉病发生的最适条件。

[防治方法] 目前我国要加强对烟草霜霉病的检疫，检验进口烟叶商品和烟草种子时，要严格执行国家植物检疫法规。国外对烟草霜霉病的主要防治措施如下。①筛选抗病种质、培育和利用抗病品种：目前已发现一些抗病基因，欧洲一些国家和澳大利亚正在利用这些基因开展抗病育种，并在生产上推广应用抗病品种。②药剂防治：目前多采用甲霜灵和甲霜锰锌进行喷雾防治。③病情预报：美国于1945年就建立了烟草霜霉病测报系统，后来国际烟草科学研究合作中心和澳大利亚都建立了测报系统，以便制订适时有效的药剂防治计划。

# 第二节  临沧烟草细菌性病害

烟草细菌性病害是由细菌侵染烟草引起的一种侵染性病害。细菌是原核生物界的单细胞生物，是仅次于真菌和病毒的第三大类病原生物，它是一类含有原核结构的微生物，结构简单，一般由细胞壁和细胞膜包围细胞质。其遗传物质（DNA）分散在细胞质中，无核膜包围，无明显的细胞核；其细胞质中含有小分子的核糖体（70 S），但没有内质网、线粒体等细胞器。细菌的一般形态为杆状、球状或螺旋状，大多单生，也有双生、串生和聚生的。植物病原细菌大多是杆菌，少数是球菌。近年来，随着一些新的属和种的命名，目前植物病原细菌已有近 40 个属。在我国已报道的烟草细菌病害有 9 种，主要包括烟草青枯病、烟草野火病、烟草角斑病、烟草空茎病、烟草剑叶病和烟草细菌性叶斑病等。烟草被病原细菌侵染后表现出的症状主要有腐烂、坏死、萎蔫、黄化、矮缩等。烟草病原细菌分别属于常见的劳尔氏菌属、假单胞菌属、黄单胞菌属、欧文氏菌属、芽孢杆菌属。目前，已报道的主要种类有青枯劳尔氏菌、丁香假单胞菌烟草致病变种、胡萝卜软腐果胶杆菌胡萝卜软腐亚种、胡萝卜软腐果胶杆菌巴西亚种、蜡样芽孢杆菌等。近年来，烟草细菌病害发生普遍，危害较为严重。其中，烟草青枯病、烟草野火病普遍分布于我国的各个烟区，对烤烟生产造成了巨大的危害，造成了严重的经济损失。田间细菌侵染烟草时有时存在复合侵染的现象，即两种或两种以上病原细菌同时侵染同一植株，该侵染方式的出现加重了田间病害的发生，增加了该类病害的防治难度。目前，主要采用的防治原则是预防为主、综合防治，把杜绝和消灭病菌来源放在首位，利用抗病品种和农业措施进行有效防治，抗生素及生物防治的应用也较为普遍。

## 一、烟草青枯病

烟草青枯病首先于 1880 年在美国的北卡罗来纳州格兰维尔被发现，故当时被称为格兰维尔凋萎病，是热带、亚热带地区烟草重要的细菌性土传病害。1940 年前后，该病在美国和印度尼西亚最为严重，此后在许多产烟国逐渐成为重要的根茎病害。该病在中国俗称"烟瘟""半边疯"，于 1985 年开始在国内发生并流行，给烟草生产造成巨大损失。目前，我国烟草青枯病发病面积大、危害较重的烟区有福建、广西、广东、湖南、安徽、四川、重庆、湖北等地。20 世纪 90 年代后，其分布区域向北方烟区扩展，如山东、河南和陕西等省份都已有分布且局部烟区危害很严重。

[ 症状 ] 烟草青枯病是一种典型的维管束病害，最显著的症状是枯萎。该病害主要危害烟株根部，病菌多从烟株一侧的根部侵入，发病初期，先是病侧有少数叶片凋萎，但仍为青色，故称青枯病。直至发病的中前期，烟株表现为一侧叶片枯萎，另一侧叶片似乎生长正常，这种半边枯萎的症状可作为该病与其他根茎类病害区别的重要特点。若将病株连根拔起，可见病侧的许多支根变黑腐烂，而叶片生长正常的一侧根系大部分生长正常。随着病情发展，根部的暗黄色条斑逐渐变成黑色条斑，可一直伸展至烟株顶部，甚至到达叶柄或叶脉上（图 4-83）。到发病后期，病株全部叶片萎蔫（图 4-84），茎秆变黑，根部变黑、腐烂，髓部呈蜂窝状或全部腐烂形成中空（图 4-85），但多限于烟株茎基部，这可与髓部全部中空的烟草空茎病相区别。若横切病茎，用力挤压切口，可见黄白色的乳状黏液渗出，即细菌溢脓。病菌也可从叶片侵入，使叶片迅速软化，初为青绿色，一两天后即表现为叶脉变黑、叶肉为黄色的网状斑块，随后变褐变干。病菌从叶片侵入发展的速度比从根部侵入慢。本病可在大田中严重发生（图 4-86）。

**图 4-83　烟草青枯病半边枯萎症状及茎部黑色条斑症状**

图 4-84　烟草青枯病叶部症状　　　　图 4-85　烟草青枯病茎秆维管束变褐色

图 4-86　烟草青枯病大田严重发生症状

[ 病原 ] 本病病原菌为青枯劳尔氏菌。菌体呈短杆状，两端钝圆，大小为（0.9～2）μm×（0.5～0.8）μm，单极生鞭毛 1～3 根，偶尔两极生，能在水中游动，属好气性细菌，革兰氏染色反应呈阴性（图 4-87）。该菌生长的最适温度为 30～35℃，最适生长 pH 为 6.6，喜酸性环境。该菌种类繁多，类型复杂，现已鉴定出 5 个生理小种和 5 个生物型。侵染烟草的菌株是小种 1 和生物型 1、生物型 I 和 IV，危害我国烟草的主要是生物型 m。青枯劳尔氏菌的致病因子主要包括：I 型分泌系统（T2SS）、m 型分泌系统（T3SS）、胞外多糖、胞外蛋白、脂多糖等。青枯劳尔氏菌寄主广泛，它可侵染 44 个科 300 多种植物，以茄科中的寄主种类最多，不对禾本科植物产生危害。

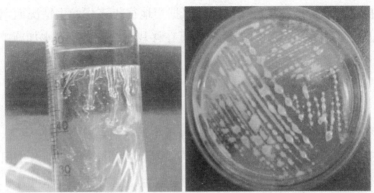

图4-87 烟草青枯病茎秆置于清水中的溢菌现象和 TZC 培养基上烟草青枯病菌的培养形态

[发生规律] 青枯劳尔氏菌是一种土壤习居菌，主要在土壤中或随病残体遗落在土壤中越冬，亦能在田间寄主体内及根际越冬，可随病苗、病残体及土壤传播，形成初侵染，再以灌溉水、雨水、病苗、肥料、农具、病土及人畜活动进行传播，从寄主根部伤口侵入致病，完成再侵染。病田流水是病害再侵染和传播的最重要方式，田块间雨水或灌溉水串流可导致新植烟田块感染青枯病。烟草青枯病是高温高湿型病害，在实际生产中，高温多雨的季节，烟株也正处在旺长期和成熟期，此时植株迅速生长，抗病性降低，有利于病菌在烟株体内迅速传导扩展，导致染病植株快速死亡。另外，地势低洼、黏重、偏酸性土质的烟田发病重。

[防治方法] ①选用抗（耐）品种：这是控制青枯病发生与流行最经济、有效的途径。但抗青枯病品种大多数品质都不甚理想，且抗病品种往往在最初几年表现抗病，随着种植年限延长，抗性逐渐丧失。②合理的农业栽培措施：培育无病壮苗，合理轮作，轮作作物可采用豇豆、绿豆等豆科作物及禾本科作物等，实行"水稻—水稻—烟叶"的隔年轮作。适当增施磷、钾肥，对土壤偏酸性的烟区，在栽烟前施用适量生石灰或白云石粉调整土壤酸碱度，青枯病可明显减轻。起高垄，完善排灌设施，避免田间积水。③药剂防治：虽然目前对青枯病防治尚缺乏有效药剂，但施用药剂进行辅助防治，可以推迟青枯病发病高峰期，减轻青枯病发病程度。通常将抗生素与铜制剂混用来提高药效，可用荧光假单胞菌或多黏类芽孢杆菌浇泼苗床或者移栽时穴施，或采用20%噻菌铜悬浮剂500～700倍液于团棵期到烟草旺长期灌根，每株50～100 mL，每隔10 d处理1次，共2～3次，均有一定防效。适时施药

可显著提高药效，每一次施药时间应根据当地往年该病发生情况而定，掌握在始病前后 7 d，往年发病较重的田块可在移栽时结合淋定根水加施 1 次。此外，施药时土壤湿润有利于提高药效。

## 二、烟草野火病

烟草野火病是世界各烟草产区普遍发生的一种重要细菌性病害，美国、澳大利亚、哥伦比亚、阿根廷、巴西、加拿大、法国、俄罗斯及中国等多个国家均有发生。该病害在我国各烟区均有发生，主要危害烟草叶片，在中后期危害较大，严重影响烟草的品质和产量。

[症状] 本病在烟草苗床期和大田期均可发生，主要危害叶片，也危害茎、蒴果和萼片等。幼苗受害腐烂可造成大片死苗。叶片发病初期为淡黄色病斑，随后病斑中心产生褐色坏死小圆点，周围有典型的黄色晕圈，以后病斑逐渐扩大，直径 1 ~ 2 cm（图 4-88）。严重时病斑愈合后形成不规则大斑，上有不规则轮纹（图 4-89）。茎上发病后产生长梭形病斑，初呈水渍状，后渐变为褐色，周围晕圈不明显，略有下陷（图 4-90）。在多雨潮湿天气，病斑扩展速度快，多个病斑愈合形成不规则的褐色大斑，外围有黄色较宽的晕圈，后期病斑破裂穿孔（图 4-91）。在暴雨和晴天交替天气下，田间病害可迅速扩散蔓延（图 4-92），导致全田绝产（图 4-93）。

图 4-88　烟草野火病初期病斑及黄色晕圈　　图 4-89　烟草野火病病斑愈合状

图 4-90　烟草野火病茎部病斑　　　图 4-91　烟草野火病后期叶片病斑破碎

图 4-92　烟草野火病团棵期（左）和成熟期（右）症状　图 4-93　烟草野火病大田症状

[病原] 本病病原菌是假单胞菌属丁香假单胞菌烟草致病变种。病原菌革兰氏染色反应呈阴性，菌体短杆状，鞭毛单极生（图 4-94）。

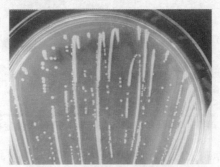

图 4-94　烟草野火病菌培养形态

[发生规律] 本病病菌的主要越冬场所为病残体和土壤，在田间可借风雨传播，从种子自然孔口或伤口侵入。病害的发生流行程度与温湿度密切相关。野火病发生的适温为 28 ～ 32℃，多雨潮湿的天气，病菌可迅速侵入并大量繁殖蔓延，产生急性病斑，导致野火病大流行。烟草连作也有利于野火病的发生，连作年限越长，发病越重。高氮低钾也常导致烟株感病，加快病斑扩展速度，增施磷、钾肥可提高烟株抗病性。

[防治方法] 防治野火病应综合利用抗病耐病品种、农业防治和药剂防治等措施。①选用抗病品种：高抗野火病的品种有白肋 21、安徽大白梗、达

磨和G80。②农业防治：培育壮苗，适期早栽。移栽后，合理施肥灌水，防止后期施氮肥过多，并适当增加磷钾肥。合理轮作，及时清除病残体。③药剂防治：团棵、旺长期和打顶后于叶片正反面喷1：1：160波尔多液，预防野火病和其他病害发生。初发生时，可选用如下药剂进行防治：50%氯溴异氰尿酸可溶粉剂，有效成分用量450～600 g/hm²；57.6%氢氧化铜水分散粒剂1 000～1 400倍液；77%硫酸铜钙可湿性粉剂400～600倍液；4%春雷霉素可湿性粉剂600～800倍液；20%噻菌铜悬浮剂，有效成分用量300～380 g/hm²等。

## 三、烟草角斑病

烟草角斑病是一种常见的细菌性病害，在我国各烟区分布广泛，尤以黑龙江、吉林、山东等烟区发生较为普遍。该病害具有暴发性、破坏性等特点，常与野火病或赤星病同时发生，流行年份甚至造成烟草绝产（图4-95）。

图4-95　烟草角斑病初期症状和严重发生症状

[病原] 本病病原菌为假单胞菌属丁香假单胞菌烟草致病变种不产野火毒素菌系，菌体呈杆状，大小为（0.5～0.6）μm×（1.5～2.2）μm，革兰氏染色呈阴性，无芽孢，无夹膜，单极生3～6根鞭毛。

[发生规律] 角斑病菌在散落于田间的病残体、杂草枯叶、种子等上越冬，土壤表面或5～10 cm土层中的病残体都可以成为翌年的主要初侵染源。另外，病菌可在稗子、蒲公英、荠菜等杂草根系中存活越冬，也能成为初侵染源，但不引起这些杂草发病。病种子也可以带菌越冬，种子带菌率因品种而异。病菌主要借风雨、灌溉水或昆虫传播，土壤中的病原细菌经灌溉水或风雨反溅到叶片上，从气孔或伤口侵入，以伤口侵入为主。风雨和农事操作引致叶片相互接触或昆虫取食产生的伤口形成再侵染。任何能促使叶片保持湿

润的气候条件都有利于该病害的流行。暴风雨后、叶片呈湿润且伤口多的状态，常导致该病暴发。病害发生的适宜温度为25℃以上，28～32℃的高温条件最有利于病害的发生。气候干燥，相对湿度低，病害不发生或少发生；如果多雨、湿度大，使烟叶细胞间充满水分，病菌就可以迅速侵入并繁殖扩展，产生急性病斑，导致病害大流行。目前，国内生产上的主栽烤烟品种大多不抗角斑病。烟株本身的感病性还与叶龄及部位有关，一般嫩叶比老叶易感病。此外，烟地连作，土壤里积累的病残体多，往往发病重；高氮低钾、烟株生长过旺易发病，田间通风差、烟田打顶过早过低也易导致病害发生重。

[防治方法] 本病防治方法以预防为主，采取综合防治的措施才能控制其危害。①选用耐病品种，目前尚无抗角斑病品种，比较耐病的品种有 NC89、K326 等。②实行合理轮作，合理施肥。烟田尽量不重茬，种植高感的品种更要注意轮作。适量施用氮肥，增施磷、钾肥，增强烟株的抗病力。③及时摘除感病底脚叶，保持田间清洁。清除杂草，消除可能来自杂草的菌源。④药剂防治参考烟草野火病防治方法。

## 四、烟草空茎病

烟草空茎病是一种细菌性病害，又名空腔病，最早由约翰逊（Johnson）在1914年报道。该病在世界主要烟区均有发生，2010—2014年中国烟草有害生物调查结果显示，我国各烟区均有空茎病发病记录。

[症状] 苗床期是否发病取决于育苗基质和种子是否带菌，以及育苗大棚内湿度的高低。烟苗发病后首先在接触地面的叶片上表现水渍状症状，其后逐渐蔓延至茎部，导致茎基部腐烂开裂，腐烂部位变黑。在大田期，空茎病一般发生于生长后期，盛发于打顶和抹杈前后。农事操作或暴风雨造成的伤口有利于病原菌的侵染、发生与流行。空茎病菌可从茎或叶柄上的任何伤口侵入，但最常见的发病过程是从打顶抹杈造成的伤口侵染髓部，从上而下发展，使整个髓部迅速变褐腐烂（图4-96）。发病后若遇干燥气候条件，髓部组织因迅速失水而干枯消失，呈典型的"空茎"症状。随着病程的发展，中上部叶片凋萎，叶肉失绿并出现大片褐色斑块（图4-97）。病株髓部腐烂后常伴有恶臭。病原菌亦可从中下部叶片主脉或支脉的伤口侵入，形成的坏死斑沿叶脉或支脉向叶缘扩展，进而引起叶片干腐。

图 4-96　烟草空茎病菌从打顶造成的伤口侵入

图 4-97　烟草空茎病叶部和髓部腐烂后的中空症状

[病原] 本病病原菌是胡萝卜软腐果胶杆菌胡萝卜软腐亚种和胡萝卜软腐果胶杆菌巴西亚种，属于果胶杆菌属。其中，胡萝卜软腐果胶杆菌巴西亚种于 2015 年分离自福建邵武烟区，是当时发现的侵染烟草的一个新种。烟草空茎病菌可合成并分泌大量果胶酶和纤维素酶等细胞壁降解酶，降解寄主的胞间层和细胞壁。除此之外，该病菌还可分泌效应子扰乱寄主细胞的抗病信号传导和新陈代谢，进而成功寄生并表现症状。空茎病菌菌体直杆状，大小为（0.5 ～ 1.0）μm×（1.0 ～ 3.0）μm，不形成芽孢，革兰氏染色阴性。多根周生鞭毛，兼性厌氧。适宜生长 pH 范围为 5.3 ～ 9.3，以 pH7.2 最为适宜。菌落为灰白至乳白色，圆形光滑略隆起（图 4-98）。DNA 中（G+C）在 4 种碱基中占比为 50 % ～ 58 %。最适宜生长温度为 27 ～ 30℃，最高温度为 37℃，39℃以上生长受到抑制，致死温度为 51℃。空茎病菌的寄主范围广，

该病菌可浸染 61 科 140 种植物，包括蔬菜、观赏植物和水果等。

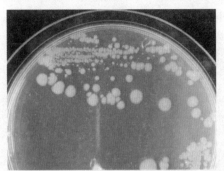

**图 4-98 空茎病菌培养形态**

[ 发生规律 ] 空茎病菌的越冬场所为大田寄主、带菌土壤和腐烂的病组织等。病菌在环境中广泛存在，可通过带病种苗进行长距离传播，短距离传播媒介主要包括带菌土壤、水体、空气和昆虫等。空茎病菌可从气孔、水孔和皮孔等自然孔口和伤口侵入烟株，但以伤口侵入为主。影响烟草空茎病发生与流行的主要因子是降水量及持续降水的时间。降水多，持续降水时间长，病害发生早且重；雨天打顶、抹杈的烟田发病较重。

[ 防治方法 ] 本病的防治以搞好田间卫生，加强农业防治为主。①严格控制育苗基质消毒和育苗大棚内的湿度。②加强大田栽培管理，施用充分腐熟的有机肥，降低病原菌侵染的风险；疏通排水沟渠，保持雨后田间无积水；烟株发病后及时拔除并带出田间彻底销毁。③农事操作应在晴天露水干后进行，其中打顶和抹杈应尽可能使伤口光滑平整并避免打顶工具的交叉使用，以促进伤口愈合并降低交叉感染的概率。为减少抹杈造成的伤口，可推广使用抑芽剂抑芽。④在烟叶成熟采收期，用 80 % 乙蒜素乳油 1 000 倍液或其他防治细菌病害的农药喷施 1 ~ 2 次，可减轻病害的发生。

## 五、烟草细菌性叶斑病

烟草细菌性叶斑病于 1993 年在吉林个别烟区发生，在国内外属首次报道。本病在烟草生长中后期主要危害烟草叶片，该病害为次要病害，仅零星发生。

[ 症状 ] 本病一般在旺长后期逐渐发生，成熟期发病较重。病斑在叶脉间发生，初期为圆形、黄褐色，后扩大成不规则褐色病斑。天气潮湿时病斑呈

黑褐色并软化腐败。后期病斑可愈合成大面积坏死。病斑常脱落形成穿孔，使叶片破烂不堪（图4-99）。

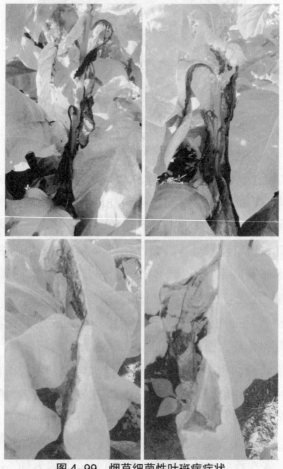

**图 4-99　烟草细菌性叶斑病症状**

[病原] 本病病原菌为野油菜黄单胞菌疱病致病变种，现已被立为新种。菌体杆状，大小为（0.4～0.6）μm×（1.0～1.8）μm，1根极生鞭毛，革兰氏染色阴性，无荚膜，无芽孢，好气性。在营养肉汁琼脂培养基上菌落黄色，圆形，半透明，有光泽，表面稍凸起，边缘整齐。在肉汁胨液体中生长中等，云雾状，底部有黄色沉淀。在马铃薯块茎上生长中等，呈枯黄色。在费美液中生长中等，在孔氏洗剂中不生长。生长适温为30℃，36℃能生长，39℃不能生长。除危害烟草外，还能危害番茄和辣椒，但不能危害大豆、白菜、萝卜和菜豆。

[发生规律] 气候温暖、雨水多、湿度大有利于发病，暴风雨后也容易发病。

[防治方法] ①清除病残体、深埋、轮作可减轻病害。②发病初期喷 1 :
1 : 200 波尔多液。

## 六、烟草剑叶病

烟草剑叶病又称刀叶病，在我国云南、贵州、河南、山东、安徽等烟区偶有发生。

[症状] 本病从苗床期至大田期均可发生。发病初期，叶片边缘黄化，后向中脉扩展，严重时整个叶脉都变为黄色，侧脉则保持暗绿色、网状。叶片只有中脉伸长形成狭长剑状叶片。植株顶端的生长受到抑制，呈现矮化或丛枝状，根部常变粗、稍短。植株的下部叶片有时变黄（图 4-100）。

图 4-100　烟草剑叶病症状

[病原] 目前认为烟草剑叶病是由烟草根际土壤中的蜡状芽孢杆菌分泌的一些有毒物质随着根系吸收水肥而进入烟株体内，使烟株生理失调而导致的。用该菌的培养液刺激烟草后，能产生典型剑叶病症状。新近研究发现，异亮氨酸的积累与细菌分泌的毒素破坏了寄主的正常氮素代谢，导致该病害形成剑叶病症状。

[发生规律] 本病病原菌可在土壤中长期存活，一般不引起病害，只有在该菌分泌毒素破坏寄主正常代谢、造成异亮氨酸积累达一定量时，才能引致烟草形成剑叶病症状。多数学者认为，土壤潮湿、通气性差、排水不良、土壤盐碱化或氮素缺乏时易发病。土温 35℃ 以上时发病重，土温低于 21℃ 时症状不明显。土壤板结、整地粗放、排水不良或初开荒的烟田易发病。

[防治方法] ①增施有机肥，改良土壤，改善土壤理化性状，提高土壤排

水能力，防止烟田积水，发病后补施氮肥可减轻症状。②加强田间管理，干旱年份及时灌溉和追肥。

## 第三节　临沧烟草病毒病

目前，在中国已报道的烟草病毒病害有 25 种，约占烟草侵染性病害种类的 1/4。病毒病可造成花叶、畸形、坏死、矮化等症状，严重影响烟叶产量和质量。据 2011—2015 年的统计，常见病毒病害如烟草普通花叶病毒（tobacco mosaic virus，TMV）病、烟草黄瓜花叶病毒（cucumber mosaic virus，CMV）病、烟草马铃薯 Y 病毒（potato virus Y，PVY）病，所造成的烟草经济损失占烟草病虫害所造成总损失的 43 % 左右，超过真菌病害所造成的损失，成为对烟草生产威胁最大的一类病害。病毒的已知传播方式有机械接触传播、介体传播（蚜虫、粉虱、叶蝉、蓟马、线虫等）及嫁接传播。近年来，烟草病毒病的发生有如下几个显著特点。

第一，病毒病种类不断增加。20 世纪 80 年代之前，在烟草生产中报道的主要病毒病为烟草普通花叶病毒病、烟草黄瓜花叶病毒病、烟草马铃薯 Y 病毒病。至 20 世纪末，先后又鉴定出 10 余种病毒，共确认 16 种烟草病毒病。进入 21 世纪，又有多种病毒被鉴定，迄今已确认的烟草病毒病有 25 种。

第二，危害烟草的主要病毒种类发生了显著变化。20 世纪 60 至 20 世纪 80 年代，在中国危害最重的病毒病有烟草普通花叶病毒病、烟草黄瓜花叶病毒病，且混合侵染普遍发生。20 世纪 80 年代后，不仅烟草普通花叶病毒病、烟草黄瓜花叶病毒病持续发生，且烟草马铃薯 Y 病毒病和烟草蚀纹病毒（tobacco etch virus，TEV）病开始蔓延。进入 21 世纪，由蓟马传播的烟草番茄斑萎病毒在云南、广西、四川和重庆等烟区的危害呈快速上升趋势，由蚜虫传播的烟草紫云英矮缩病毒在山东和甘肃首次发现，部分烟田受害较重。

第三，主要病毒的株系日渐复杂。如烟草普通花叶病毒、黄瓜花叶病毒、马铃薯 Y 病毒等主要病毒均已鉴定出多个株系，且坏死株系的比例呈上升趋势，危害日益严重。

第四，多种病毒在田间复合侵染普遍发生，症状更加复杂，给防治工作带来一定困难。

## 一、烟草普通花叶病毒病

烟草普通花叶病毒的发现是病毒学研究的开始，该病毒寄主范围广泛，在自然条件下可侵染烟草、番茄、马铃薯、茄子、辣椒、龙葵等茄科植物。烟草普通花叶病毒病在世界各烟区都普遍发生，在我国各烟区广泛分布，是我国烟草主要病毒病害之一，多数主产烟区受害较重。此病害田间发病率为5％～20％。苗床期感染或大田初期感染，损失可达30％～50％；现蕾以后感染对产量影响不显著。病叶经调制后颜色不均匀，内在品质下降。

[症状] 苗床期和大田期均可发病。幼苗感病后，先在新叶上发生"明脉"，以后蔓延至整个叶片，形成黄绿相间的斑驳，几天后就形成"花叶"（图4-101）。病叶边缘有时向背面卷曲，叶基松散。病叶只有一部分细胞增多或增大，致使叶片厚薄不均，甚至叶片皱缩扭曲畸形（图4-102）。早期发病烟株节间缩短、植株矮化、生长缓慢。接近成熟的植株感病后，只在顶叶及权叶上表现花叶，有时有1～3个顶部叶片不表现花叶，但出现坏死大斑块，称为"花叶灼斑"（图4-103）。

图4-101　烟草普通花叶病毒病全株症状

图4-102　烟草普通花叶病毒病叶片畸形、叶缘下卷

图 4-103　烟草普通花叶病毒病花叶灼斑症状

[病原] 本病病原为烟草普通花叶病毒，是烟草花叶病毒属的代表成员。病毒粒体呈直杆状，长约 300 nm，最大半径约 9 nm；病毒粒体由 2 130 个相同的蛋白亚单位的外壳蛋白和内部为一个链状 RNA 的核酸分子组成，它们装配成一个螺旋棒状粒体。烟草普通花叶病毒在自然界存在很多株系，根据在烟草上的症状分为普通株系（TMV-C）、黄化株系（TMV-Y）、环斑株系（TMV-RS）、坏死株系（TMV-N）等。

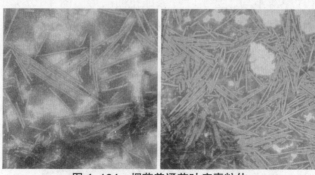

图 4-104　烟草普通花叶病毒粒体

[发生规律] TMV 可在土壤中的病株根茎残体上存活 2 年左右，病株根下 105 cm 深处的土壤中仍有 TMV，可成为大田移栽时土壤传播的初侵染源。田间由 TMV 引起的花叶病流行，主要是农事操作中人畜和农具的机械接触传染导致的。在通常情况下，刺吸式口器的昆虫（如蚜虫）不传染 TMV。构成 TMV 流行的因素为病田连作、土壤结构差、施用被 TMV 污染过的粪肥、种植感病品种、烟苗带毒、苗床期及大田期管理水平低等。此外，环境条件的变化（如天气干旱、持续阴雨后高温日晒）和烟株的生长状况可影响 TMV 的侵染性和潜育期。

[防治方法] 加强病毒病源头控制，切断 TMV 的接触传播途径，优先选

用高效生物消毒、物理阻隔、精准监控、免疫诱导等综合技术，实行精简化农事操作。①利用抗耐病品种，目前审定应用的抗病品种有中烟203、中烟204、中烟206、云烟97等。②播种前，烟田前茬严禁种植茄科、十字花科、葫芦科等作物。育苗盘用2％次氯酸溶液、0.5％硫酸铜水溶液、二氧化氯400倍液或20％辛菌胺水剂1 000倍液浸泡消毒2 h后，再用清水冲洗干净。铲除育苗棚四周杂草，用20％辛菌胺水剂1 000倍液对育苗场地及四周地块进行全面喷雾消毒。③苗床期，严禁吸烟，严格带药操作，剪叶前一天喷施8％宁南霉素水剂1 600倍液、2％嘧肽霉素水剂1 000倍液等抗病毒剂，或使用带药剪叶一体机。④移栽前，按照千分之一的比例取样检测烟苗带毒率，超过0.5％不能移栽到大田，剔除花叶病病株，喷施生物类抗病毒剂1次，实现带药移栽。⑤大田期，尽量减少操作或带药操作，操作前喷施抗病毒剂，如8％宁南霉素水剂1 600倍液、2％嘧肽霉素水剂1 000倍液、24％混脂硫酸铜水乳剂900倍液、6％烯羟硫酸铜可湿性粉剂400倍液等。移栽后15 d以内，喷施一次免疫诱抗剂，可选用3％超敏蛋白微粒剂3 000～5 000倍液、6％寡糖链蛋白1 000倍液、2％氨基寡糖素水剂1 000～1 200倍液、0.5％香菇多糖水剂300～500倍液等。此外，还应合理排灌，严禁中午浇水，及时清除病残体并带出烟田销毁。⑥采收后，清除烟秆等病残体，烘烤后及时清理烟叶烘房附近的烟叶废屑，集中处理。⑦移栽后，在以上措施仍不能有效控制烟草普通花叶病毒病发生危害的情况下，可选用氨基酸类叶面肥或磷酸二氢钾叶片喷施，以缓解病毒病症状，减少损失。

## 二、烟草黄瓜花叶病毒病

黄瓜花叶病毒由杜利特尔（Doolittle）于1916年首次发现，其寄主范围十分广泛，中国已从38科120多种植物上分离到黄瓜花叶病毒，包括葫芦科、茄科、十字花科蔬菜，以及泡桐、香蕉、玉米等农林作物。烟草黄瓜花叶病毒病在我国各烟区广泛分布，是我国烟草主要病毒病害之一。该病害一般年份造成的损失率为20％～30％，重病年份达50％，甚至绝产。该病害常与其他烟草病毒病混合发生，危害更加严重，是烟草生产上非常重要的限制因素之一。

[症状] 苗床期和大田期均可发病。发病初期表现为明脉、褪绿，而后在

心叶上表现明显的花叶、斑驳；病叶常狭长，严重时叶肉组织变窄，甚至消失，仅剩主脉，形成"鼠尾叶"；叶面发暗、无光泽，有时病叶叶缘上卷（图4-105）；发病植株随发病早晚不同表现出不同程度的矮化，发育不良。此外，由于引致该病的病毒株系不同，还可表现出主侧叶脉的褐色坏死、深褐色闪电状坏死斑纹（图4-106）、褪绿环斑及黄绿相间的斑驳或深黄色疱斑（图4-107）。

图 4-105　烟草黄瓜花叶病毒病叶片狭长、叶缘上卷

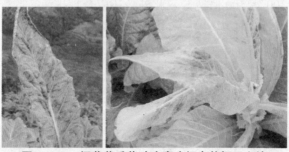

图 4-106　烟草黄瓜花叶病毒病闪电状坏死斑纹

图 4-107　烟草黄瓜花叶病毒病全株症状

[病原] 本病病原为黄瓜花叶病毒，属雀麦花叶病毒科黄瓜花叶病毒属。

病毒粒体为近球形的二十面体（图4-108）。病毒为三分体基因组，每个病毒粒体包裹有单分子的RNA1和RNA2，或RNA3和RNA4。根据血清学和基因组序列差异，可分为I亚组和II亚组。II亚组流行于热带和亚热带，症状较重；I亚组主要在温带地区流行。其中IA株系导致豇豆系统花叶症状，而IB株系则产生局部坏死症状。

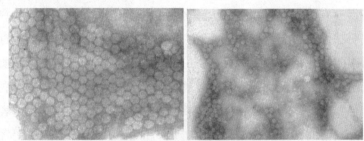

图4-108　黄瓜花叶病毒粒体

[ 发生规律 ]CMV主要在烟区附近的蔬菜、杂草和花卉等中间寄主上越冬，翌年春天通过蚜虫（60余种蚜虫可传播该病毒）以非持久性方式传播病毒，在田间可通过蚜虫和机械接触反复传播。由于现有栽培品种都具有感病性，蚜虫和不当的农事操作与病害的发生和流行极为相关。一般在杂草较多、距菜园较近、蚜虫发生较多的烟田，病害发生早且受害较重。

[ 防治方法 ]①利用抗耐病资源：目前对CMV表现中抗的资源有Ti245、铁把子，对CMV表现中感的有牛耳烟、秦烟95、翠碧1号等。②治蚜防病：蚜虫为CMV的传毒介体，要阻断病毒的虫传途径，可用防虫网覆盖苗床，采用银灰地膜栽培，避蚜防病，适时喷施杀虫剂，防治蚜虫。③避免机械接触传染和喷施抗病毒剂：具体措施参考烟草普通花叶病毒病的防治。

### 三、烟草马铃薯Y病毒病

马铃薯Y病毒病最早于1931年在马铃薯上被发现，目前世界各地均有发生，寄主广泛，尤其在烟草、马铃薯、辣椒等作物上危害严重。1953年，马铃薯Y病毒病在欧洲马铃薯种植区流行，20世纪70年代扩展至美洲，目前中国东北、黄淮和西南烟区均有不同程度发生，尤其是以烟草与马铃薯、蔬菜混种地区危害严重。此病害引起的损失因烟草生育期和病毒株系不同而异，在移栽后4周内感染马铃薯Y病毒脉坏死株系，可导致绝产绝收，若近采收期感染或感染弱毒株系，则减产较轻，一般损失 25 %～45 %。马铃薯 Y 病毒病除引起产量损失外，更为严重的是病叶烘烤或晾晒后外观和香味较差，其品质显著降低。

[ 症状 ] 苗床期到大田期都可发病，但以大田期发病较多。此病为系统侵染，整株发病。烟草感染马铃薯 Y 病毒后，因品种和病毒株系的不同所表现的症状特点亦有明显差异，症状大致分为 4 种类型。①花叶型：叶片在发病初期出现明脉，而后支脉间颜色变浅，形成系统斑驳，马铃薯 Y 病毒的普通株系常引起此类症状。②脉坏死型：由马铃薯 Y 病毒的脉坏死株系所致，病株叶脉变暗褐色到黑色坏死，有时坏死延伸至主脉和茎的韧皮部，病株叶片呈污黄褐色，根部发育不良，须根变褐，数量减少。在某些品种上表现为病叶皱缩，向内弯曲，重病株枯死而失去烘烤价值。③褪绿斑点型：发病初期病叶先形成褪绿斑点，之后叶肉变成红褐色的坏死斑或条纹斑，叶片呈青铜色，多发生在植株上部 2～3 片叶，但有时整株发病，此症状是马铃薯 Y 病毒的点刻条斑株系所致（图 4-109）。④茎坏死型：病株茎部维管束组织和髓部呈褐色坏死，病株根系发育不良，变褐腐烂，由马铃薯 Y 病毒茎坏死株系所致。全株症状如图 4-110 所示。

图 4-109　烟草马铃薯 Y 病毒病叶片症状

**图 4-110　烟草马铃薯 Y 病毒病全株症状**

[ 病原 ] 本病病原为马铃薯 Y 病毒，是马铃薯 Y 病毒科马铃薯 Y 病毒属的典型成员，其粒体为微弯曲线状（图 4-111）。PVY 存在明显的株系分化现象，根据在烟草不同品种和其他寄主上的症状反应可分为多个株系。我国烟草生产中鉴定出 4 个株系，分别为普通株系（PVY$^O$）、脉坏死株系（PVY$^{VN}$）、茎坏死株系（PVY$^{NS}$）、点刻条斑株系（PVY$^C$）。

**图 4-111　马铃薯 Y 病毒粒体**

[ 发生规律 ]PVY 一般在马铃薯块茎及周年栽植的茄科作物（番茄、辣椒等）上越冬，温暖地区多年生杂草也是 PVY 的重要宿主，这些是病害初侵染的主要毒源，田间感病的烟株是大田再侵染的毒源。PVY 可通过蚜虫、汁液接触、嫁接等方式传播，自然条件下以蚜虫传播为主，介体蚜虫主要有棉

蚜、桃蚜、马铃薯长管蚜等，以非持久性方式传毒。蚜虫传毒效率与蚜虫种类、病毒株系、寄主状况和环境因素有关。亚热带地区可在多年生植物上连续侵染，通过蚜虫迁飞向烟田转移。大田汁液接触传毒也很重要，染病植株在25℃时体内病毒浓度最高，温度达30℃时浓度最低，出现隐症现象。幼嫩烟株较老株发病重，蚜虫为害重的烟田发病重，天气干旱易发病。该病多与CMV混合发生。

[防治方法] ①利用抗耐病资源：目前主要的抗耐病资源有NC744、NCTG52、VirginiaSCR、VAM、TN86、PBd6。②治蚜防病：蚜虫为PVY的传毒介体，要阻断病毒的虫传途径，可用防虫网覆盖苗床，或采用银灰地膜栽培，以避蚜防病，并适时喷施杀虫剂，防治蚜虫。③避免机械接触传染和喷施抗病毒剂：具体措施参考烟草普通花叶病毒病的防治。

## 四、烟草蚀纹病毒病

烟草蚀纹病毒于1930年在美国肯塔基州的烟草、番茄、辣椒和矮牵牛上分离并由约翰逊首次报道。在中国，成巨龙、魏宁生等在陕西烟区首次发现并报道了该病毒，目前该病在中国各大烟区均有发生，特别是在云南、贵州、四川、安徽、河南、陕西、辽宁、山东等省份发生较为严重，且已成为一些烟区的主要病害之一，如陕西、河南西部和云南的部分地区。烟草蚀纹病毒病可导致感病烟草减产68%，完全丧失经济价值。1990年，该病曾在陕西烟区发生流行，发病面积达12 800 hm$^2$，损失严重。

[症状] 受害烟株一般在旺长中后期显症，主要表现为叶脉坏死，叶脉坏死症状自下而上蔓延。发病初期，叶面形成褪绿黄点、细黄条，随后沿细脉扩展，连接成褐色或白色线状蚀刻斑，造成叶脉坏死，严重时病斑或者坏死叶脉布满整个叶面（图4-112）。后期病组织连片枯死脱落，造成穿孔或者仅留主、侧脉骨架。采收时叶片易破碎（图4-113）。

图 4-112　烟草蚀纹病毒病叶面症状

图 4-113　烟草蚀纹病毒病田间症状

[病原] 烟草蚀纹病毒属于马铃薯 Y 病毒属成员，病毒粒体呈弯曲线状，无包膜，长为 723 nm，宽为 11.5 nm，TEV 基因组为单分体正链 sRNA，由 9 496 个核苷酸组成（图 4-114）。该基因组只包含 1 个可读框（ORF），进行表达时先翻译成 1 个大多聚蛋白，再通过自身编码的蛋白酶将多聚蛋白加工成有功能的蛋白。

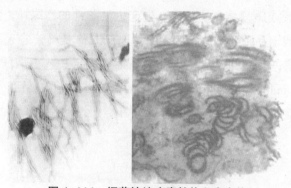

图 4-114　烟草蚀纹病毒粒体和内含体

[ 发生规律 ] 烟草蚀纹病毒主要通过桃蚜等 10 多种蚜虫传播，属非持久性传播，在较短时间内（几秒至几分钟）即可传毒成功；也可以通过汁液接触传毒。该病毒主要在蔬菜和杂草上越冬。在适于蚜虫活动的地区或生态环境下，病害发生重。病害的发生流行与介体蚜虫数量呈正相关。不同品种对TEV 的抗性有明显的差异，而各地的抗性反应也不完全相同。

[ 防治方法 ] ①预防为主，杀蚜防病，同时隔离烟草蚀纹病毒的毒源植物和传毒蚜虫。②推行规范化农业耕作和栽培措施，如麦烟套种耕作、设置防虫网、适时移栽等。③清除杂草，合理施肥。④施用免疫增强剂或者抗病毒药剂，如 1.1 % 云芝葡聚糖水剂，苗床期用药 1 ~ 2 次，移栽前一天用药 1次，以防止病毒在移栽时通过接触传播，在移栽后的生长前期施用 2 ~ 3 次，或参照黄瓜花叶病毒和马铃薯 Y 病毒的防治，提倡在田间操作前对烟株喷药保护。

## 五、烟草马铃薯 X 病毒病

烟草马铃薯 X 病毒（potato virus X，PVX）病在世界各烟区均有分布。最早由史密斯（Smith）于 1931 年报道，我国东北、西北、黄淮和西南烟区均有烟草马铃薯 X 病毒病发生。马铃薯 X 病毒寄主范围较广，可侵染茄科、苋科和藜科等 16 科 240 种植物。

[ 症状 ] 因为株系的不同，马铃薯 X 病毒引起的症状差别很大。有些株系在普通烟草上不引起明显症状（图 4-115）；有些株系先引起明脉，然后形成轻微的花叶；有些沿叶脉变深绿色，或者引起环斑、坏死性条斑等；有些株系引起的症状在高温条件下会出现隐症。在白肋烟上，马铃薯 X 病毒表现为系统的环斑或斑驳。在曼陀罗上先产生系统性的褪绿环，然后产生花叶和斑驳。烟草栽培品种适宜作为繁殖寄主。千日红是马铃薯 X 病毒的枯斑寄主，可用于病毒的分离纯化。马铃薯 X 病毒如果与 PVY、烟草脉带花叶病毒（tobacco vein banding mosaic virus，TVBMV）、TEV 等马铃薯 Y 病毒属病毒复合侵染，则症状加剧，危害更加严重（图 4-116）。

图 4-115　烟草马铃薯 X 病毒病在
普通烟草上的症状

图 4-116　烟草马铃薯 X 病毒与
烟草脉带花叶病毒的协生作用

[病原] 马铃薯 X 病毒是马铃薯 X 病毒属的典型种。病毒粒体线状，长约 515 nm。其基因组由一条单组分正单链 RNA 分子组成，有 5 个 ORF。ORF1 编码 166 u 的 RNA 依赖的 RNA 聚合酶；中间的 ORF2、ORF3、ORF4 相互重叠，称为三基因块。PVX 具有很强的免疫原性。根据血清型反应结果，可以把 PVX 分为 4 组。根据基因组序列可以将 PVX 分为 2 个组，即美洲组和欧亚组。

[发生规律] PVX 主要靠汁液接触传播，也可依靠植株间的接触传播，不经种子和花粉传播。在低温冷凉、光照不足条件下病害加重，而天气晴朗、温度升高时病害症状减轻。根据山东农业大学植物病毒研究室的研究结果，K326、NC95、NC89、云烟 85、中烟 201、中烟 109 等烟草品种都易感 PVX。

[防治方法] ①培育和种植抗耐病品种。②培育无病烟苗。③烟田应避开前茬作物是马铃薯和烟草的地块，远离马铃薯田。在栽烟前，铲除烟田周围的茄科、苋科和藜科植物。④注意田间操作卫生，减少农事操作造成的人畜、农具等传播。⑤在发病初期可用 20 % 盐酸吗啉胍可湿性粉剂 400 倍液或 2 % 氨基寡糖素水剂 500 倍液喷雾。

## 六、烟草脉带花叶病毒病

烟草脉带花叶病毒病在我国和美国北卡罗来纳州等烟区均有分布。1966 年，我国首次报道了烟草脉带花叶病毒病的发生。1982 年，关国经等对贵州烟区引起烟草花叶病的病原进行了鉴定，最终确定病原为烟草脉带花叶病毒。烟草脉带花叶病毒病在我国各烟区一直是次要病害，近年来在我国山东、河南、安徽、云南等省份主产烟区的发生数量呈上升趋势。烟草脉带花叶病毒病在部分地块发病率可达30%，影响烟叶品质和产量，如果与马铃薯X病毒等复合侵染，造成的损失会更重。

[症状] 烟草脉带花叶病毒病在普通烟株上的典型症状是在叶脉两侧形成浓绿的带状花叶。侵染烟草8 d可在叶片上引起明脉症状（图4-117），14 d后可引起典型的脉带花叶症状（图4-118）。有些株系的致病力较弱，不引起明显的脉带花叶症状。该病害在田间与马铃薯Y病毒引起的症状相似，因此在生产上常将该病与PVY引起的病害一起称为烟草脉斑病。烟草脉带花叶病毒主要侵染烟草、番茄和马铃薯等茄科植物，在普通烟、心叶烟、三生烟、本氏烟上引起脉带花叶（图4-119），在番茄上引起斑驳，在洋酸浆、曼陀罗上引起花叶症状，在苋色藜和昆诺藜上形成枯斑，不侵染花生和油菜。

图4-117　烟草脉带花叶病毒侵染初期产生明脉症状

图4-118　烟草脉带花叶病毒侵染叶片形成的脉带花叶症状

图4-119　烟草脉带花叶病毒弱毒株系D198K和R182I在本氏烟上的症状

[病原] 烟草脉带花叶病毒属于马铃薯Y病毒科马铃薯Y病毒属。病毒粒体呈弯曲线状（图4-120），长约700 nm。其基因组为正义单链RNA，由9 570个核苷酸组成。1994年，哈珀（Habera）等人通过测定病毒3′端基因组序列，在分子水平上确定了TVBMV的分类地位。根据TVBMV的基因组序列可以将其分为三个组：我国云南的分离物为一组，美国、日本和我国台湾的分离物为一组，我国其他地区的分离物为一组。

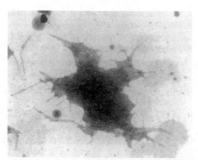

**图 4-120　烟草脉带花叶病毒粒体**

[发生规律]TVBMV 在周年种植的茄科植物或多年生杂草上越冬，TVBMV 主要由蚜虫以非持久方式传播，棉蚜、桃蚜、禾谷缢管蚜和麦二叉蚜等均可传播 TVBMV。发病植株可以作为再侵染源，由介体蚜虫传到其他烟株上持续危害。根据山东农业大学植物病毒研究室的研究结果，ZC-01、K326、NC95、NC89、云烟 85、中烟 201、CP209、G140、中烟 109 等烟草品种均不抗 TVBMV。烟草脉带花叶病毒病的发生和蚜虫发生量直接相关。如果田间有翅蚜大量出现，烟草脉带花叶病毒病就普遍发生，发生越早，危害越重。TVBMV 和马铃薯 X 病毒等复合侵染的危害超过病毒单独侵染。

[防治方法] ①培育抗耐病品种。②培育无病烟苗，苗床期施用植物根际促生菌可以提高植株抗病性。③在栽烟前，铲除烟田周围的杂草，减少病毒的初侵染源。加强肥水管理，提高植株抗病性。④在发病初期可用 20 % 盐酸吗啉胍可湿性粉剂 400 倍液或 2 % 氨基寡糖素水剂 500 倍液喷雾。其他措施可以参考马铃薯 Y 病毒病的防治。

## 七、烟草番茄斑萎病毒病

烟草番茄斑萎病毒病可在烟草整个生育期发生危害，为世界性分布，一般发生在温带、亚热带地区。20 世纪 70 年代，美国最早报道了该病害的发生与危害；1992 年，姚革等在四川发现类似症状的烟草病株；2000 年，张仲凯等通过电子显微镜等方法首次在云南烟草病株中检测到番茄斑萎病毒；2011 年，卢训等在云南烟草病株中检测到另一种番茄斑萎病毒属的病毒——番茄环纹斑点病毒，可侵染烟草引起类似症状。目前，该类病害在我国各烟区均有发生，尤其是在西南烟区，如云南、广西、贵州、四川和重庆等烟区发生较为严重。

[症状] 烟草病株初期表现为发病叶片半叶点状密集坏死，且不对称生长；发病中期，病叶出现半叶坏死斑点和脉坏死（图4-121），顶部新叶出现整叶坏死症状；发病后期，烟株进一步坏死，茎秆上有明显的凹陷坏死症状，且对应部位的髓部变黑，但不形成碟片状（图4-122）；最终导致烟株整株死亡。

[病原] 番茄斑萎病毒属布尼亚病毒科番茄斑萎病毒属。病毒粒体呈球状，直径 80～110 nm，表面有一层外膜包被（图4-123）。病毒基因组为三分体单链 RNA，即 lRNA、mRNA、sRNA。lRNA 为反义 RNA，全长 8 919 nt；mRNA 为双义 RNA，全长 4 945 nt；sRNA 为双义 RNA，全长 3 279 nt。

图 4-121　烟草番茄斑萎病毒病苗床期症状和脉坏死症状

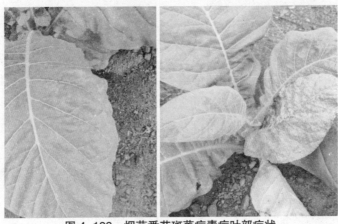

图 4-122　烟草番茄斑萎病毒病叶部症状

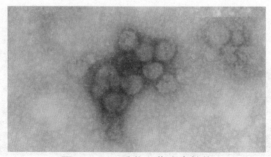

**图 4-123　番茄斑萎病毒粒体**

[发生规律] 番茄斑萎病毒属病毒主要通过蓟马传播，也易通过汁液接触传染。至少有 5 种蓟马可以持久性传播该类病毒，包括西花蓟马、烟蓟马、苏花蓟马、苜蓿蓟马、棕榈蓟马等。番茄斑萎病毒属病毒寄主范围较广，可侵染 70 余属 1 000 余种植物。

[防治方法] ①使用杀虫剂防治越冬蓟马，减少春季始发虫源，降低虫口基数；利用 60 目以上尼龙网在苗床期阻止蓟马取食烟苗，用银色地膜驱避蓟马，用蓝色诱虫板诱集蓟马等物理防治方法防控蓟马。②移栽至团棵期，通过及时施用提苗肥，适当施用锌肥等措施，促进烟苗快速还苗，增强烟株抗病能力。③苗床期检测并剔除带毒烟苗，大田初期及时拔除并销毁病株。加强烟田卫生管理，及时铲除田间及周边杂草，烟田不与茄科等蔬菜作物轮作或间套作。

## 八、烟草曲叶病毒病

烟草曲叶病毒病可在烟草整个生育期产生危害，该病害多发生在热带、亚热带地区及温带局部地区，在我国各烟区均有发生，尤其在西南烟区，如云南、四川、广西等省区的部分烟田发生较为严重。

[症状] 苗床期和大田期均可发病，发病初期，顶部嫩叶微卷，后卷曲加重，苗床期感染的病株严重矮化，叶片皱缩，凹凸不平，叶色深绿，叶缘反卷（图 4-124），主脉变脆，叶脉黑绿色，叶背面小叶脉增粗，中脉扭曲，常有耳状突起，大小不等，重病株叶柄、主脉、茎秆扭曲畸形，基本无利用价值（图 4-125）。后期发病，仅顶叶卷曲，下部叶可用，但质量差。

图 4-124　烟草曲叶病毒病叶片正反面症状

图 4-125　烟草曲叶病毒病全株症状

[病原] 本病主要由烟草曲叶病毒引起，该病毒属双生病毒科菜豆金色花叶病毒属。病毒粒体为双联体结构，大小约为 18 nm×30 nm，无包膜。病毒为单链环状 DNA 病毒，基因组为双组分或单组分，即 DNA-A 和 DNA-B，在我国发现的该病毒大多数都是单组分的，含有 DNA-A 且伴随致病性卫星分子 DNAβ。DNA-A 基因组大小约为 2.7 kb。中国番茄黄化曲叶病毒、烟草曲茎病毒、云南烟草曲叶病毒等也能引起类似症状。

[发生规律] 烟草曲叶病毒病由烟粉虱传播，其最短获毒期为 15～120 min，在健株上传染病毒最少需要 10 min，虫体的持毒期一般在 12 d 以上。此外，曲叶病毒也可由嫁接传染，而种子和汁液接触不传染。该病毒的寄主范围十分广泛，主要侵染茄科、菊科和锦葵科等双子叶植物。田间多种杂草寄主和感病烟株是最主要的侵染来源。烟粉虱在其他寄主作物、杂草和烟草病株上发生，并不断传染危害。任何影响烟粉虱生长繁殖的因素都直接影响曲叶病的发生和流行。在周年温度较高而干旱的地区，烟粉虱较活跃，曲叶病广为传播，发生严重。

[防治方法] ①选用抗病品种。②使用杀虫剂防治越冬虫源，减少春季始

发虫源，降低虫口基数；苗床期利用 60 目以上尼龙网阻断、黄色诱虫板诱杀等物理防治方法防控烟粉虱的危害。③根据烟粉虱发生高峰期与昆虫活动的特性，在允许范围内调整烟苗移栽期，避免在烟粉虱发生高峰期移栽，减少烟苗与传毒介体接触的机会。④苗床期检测并剔除带毒烟苗，大田初期及时拔除并销毁病株。加强烟田卫生管理，铲除田间及周边杂草，烟田不与茄科等蔬菜作物轮作或间套作。

## 九、烟草丛顶病

烟草丛顶病在津巴布韦、马拉维、赞比亚、南非和埃塞俄比亚等非洲国家及亚洲的泰国、巴基斯坦等国家均有发生。20 世纪 80 年代中期，该病在云南省部分烟区零星发生，当时被当成次要病害而未对病原进行鉴定。20 世纪 90 年代，烟草丛顶病开始频繁发生，对云南省烟草生产造成了严重的影响。该病不仅危害烤烟，还能侵染香料烟、白肋烟和地方晾晒烟。1993 年，该病害在云南保山地区首次暴发并造成大面积流行，发病面积达 7 333 hm² 以上，发病田块病株率平均为 17.2 %，重病田块高达 75 % 以上，损失烟叶约 5 000 t。1998 年怒江两岸近 167 hm² 香料烟发病绝产。目前，该病虽在云南省各个烟区均有发生，但总体危害较轻（图 4-126）。

[症状]侵染初期，叶片上出现细小的淡褐色蚀点斑，随后发展成坏死斑；新生叶蚀点斑症状较轻，叶片较小并且褪绿或黄化，上部叶片的脉间组织褪绿，呈现轻微的斑驳症状；发病烟株顶端优势丧失，节间缩短，植株矮化缩顶，腋芽提早萌发，侧枝丛生（图 4-127）。

图 4-126　烟草丛顶病田间发病症状

图 4-127　烟草丛顶病蚀点斑及烟株矮化和缩顶症状

[病原] 烟草丛顶病的病原为病毒复合体，是直径为 20 nm 的二十面体病毒粒体（图 4-128）。病毒粒体的外壳蛋白由烟草脉扭病毒编码，病毒粒体中包含 5 种病毒 RNA 组分（vRNA1 ～ vRNA5），包括烟草脉扭病毒的基因组 RNA（vRNA1）、烟草丛顶病毒的基因组 RNA（vRNA2）、烟草丛顶病伴随 RNA 等。

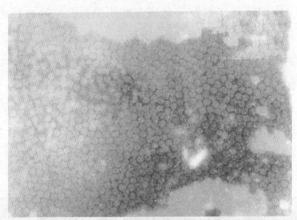

图 4-128　烟草丛顶病病原病毒复合体粒体

[发生规律] 在苗床上烟草丛顶病最早发病时间为 4 月中旬至下旬，导致病害流行的主要因素是苗床期和移栽初期的两次蚜虫迁飞高峰。后期蚜虫发生的高峰期对病害发生有一定的影响，但症状表现在旺长期烟株的顶部叶片和采收后的杈烟上。烟草丛顶病与气象因子的相关性显著，保山市烟草丛顶病研究点观测的 1992—1998 年的病害发病数据和气象数据建立的预测模型表明，烟草丛顶病的发生与 3 月、5 月的湿度和上一年度 12 月的日照时数有重要关系。

[防治方法]①农业防治：目前生产上推广的品种均为感病品种。烟草丛顶病在田间以蚜虫为主进行传播，控制该病害必须采取"治（避）蚜防病，综合防治"的技术体系。关键是苗床期，要培育无毒烟苗、控制传媒蚜虫、淘汰病苗，并加强苗床管理。苗床采用网罩隔离育苗的方法防止蚜虫传毒，是防治烟草丛顶病的关键环节。适时移栽，结合当地的气象条件和农作物结构，确定适宜的移栽期，避开蚜虫迁飞的高峰期，减少传毒机会。加强烟田管理，移栽后1个月内（团棵期前），将病苗拔除，用预备苗替换。采收后清除烟秆，减少来年初侵染源。②治蚜防病：移栽后每隔7～10 d，喷施杀虫剂（共3～4次）可以有效地控制蚜虫传播烟草丛顶病，其他措施参考黄瓜花叶病毒病的防治。

## 十、烟草番茄黑环病毒病

番茄黑环病毒（tomato black ring virus，TBRV）由史密斯于1946年首次报道，1984年在我国福建首次被发现，1991年河南报道了该病毒，目前主要分布在福建、河南等地，属于轻度发生的病毒病，危害不重。该病毒除为害烟草外，还能够广泛侵染部分单子叶、双子叶草本和木本植物，如甜菜、马铃薯及番茄等。

[症状]被侵染的烟株叶片上产生局部褪绿或坏死斑，系统侵染为白色或黄白色坏死斑点、环斑或线纹（图4-129）。打顶后，烟株症状逐渐减轻至无症带毒。新生叶上往往无症但带有病毒。河南人工接种鉴定发现了两种症状类型：①在心叶烟、普通烟、曼陀罗上表现为斑驳症状，在苋色藜、昆诺藜上表现为褪绿的坏死小条斑或环斑，矮牵牛的叶片感染该病毒后，初期出现褪绿斑或环斑，后变黑褐色坏死；②在心叶烟和曼陀罗上无症状，在普通烟、苋色藜、昆诺藜及番茄上表现局部枯斑到系统性坏死，在矮牵牛叶片上表现为黑褐色环斑和叶片坏死。

**图 4-129　烟草番茄黑环病毒病叶片症状**

[病原] 番茄黑环病属豇豆花叶病毒科线虫传多面体病毒属。病毒粒体球形，直径约 30 nm。该病毒可侵染 29 科 76 种以上双子叶植物。已研究的最多的 TBRV 分离物属于两个主要血清型：苏格兰（S）血清型和德国（G）血清型。德国血清型的全基因组序列测定为 7 356 nt（RNA-1）和 4 662 nt（RNA-2）；苏格兰血清型的 RNA-2 为 4 618 nt。

[发生规律] TBRV 在自然界中主要由长针线虫传播，线虫的幼虫和成虫均可传播病毒，但病毒无法在介体中增殖，蜕皮后不再带毒，也不能随卵传给后代，在休耕土壤中能保持侵染活性达 9 周。该病毒也可通过种子、花粉及汁液摩擦等传播。因此，介体线虫只能短距离传播，被害植物材料是国际重要传播和扩散的根源。据河南实地观察结果可知，烟草种子质量差、烟田连作、烟株生长势较弱的烟田发病较重。

[防治方法] ①选用无病种子，培育无病壮苗。②注意田间卫生，加强杂草控制，在苗床和大田操作时，切实做到手和工具的消毒处理，在管理中，先处理健株，后处理病株。③避免与长针线虫的寄主，如银莲花、甜菜、草莓、樱桃、马铃薯等作物轮作。④加强检疫，控制其进一步扩大蔓延。⑤通过土壤熏蒸法或使用适当的土壤消毒剂杀死线虫。

## 十一、烟草环斑病毒病

烟草环斑病毒是我国的进境检疫性有害生物。它主要分布于北美、东亚和东南亚地区。烟草环斑病毒的寄主范围非常广泛，可侵染茄科、豆科、葫芦科、菊科等 15 科 321 种植物，以豆科和茄科为主。目前，该病在我国云南、山东、河南、安徽、陕西、黑龙江等烟区烟草上零星分布，但是有逐渐扩散的趋势，需引起重视。该病常与其他烟草病毒病混合发生，加重其危害。

[症状] 烟草环斑病毒可以从叶部及根部两个部位开始侵染烟草。坏死症状一般发生在植株中部叶片、叶柄、叶脉及茎秆上。发病初期，在叶片上产生一些波浪状或者轮状的坏死性斑纹，后褪绿变黄，成为黄褐色的坏死弧斑或环斑。叶脉上产生一些褐色条斑，破坏了植株的疏导组织，进而叶片枯死。叶柄和茎上则产生褐色条斑，之后下陷溃烂。发病较重的病株，叶片变小变轻，植株矮化，几乎不育。病毒接种鉴别寄主心叶烟、苋色藜、普通烟，在接种的叶片上表现为枯斑症状，在没有接种的上部叶片上表现为环斑症状。

[病原] 烟草环斑病毒属于豇豆花叶病毒科线虫传多面体病毒属，为正单链 RNA 病毒。病毒粒体为二十面体，直径 26～29 nm，致死温度为65～70 ℃。该病毒主要分为黄色环斑株系病毒和绿色环斑株系病毒。

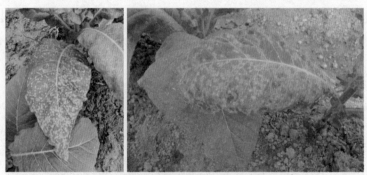

**图 4-130　烟草环斑病毒侵染烟草叶片造成的症状**

[发病规律] 该病毒可在两年生和多年生杂草及烟草、大豆等种子上越冬。病害可通过机械接触传染和桃蚜、线虫、烟蓟马等传播，近期发现蜜蜂也可携带该病毒，但传毒率很低。病毒在传毒介体中以线虫为主，且以剑线虫传毒效率最高。病毒可从根及叶片的伤口侵入。黄淮烟区一般 6 月上旬开始发病，6 月中、下旬为发病高峰期。重茬烟、豆茬烟比红薯茬烟发病重。土壤高氮水平下发病较重。

[防治方法] 该病毒可通过桃蚜、线虫、烟蓟马等介体传播和机械传染，因此首先要适时喷药防治传毒介体，尤其是土壤中的线虫。此外，还应避免机械接触传染，具体防治方法参考烟草黄瓜花叶病毒病的防治。

## 十二、烟草紫云英矮缩病毒病

紫云英矮缩病毒病最早于 1950 年由松浦（Matsura）等在日本报道，病毒基因组由矾见（Isogai）等在 1990 年首次测序完成，2013 年乌丁（Uddin）等在孟加拉报道紫云英矮缩病毒能侵染豆科作物。近几年在我国山东、甘肃、安徽、陕西等省烟草上均有发生。烟草一旦感染该病毒，烟株顶部将呈现矮缩聚顶状，影响烟株生长，严重时导致整株坏死，危害重病田发病率为 17.5% ～ 34.8%，大面积发生时可导致整片烟田绝收，发病植株基本失去经济价值。

[症状] 发病初期新生叶明脉，之后叶尖、叶缘向外反卷，节间缩短，大量增生侧芽，叶片浓绿，质地变脆，中上部叶片皱褶，叶脉生长受阻，叶肉凸起呈泡状，整个叶片反卷呈钩状，下部叶往往正常。病株严重矮化，重者顶芽呈僵顶状，后逐渐枯死。烟草生长后期发病，仅顶叶卷曲呈"菊花顶"状，下部叶仍可采收（图 4-131）。

**图 4-131　烟草紫云英矮缩病毒病田间症状**

[病原]紫云英矮缩病毒为矮缩病毒属的重要成员。病毒粒体是直径为17～20 nm的等轴颗粒，具有二十面体对称结构（T=1），无包膜，外观有棱角或呈六边形，颗粒结构清晰。在病毒纯化前冷冻组织不影响病毒的形态。基因组含有8个环状单链DNA分子，大小为985～1 111 nt。每个组分结构相似，为正义分子，并单向转录，其非编码区均含有一个保守茎环结构。外壳蛋白由一个多肽组成，分子量为19～20 u。病毒具免疫原性，紫云英矮缩病毒与蚕豆坏死黄化病毒的抗血清及多数单克隆抗体有反应。

[发生规律]本病在自然界中由蚜虫以持久方式传播。桃蚜是影响该病发生的重要因素，带毒昆虫对烟草的危害，主要取决于桃蚜春季迁入苗床和大田的时间及虫量。随生育期的延长，烟株抗病性增强，2～4叶期幼苗易感病，移栽后则不易发病。低温、低湿及弱光可延缓发病。

[防治方法]烟草上主要由桃蚜传播紫云英矮缩病毒，由于幼苗最易感病，必须通过防治蚜虫来控制病害的发生，尤其是保护烟苗不受侵染。可用防虫网覆盖苗床，定期喷药防治蚜虫，防止蚜虫传毒。还应避免临近紫云英种植烟草，减少毒源。其他防治措施参考烟草普通花叶病毒病的防治。

## 十三、烟草野生番茄花叶病毒病

烟草野生番茄花叶病毒病于2008年在野生番茄上首次被发现，目前主要分布于东亚、东南亚地区，该病毒可侵染野生番茄、辣椒、颠茄、烟草。该病害虽然仅在我国广东和四川烟草上零星分布，但是有逐渐扩散的趋势，需引起重视。该病常与其他烟草病毒病混合发生，加重其危害。

[症状]苗床期和大田期均可发病。初期发病表现为明脉，后期在心叶上表现为明显花叶、斑驳；病叶畸形，叶缘上卷；叶面黄化；发病植株随发病时间早晚表现为不同程度的矮化，发育不良（图4-132）。

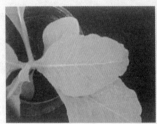

图4-132　野生番茄花叶病毒引起烟草明脉、黄化、叶缘上卷等症状

[病原] 野生番茄花叶病毒属于马铃薯 Y 病毒科马铃薯 Y 病毒属。病毒粒体呈弯曲线状，长为 740～760 nm，直径为 13 nm（图 4-133）。病毒为正义单链 RNA 病毒，基因组大小约为 9 659 nt。

**图 4-133　野生番茄花叶病毒粒体**

[发生规律] 本病病毒主要在烟区蔬菜和杂草等中间寄主上越冬。翌年春天通过蚜虫以非持久性方式传毒，在田间通过蚜虫和机械接触反复传播。一般在杂草较多、距菜园较近、蚜虫发生较多的烟田病害发生早，且烟株受害较重。

[防治方法] 本病病毒在烟草上主要由桃蚜和机械接触传播，因此首先要通过防治蚜虫控制病害的发生，尤其应保护烟苗不受侵染。可用防虫网覆盖苗床，采用银灰地膜栽培，避蚜防病，适时喷施杀虫剂，杀灭传毒蚜虫，特别在发病早期，蚜虫向烟田迁飞高峰期及时施药，可有效减少传播。此外，还应避免机械接触传染，其他防治方法参考烟草普通花叶病毒病的防治。

# 第四节　临沧烟草非侵染性病害

非侵染性病害，是由不适宜的物理、化学等非生物环境因素直接或间接引起的植物病害，无传染性。我国烟田发生的非侵染性病害主要包括烟草气候性斑点病、烟草冻害或冷害、烟草旱害或涝害、烟草冰雹灾害、烟草营养失调引起的毒害或缺素症，以及外源化学品引起的药害。

烟草非侵染性病害种类多，病状复杂，和由其他因素产生的症状有类似性，如雷击可能和黑胫病有类似的症状，气候性斑点病与很多叶斑病症状类似。非侵染性病害的发生特点主要有：发病植株上无任何病征，也分离不出病原物；是一种大面积同时发生同一症状的病害；无明显的发病中心，无逐步传染扩散的现象。对非侵染性病害的诊断应认真分析，详细了解前茬作物、施肥、外源化学品的使用情况、近期气候情况等，必要时应做相应的实验室检测。

非侵染性病害的防控应以预防为主。烟草种植应选择适宜的区域，选择光热条件最适宜的季节。烟田选择要做到前作适宜、设施配套、排灌方便。在栽培过程中要注意平衡施肥，选择使用适宜的化肥、农药等外源化学品。在需要施用农药时，应认真阅读使用说明，严格规范使用，确保施药人员及烟草作物的安全。

## 一、烟草气候性斑点病

烟草气候性斑点病在世界各植烟国均有发生，我国于 20 世纪 80 年代末推广种植美国 G140、NC89、K326 等品种之后开始发生，并迅速成为烟草生产上的主要病害之一。在云南、河南、福建、广东、山东和广西等烟区发生危害较重，影响烟叶的产量和品质。

[ 症状 ] 本病一般发生于烟草团棵期至旺长后期的中下部叶片上，在采收期的中上部叶片上也时有发生，而且病害仅发生于某一部位的叶片上。病斑有白斑、褐斑、尘灰斑等多种类型。感染叶片初期出现密集的水渍状小斑点（图 4-134），直径 1 ～ 3 mm，斑点多集中在叶尖和侧脉两侧，在 2 d 内病斑从褐色变成灰色或白色，病斑中心坏死下塌，边缘组织褪绿，是全国各烟区发生最普遍的白斑型症状类型（图 4-135）。褐斑型斑点较大，呈浅褐色或红褐色，不规则，多集中出现在叶缘或叶片前半部（图 4-136）。尘灰斑型叶片灰褐色，严重时叶片呈枯焦状，与红蜘蛛危害症状相似（图 4-137）。无论何种类型，病斑均不透明，亦无黑点或霉状物。

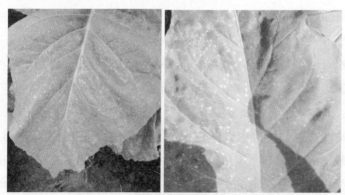

图 4-134　烟草气候性斑点病初期症状

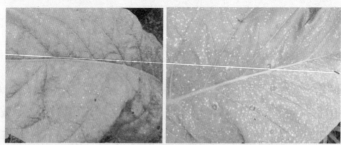

图 4-135　烟草气候性斑点病白斑型症状

图 4-136　烟草气候性斑点病褐斑型症状

图 4-137　烟草气候性斑点病尘灰斑型症状

[发生原因] 该病是一种非侵染性叶斑病害，由大气中的主要污染物臭氧所致。另外，二氧化硫、氮氧化物等气体和臭氧、过氧乙酰硝酸酯等气体单一或复合污染也可引发该病，且臭氧与二氧化硫复合污染有协同作用。

[发生规律] 烟草品种对该病的抗性有很大差异，国外引进品种如 K326、G28、G80 等普遍发病较重，国内烤烟品种云烟 87 和云烟 85 在河南省发生气候性斑点病较严重。烟株处于快速生长的时期最易感病，病斑通常首先出现在团棵期和旺长期烟株下部正在扩展的叶片的叶尖部分，并随着叶片生理成熟的叶位上移，发病叶位相应升到腰叶，顶部嫩叶和过熟的底脚叶一般很少发病，发病时期和病情程度分别与降温强度及晴雨骤变程度关系密切。若遇到连续低温、多雨、日照少、土壤水分含量高，烟草叶片细胞间隙充满水分，气孔张开，雨后骤晴等情况，病害有可能大发生。雷阵雨天气时发病也严重。另外，土壤湿度高，磷钾肥不足，氮肥偏多时，烟株发病较重。烟株感染烟草普通花叶病毒、烟草蚀纹病毒或马铃薯 Y 病毒等病毒后，也可加重气候性斑点病的发生程度。

[防治方法] ①选用抗病、耐病品种，如中烟 100、红花大金元、云烟 2 号、豫烟 6 号和豫烟 7 号等。②适当控制氮肥用量，增施磷、钾肥，提高烟株抗病的能力。③采用下列药剂可在一定程度上减轻发病程度，从团棵期起可用 1∶1∶200 波尔多液、80％ 代森锰锌可湿性粉剂 600 倍液、80％ 代森锌可湿性粉剂 600 倍液喷雾，每 7～10 d 喷 1 次，连喷 2～3 次。

## 二、烟草日灼病

烟草日灼病是一种生理性病害，在我国主要发生在中南部烟区，一般发生在 6 月中旬至 7 月下旬。叶片发生日灼后，受害严重的叶片采收前就已失去使用价值，受害较轻的叶片调制后也极易出现焦叶、花斑等，严重影响烟叶等级和质量。

[症状] 烟草日灼病多发生在中上部叶片受阳光直射的部位，灼伤部分的叶片先萎蔫，再青枯，似水烫状，然后褪绿呈黄白色斑块，并逐渐转红褐色枯焦状，随斑块的扩大连片，受伤叶片弯曲变形，甚至破碎穿孔（图 4-138），受害严重的烟田呈现火烧状（图 4-139）。

图 4-138　烟草日灼病叶片症状

[ 发生原因 ] ①太阳辐射强度大，环境温度高、湿度小，叶片蒸腾作用强，而烟草叶片水分补充不足，造成叶片水分严重亏缺，导致局部叶片细胞直接损伤、坏死，出现日灼现象。②太阳辐射强度大，环境温度高、湿度大，叶片蒸腾作用弱，导致叶片温度高而使叶片细胞损伤、坏死，出现日灼现象，此现象一般出现在连续阴雨天气突然转晴的情况下。

图 4-139　烟草日灼病大田症状

[ 防治方法 ] ①种植抗日灼能力强的烟草品种。②加强水分管理：干旱时及时浇水，为叶片补充水分；连续阴雨且雨量较大时，及时进行烟田排水，遇高温天气时可进行叶面喷水降温。③平衡施肥，增施有机肥，合理使用氮肥，均衡氮、磷、钾配比，切忌氮肥施用过量。④通过规范栽培、科学管理等措施，培育健壮烟株，增强抗日灼能力。烟草日灼病发生后，应及时采取对应措施进行补救，干旱天气出现的日灼应及时浇水，连阴雨后出现的日灼应及时在叶面喷施磷酸二氢钾等叶面肥，浇水或叶面喷肥应避开中午高温时段。

## 三、烟草冷害

烟草冷害由低温伤害造成，多发生在苗床期或大田移栽初期。

[ 症状 ] 受害的烟草叶片初呈水渍状，叶面凹凸不平、黄化。叶缘向上卷曲，类似猫耳朵，茎部症状表现为表皮收缩，然后水渍状逐渐干缩，变褐而

干枯。

[发生原因]烟草冷害是指 0 ℃左右的低温对植株产生的伤害。烟草本身是一种喜光喜温的植物，苗床期很容易受到冷害，苗床期最适宜温度为 18 ℃左右，在十字期前能耐 0 ～ 1 ℃的低温，十字期后 0 ℃的低温就可使幼苗叶肉组织及表皮受害，代谢平衡受到干扰，光合作用减弱，造成叶片失绿、萎蔫，甚至死亡（图 4-140）。

[防治方法]①烟苗在移栽前一周内要进行炼苗，使其逐渐适应外界环境。②培育壮苗，防止烟苗徒长，提高抗冻能力。③关注气象预报，特别是夜间的风雪情况，加强苗床的保温管理。④适时移栽。⑤平衡施肥，适量增施有机肥和磷、钾肥，提高烟苗的抗冻能力。⑥北方烟区，早春气温低，应采用地膜覆盖保温栽培。

图 4-140　烟草冷害症状

## 四、烟草雹害

冰雹是一种局部性的农业气象灾害，来势猛、强度大，一般伴有狂风，常给局部地区的农作物带来一定的损失。烟株所处的生育阶段不同，冰雹造成的烟叶损失程度差异很大。烟株前期受害，损失较轻；烟株后期受害，常造成产量、质量下降，甚至绝产（图 4-141）。

[症状]烟株遭受冰雹袭击后可导致不同程度的机械损伤，轻者叶片形成孔洞（图 4-142），重者叶片被砸成碎片，或叶片从茎上部被砸落，甚至茎秆一并被砸断。

图 4-141　成熟期烟田冰雹灾害

图 4-142　团棵期烟田冰雹灾害

[发生原因] 冰雹是离地面几百米高空的对流层在一定温度（10℃）下，积雨云上升凝成冰核，然后下滑，强气流又随之上升，反复 7 ～ 8 次，最后因冰核体积过大，气流承受不住而落到地面形成的。

[防治方法] 在受灾后应及时采取适当的补救措施，减少灾害所造成的损失。雹灾后应立即清除田间的断茎、碎叶。对烟叶破损严重的烟株，根据烟株生育期在烟株适当位置上选留一个未受害的芽，使之长成杈烟；进行浅中耕除草，适当追肥浇水，加强田间管理，尽量减少损失。

## 五、烟草旱害

烟草旱害是烟叶生产过程中重要的气象灾害之一，各烟区时有发生，是烟叶生产的严重障碍。

[症状] 在烟草生长中后期，若遇长期干旱，土壤水分亏缺，导致植株出

现萎蔫，叶色变黄，叶缘干枯，叶片比正常叶片竖直，上部叶片尤为明显。接近生长末期还未成熟的叶片，有时在叶脉间会发生许多大而红褐色的斑块，称为旱斑。病斑周围有黄色带环绕，黄带外缘渐次转为正常绿色。病斑数量多时连接成大且不规则的斑块，叶缘向下弯而死亡（图4-143）。

[发生原因] 旱害是烟草因长时间干旱又未及时灌溉所引起的伤害。其发生的原因主要是在土壤或大气干旱的条件下植物水分平衡遭到破坏。一般而言，各烟区以冬旱和春旱的发生频率最高，夏旱也偶有发生，所以在烟草整个生产季都应做好防旱抗旱工作。

**图4-143 烟草旱害田间症状**

[防治方法] 在干旱地区应选种抗旱性强的品种，平衡施肥，出现旱情及时灌溉。有条件的烟区可采用水肥一体化方式加强水肥管理。

## 六、烟草涝害

田间积水或土壤含水量过高对作物的危害，称为涝害。烟草是耐积水性较差的作物，烟田积水时间超过 24 h，就会引起黑胫病、青枯病等根茎类病害暴发，甚至导致烟株根系死亡，损失颇重。

[症状] 降雨引起烟田积水，烟株会突然萎蔫（图 4-144）。水淹后，由于根系的活力降低，吸收水分减少，先是下部叶片萎蔫下垂；如水淹持续，下部叶片会变黄，并很快变褐枯死，继而危及上部叶片。水淹若造成整个根系被毁时，根系变黑，整株萎蔫而后死亡（图 4-145）；若有少数烟根被毁，则只发生暂时性萎蔫。若受涝害的同时遇高温和强光照射，则会加速烟株死亡；若积水时间较短，仅少数下部叶受害，只产生暂时性萎蔫。气温较低时，水淹造成的危害较轻。

图 4-144　成熟期烟田涝害

图 4-145　烟田发生严重涝害后烟株枯死

[发生原因]地势低洼易积水、排水不良的烟田，暴雨过后往往会产生涝害。涝害多出现在降水频繁的季节。

[防治方法]移栽前平整土地，高起垄，烟田四周深挖排水沟，雨后及时排水。

## 七、烟草白化病

烟草白化病是一种遗传性病害，一般发生在苗床期至大田前期，发病后叶片白化，烟株顶端生长受阻，烟株矮小，病株基本丧失使用价值。此病在我国发病率很低，只在个别烟区零星发生，且此病不传染，整体危害性较小。

[症状]烟草白化病大多发生在叶片的局部，叶片半边、边缘或尖端部分白化，有时整片叶片白化，偶见整株白化，局部白化叶片白、绿分明，白化叶片纯白色至黄白色，白化部位不坏死、不枯萎，叶片大小及厚度无明显变化，但发病烟株顶端生长受阻，烟株矮小（图4-146）。

**图4-146　烟草白化病整株症状**

[发生原因]白化是烟株叶绿体结构变化和叶绿素合成受到阻碍的生理性病变，属于基因突变的遗传病。

[防治方法]烟草白化病属非侵染性遗传病，田间偶尔发生且不相互传染，不需也无法防治，发病后应尽早拔除病株，病株切忌留种。

## 八、烟草氮素营养失调症

[症状] 在大田条件下，氮是一种最常见的易缺乏的营养元素，从幼苗至成熟期的任何生长阶段都可能出现氮素的缺乏症状。烟草缺氮时由于蛋白质形成少、细胞分裂少，烟叶生长缓慢，与正常烟株相比，明显叶面积小、烟叶薄，同时会引起叶绿素含量降低，叶片失绿变淡变黄（图4-147）。烟株早期缺氮，下部老叶颜色变淡，呈黄色或黄绿色，并逐步向中上部叶扩展，后期烟株出现早花、早衰现象。严重缺氮时，烟株生长缓慢，植株矮小、节间距短、叶片小且薄，下部叶呈淡棕色，似火烧状，并逐渐干枯脱落（图4-148）。缺氮烟叶烤后叶薄色淡、油分较差，产量下降，烟叶内在化学成分不协调，品质不佳。氮素营养过剩时，植株生长迅速，叶片肥大而粗糙，含水量高，组织疏松，叶片深绿，烟叶工艺成熟期推迟，不能适时成熟落黄，叶片烘烤时易发生"黑暴"，使烟叶品质下降。当烤烟铵态氮过量时易引起烟叶中毒症状，具体表现为早期基部老叶叶缘出现不规则黄斑，叶脉间出现紫褐色水渍溃疡状斑块，后期底部和中部叶片除叶脉保持绿色外，其余组织失绿黄化，进而枯焦破损，叶片向背面翻卷。

图4-147　烟草缺氮植株与正常植株对比

图 4-148　烟草大田前期（左）和中期（右）缺氮症状

[发生原因] 烟草对氮素需求量大，而土壤条件不能满足其需要，如不施用氮肥或施氮较少，则可能出现缺氮症状，以下条件更易发生氮素失调症。①轻质沙土和有机质贫乏的土壤。②土壤理化性质不良，排水不畅，土温低，有机质分解缓慢的土壤。③施用大量新鲜有机肥，如绿肥及秸秆过量还田容易引起微生物大量繁殖，夺取土壤有效氮而引起暂时性缺氮。④田间杂草较多，易引起缺氮症。氮素过剩一般因为施用氮肥过量或对前作施用肥料氮残留量过高。

[防治方法] ①选用适宜氮肥形态，合理搭配，硝态氮肥是烤烟理想的氮肥形态，烟株吸收快、发棵早、前期生长好。但硝态氮不易被土壤胶体所吸附，故在雨量大的年份常有脱肥现象，所以除施用硝态氮肥外，还要配施一部分铵态氮等形态的氮肥，以便更好地发挥肥效。因此，缺氮时，可每亩施用硝酸铵或硝酸钾 10 ～ 15 kg，将肥料化水后打孔浇施到烟株附近土壤中，必要时也可以按照 0.2 % ～ 0.5 % 的比例兑水喷施叶面。②依据土壤供氮情况增施化学氮肥，在南方雨量偏多的地区氮肥容易流失，用量要相应提高，并适当增加铵态氮比例。③增施氮肥的同时，要配施适宜的磷钾肥以均衡供应烟株养分。④培肥地力，提高土壤供氮能力，对新垦、熟化程度低及有机质缺乏的土壤，要加大有机肥的投入。

## 九、烟草磷素营养失调症

[症状] 缺磷主要表现为烟株生长缓慢，株型矮小瘦弱（图 4-149），根系发育不良，根系量少，尤其是须根少，叶片较小、较狭长而直立，茎叶夹角变小。轻度缺磷时烟叶呈暗绿色，缺乏光泽；严重缺磷时下部叶片出现一些白色小斑点（图 4-150），后变为红褐色，连片后叶片枯焦，此症状与气候性

斑点病的症状有些类似，应注意从叶片组织分析和土壤化验分析方面予以鉴别。缺磷症状首先出现在老叶片上，逐渐向上部新叶发展。调制后的缺磷烟叶呈深棕色，油分少，无光泽，柔韧性差，易于破损。

图 4-149　烟草缺磷植株与正常植株对比

图 4-150　烟草缺磷植株下部叶片出现斑点

由于磷肥的利用率低，生产上磷过量的情况很少见。磷素过多时，烟株呼吸作用增强，消耗大量糖分及能量，因而烟株矮小、节间距过短、叶片肥厚密集、叶脉突出、组织粗糙。烘烤后，烟叶缺乏弹性及油分，易破碎，质量较差。此外，磷吸收过多会减少烟株对锌、铁、锰等微量元素的吸收，诱发这些元素的营养失调。

[发生原因] 除紫色土外，我国主要烟区的土壤都属于缺磷或低磷类型，土壤有效磷供应不足。缺磷是烟叶生产的主要限制因素之一。南方烟区黄壤、红壤等土壤本身含磷量较低，而且土壤 pH 较低，铁铝氧化物对磷的固定吸持能力较强，易形成无定型磷酸铁、铝盐，然后转化成晶质的磷铁矿、磷铝

石等；北方烟区的褐土、棕壤等土壤，由于石灰含量高、pH 较高，易发生磷的固持，磷酸根离子可与碳酸钙等作用，生成二水磷酸氢钙、无水磷酸氢钙、磷酸八钙和羟基磷灰石等难溶性磷酸钙盐，降低了磷素的有效性。

[防治方法] ①土壤有效磷含量越低，施用磷肥的肥效越明显，中性土及石灰性土壤（有效磷含量小于 5 mg/kg）和酸性土壤（有效磷含量小于 7 mg/kg）的烟田，应优先补充磷肥。②磷肥作基肥投入烟田，在施肥时应根据土壤有效磷情况，选择条施或穴施，氮磷比为 1∶1 或 1∶1.5。③缺磷时作根外追肥施用，要尽量增加与作物根系的接触面积，减少土壤对磷的固定作用。④磷肥要与有机肥料混合或与有机物料堆沤后施用，可以减少磷肥与土壤的直接接触面积，以提高其利用率。⑤发现缺磷时，可叶面喷施 1%～2% 过磷酸钙溶液，或叶面喷施 1%～2% 的磷酸二氢钾水溶液 2～3 次。

## 十、烟草钾素营养失调症

[症状] 烟株缺钾首先是下部叶的叶尖、叶缘处出现浅绿色或者杂色斑点，斑点中心部分随即死亡，呈"V"形扩展。然后，病斑继续扩大，许多坏死斑连接成枯死组织，即"焦尖""焦边"，随后穿孔，叶片残破。严重时，整个下部叶片呈火烧状，逐渐受害而枯落（图 4-151）。

图 4-151　烟草缺钾植株与正常植株对比

病株叶片的叶尖和叶缘组织停止生长，而内部组织继续生长，致使叶尖和外缘卷曲，叶片下垂。缺钾的症状往往先从下部叶片表现出来，然后向腰叶、上部叶发展，但顶芽和幼叶可以维持正常生长（图 4-152）。除此之外，缺钾的烟叶调制后组织粗糙，叶面发皱，而且燃烧性差。一般认为，钾素过量对烟叶产量和品质不会产生明显的不良影响，但会增加烟叶原生质的渗透性，使烤后的烟叶吸水量增大，易于霉变，不耐贮藏。

图 4-152　烟草大田期缺钾症状

[发生原因] 土壤钾素水平取决于含钾原生矿物和黏土矿物的种类和数量，我国钾素供应的水平，自南向北呈随纬度升高而升高的趋势。烟草当季所利用的钾主要是速效性钾，这一部分以交换性钾为主，也包括少量水溶性钾。烟草对钾的需要量常比氮、磷多，由于烟草叶片及植株不断从烟田中移除，造成土壤中的支出多于积累，常存在钾不平衡现象，若钾素长期得不到补充，则出现缺钾症状。我国南方烟区，除紫色土及由花岗岩、千枚岩轻度风化母质发育的土壤钾素养分较丰富外，一般土壤的供钾能力均较低。北方烟区由黄土母质发育的土壤及棕壤等，虽然含钾量较高，但土壤中碳酸钙、碳酸镁含量也较高，影响了烟株对钾的吸收。

[防治方法] ①烟草是喜钾作物，钾肥供应要充足，在土壤有效钾含量为80 ～ 100 mg/kg 时，可满足其他大田作物需求，但对烟草来说仍然需要补充适量钾肥，钾肥在施用中要忌用氯化钾，以防烟叶中氯含量过高而影响燃烧性。②针对土壤特点选择合理的施钾方法，钾肥应适当深施，既有利于烟草根系的吸收，也可以避免表土干湿交替所引起的钾素固定，在沙壤土中，应当加大追肥的比例，可以分次施用，以减少钾素的流失。③一般施氮肥过多，会加重缺钾症状，因此应控制氮肥施用量，同时配施一定量的磷肥，氮、磷、钾肥协调，才能更好地发挥钾肥肥效。④烟草缺钾症状出现时，可根据需要及时追施钾肥，每亩施入硝酸钾或硫酸钾 10 ～ 20 kg，中后期可叶面喷施1 % ～ 2 % 磷酸二氢钾或 2 % ～ 3 % 硫酸钾溶液。

## 十一、烟草镁素营养失调症

[ 症状 ] 当烟叶中镁含量在干物质中小于或等于 0.2 % 时，烟株表现出缺镁症状。缺镁症状通常在烟株较高大、生长速度较为迅速时才会出现，特别易发生在多雨季节沙质土壤的烟田中，且在旺长期最为明显（图 4-153）。缺镁时叶绿素的合成受阻，分解加速，光合作用强度降低。镁是叶绿素的组成成分之一，且在烟株体内易流动，所以缺镁时烟株的最下部叶片的尖端和边缘部分及叶脉间失去正常的绿色，多呈淡绿色至近乎白色，随后向叶基部及中央扩展，但叶脉仍保持正常的绿色，叶片呈网状（图 4-154）。即使在极端缺镁的情况下，下部叶片已几乎变为白色时，叶片也很少干枯或形成坏死的斑点。缺镁引起烟叶糖分、淀粉减少，有机酸增加，内在化学成分失衡。即使轻度缺镁，也会对烟叶产量和品质产生明显影响。缺镁的烟叶烤制后颜色深且不规则，叶片薄，缺乏弹性。

图 4-153　烟草缺镁植株与正常植株对比

图 4-154　烟草大田期缺镁植株与叶片症状

[发生原因] 土壤含镁量与土壤类型和降水量有关。南方紫色土虽处于多雨亚热带地区，但氧化镁含量较高，华南地区的花岗岩或片麻岩发育的红壤及华中地区第四纪红黏土，含镁量都很低。质地偏轻的沙页岩、河流冲积母质发育的土壤和有机质贫乏且 pH < 5.5 的土壤易于缺镁，此外长期不用或少用含镁肥料或过量施用磷、钾肥及含钙肥料都可能诱发缺镁。

[防治方法] ①烟草是需镁较多的作物，交换性镁含量少的土壤要及时补充镁肥，一般以补充硫酸镁为宜。②改善土壤环境，增施有机肥，对酸性较强的土壤，增施白云石粉提高土壤供镁能力。③采用土壤诊断施肥技术，平衡施肥。选择适当的镁肥种类，酸性土壤宜选用碳酸镁或氧化镁，中性与碱性的土壤宜选用硫酸镁。④缺镁时，可用 0.5 % ～ 1 % 的硫酸镁溶液进行 2 ～ 3 次叶面喷施，或每亩穴施硫酸镁 10 ～ 15 kg。⑤施用铵态氮肥时，可能诱发缺镁，因此在缺镁的土壤上应控制铵态氮肥的施用量，配合施用硝态氮肥。

## 十二、烟草铁素营养失调症

[症状] 缺铁症状：出现网纹状叶片，即叶片明显失绿变黄，但叶脉保持绿色，严重缺铁时烟株上部的幼叶整片黄化（图 4-155）。一般从顶部的嫩叶开始出现症状，而下部的老叶则仍保持正常状态。一般依据网纹状叶片判定是否出现缺铁症状（图 4-156），同时，依据烟株下部叶一般无症状的特点，与缺锰症状进行区别。田间诊断缺铁症状时，用 0.5 % 硫酸亚铁溶液喷施或涂叶 1 ～ 3 次，观察新叶是否再有此症状，老叶症状是否发展。

**图 4-155　烟草缺铁植株与正常植株对比**

图 4-156　烟草缺铁叶片症状

铁过量症状：铁过量易引起中毒症状，在中下部叶片的叶尖部位形成灰色斑点（烤烟）或紫色胶膜及深褐色斑点（雪茄包皮烟），上部烟叶失绿较轻，但有明显棕褐色斑块。

[发生原因] ①土壤 pH 过高，使铁水解沉淀或使低价铁转化为高价铁，从而降低了铁的有效性，这种情况多发生在石灰性土壤中。②重碳酸盐过量，一方面会提高土壤 pH，另一方面还会妨碍铁在植物体内的运输，并且会导致植物生理失调，使铁在植物体内失活，这种情况多发生在石灰性土壤和盐碱土中。③有机质过低或沙质土壤，有效铁含量低，作物吸收量不足。④土壤中磷、锰或锌含量过高可能引起缺铁，此外不合理施肥，尤其是磷肥施用过多也容易引起缺铁。

[防治方法] 对于缺铁的烟株，要补充施用铁肥予以矫正。①铁肥有两大类，一类是无机铁肥，另一类是有机铁肥。无机铁肥常用的品种是硫酸亚铁，此肥溶于水，但极易氧化，由绿色变成铁锈色而失效，所以应密闭贮存；有机铁肥常用的品种是有机络合态铁，采用叶面喷施是很好的防治缺铁失绿的方法。②硫酸亚铁或有机络合态铁均可配成 0.5 % ～ 1 % 的溶液进行叶面喷施，铁在烟株内移动性较差，叶面喷施时喷到的部位叶色较绿，而未喷到的部位仍为黄色，所以喷施时要保证喷施均匀且每隔 5 ～ 7 d 喷一次，连续喷2 ～ 3 次，叶片老化后喷施效果较差。③缺铁严重的地区，必须结合土壤状况施用铁肥，常用的铁肥有硫酸亚铁、磷酸亚铁铵、硫酸铁及人工合成络合铁，为提高土壤施用铁肥效果，可将铁肥与有机肥混合后穴施或条施。

## 十三、烟草硼素营养失调症

[症状] 缺硼症状：缺硼烟株矮小、瘦弱（图 4-157），生长迟缓或停止，生长点坏死（图 4-158），停止向上生长，顶部的幼叶呈淡绿色、基部呈灰白色，继而幼叶基部组织发生溃烂，幼叶卷曲畸形（图 4-159），叶片肥厚、粗糙，失去柔软性，上部叶片呈从尖端向基部作半圆式卷曲状生长，并且变得硬脆，其主脉或支脉易折断（图 4-160），维管束变深褐色（图 4-161），同时主根及侧根的伸长受抑制，甚至停止生长，根系数量明显减少，根系呈短粗丛枝状，颜色呈黄棕色，最后甚至枯萎。

硼过量症状：硼素过多会引起烟株中毒，表现为叶缘出现黄褐色斑点，然后叶脉间出现失绿斑块，进一步发展时，叶片枯死凋落。硼与根系发育关系密切，硼过量也影响根尖分生组织分化与伸长。

图 4-157　烟草缺硼植株与正常植株对比

图 4-158　烟草缺硼植株生长点坏死

图 4-159　烟草缺硼植株嫩叶畸形

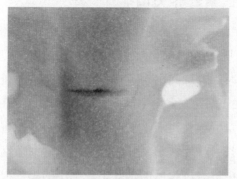

图 4-160　烟草缺硼植株叶脉折断

图 4-161　烟草缺硼植株维管束变褐色

　　[ 发生原因 ] 我国南方烟区土壤中硼含量较低，福建南部、江西南部、湖南南部及贵州北部烟区多是缺硼土壤区（水溶性硼小于 0.25 mg/kg），云南大部及四川西南地区大多是低硼土壤区，质地轻的沙土和淋溶性强的酸性土壤硼易淋失，紫色土和冲积性土含硼量也低。北方土壤因 pH 较高，呈石灰性反应，因硼易被吸附固定而引起植株缺硼。

[防治方法]①在缺硼土壤中种植烟草时要施硼肥矫正,生产中以施硼砂为主,用作基肥时每亩用量为 0.5 ～ 1 kg,肥效可维持 3 ～ 5 年。②喷施浓度为 0.1 % ～ 0.2 % 的硼砂溶液,每隔 7 ～ 10 d 喷一次,连续喷施 2 ～ 3 次,每亩用量为 100 ～ 200 g,硼砂溶解慢,应先用热水溶解后再兑足量的水施用。③土壤干燥是促使硼缺乏的因素,故遇到天气长期干旱时应及时灌溉烟田。④烟草含硼适宜范围小,适量与过剩的限值很接近,且施肥时极易过量,所以用量宜严格控制。

## 十四、烟草锰素营养失调症

[症状]缺锰症状:一般表现为新生叶叶片褪绿,脉间变成淡绿色至黄白色,而叶脉与叶脉附近仍保持绿色,脉纹较清晰,叶片易变软下垂(图4-162)。严重缺锰时,叶脉间出现黄褐色小斑点,进而斑点增多扩大,遍及整个叶片(图 4-163),且大多由上向下发展,最后出现在中下部叶片上。缺锰所致的叶斑与烟草气候性斑点病的叶斑类似,应注意进行区分。此外,缺锰烟株矮化,茎细长,叶片狭窄,叶尖叶缘枯焦卷曲。锰过量症状:当锰过量时,可能出现锰中毒。烘烤后的烟叶出现细小的黑色或黑褐色煤灰状小斑点,沿叶脉处排布,使叶片外观呈灰色至黑褐色,烟叶品质严重降低;中毒症状大多发生在中、下部叶片上。

图 4-162　烟草缺锰植株与正常植株对比

**图 4-163　烟草缺锰叶片症状**

[发生原因] 我国优质烟区主要位于富锰的酸性土壤区，但土壤 pH 小于 5.4 时可能出现锰过量而使烟株中毒的现象。黄淮烟区、关中烟区及沂蒙山烟区等北方烟区的石灰性土壤属于活性锰含量较低的土壤，其烟株均有缺锰可能（活性锰小于 100 mg/kg）。一般烟株缺锰现象在质地较轻、pH 较高、通透性良好的石灰性土壤中发生最为严重。

[防治方法] 烟草是需锰量较多而对锰又较敏感的作物，常用的锰肥有硫酸锰、氯化锰和硝酸锰等，当土壤中有效锰供应水平低时，需要补充锰肥。①作为大田基施，每亩用 1～2 kg 硫酸锰与干细土、有机肥或酸性肥混合后施用，可以减少土壤对锰的固定，能提高锰肥肥效。②根外追肥，叶面喷施硫酸锰或螯合态锰肥是矫正烟草缺锰常用的方法，也能提高锰肥的施用效果，通常配成浓度为 0.1%～0.2% 的水溶液，每 7～10 d 喷 1 次，连续喷施 2～3 次，每亩用量为 30～50 kg 含锰水溶液，但必须严格控制用量，以免烟株锰中毒而抑制生长。③在南方稻烟轮作地块，排水晾干后的稻田土壤处于好气条件下，锰呈四价，其有效性下降，要及时诊断，便于补施锰肥。

## 十五、烟草锌素营养失调症

[症状] 烟草缺锌症常发生在烟苗生长初期，表现为植株矮小，节间距缩短，顶叶丛生，叶面皱褶，叶面扩展受阻，叶片变小畸形，叶脉间褪绿呈现失绿条纹或花白叶，并有黄斑出现（图 4-164）。严重缺锌的烟株，顶叶簇生，叶片小而叶面皱褶扭曲，下部叶片脉间出现大而不规则的枯褐斑，枯褐斑的形成一般是下部叶片从叶尖开始呈水渍状，而后逐渐扩大，同时组织坏死（图 4-165）。有时沿叶缘出现"晕轮"。缺锌症有时易与缺钾症混淆，但缺钾症常局限于叶尖及叶缘部分，一般不腐烂。

图 4-164　烟草缺锌植株与正常植株对比

图 4-165　烟草旺长期缺锌症状

[ 发生原因 ] 我国缺锌烟区主要是北方石灰性土壤的烟区。黄淮烟区的褐土、潮土、棕壤及黄土母质发育的土壤等普遍缺锌；南方石灰土发育的土壤也缺锌，呈岛状零星分布；四川的碳酸盐紫色土亦属于缺锌土壤。

[ 防治方法 ] ①石灰性土壤有效锌小于 0.5 μg/g，酸性土壤有效锌小于 1 μg/g，都要补施锌肥予以矫正。②锌肥品种很多，硫酸锌最为常用，可随基肥施入，每亩随基肥施入量为 1～2 kg。③大田生长期发现缺锌症状，可采用叶面喷施方法补给，可喷施浓度为 0.1 %～0.2 % 的醋酸锌或硫酸锌水溶液，连续喷 2～3 次，每隔 7 d 喷一次。④根据土壤中磷素供应的情况适量施用磷肥，不能盲目多施，以防磷和锌间的拮抗作用诱发缺锌。

## 十六、烟草钼素营养失调症

[症状] 缺钼的烟株较正常烟株瘦弱，茎秆细长，叶片伸展不开，缺钼症状往往先出现在中、下部叶片上，叶片呈黄绿色，变小且厚，呈狭长形，叶面有坏死的斑点，叶间距比正常烟株的叶间距长（图4-166）。严重缺钼时叶片边缘向上卷曲，呈杯状。

图4-166　烟草缺钼植株与正常植株对比

[发生原因] 我国南方土壤虽然全钼含量较高，但土壤pH低，造成有效钼供应不足；北方石灰性土壤钼的有效性高，但黄土及黄河冲积物发育的土壤中钼含量较低，因此总的有效钼含量也不足。总之，在酸性土壤中的植株易出现缺钼症状，我国主产烟区的土壤大都缺钼或低钼，应适当补充钼肥。

[防治方法] ①土壤有效钼含量在0.15 mg/kg或烟叶中钼含量小于0.1 mg/kg，为缺钼的临界值，此时要补施钼肥加以矫正。②钼酸铵和钼酸钠是常用的钼肥，效果相似，用作基肥时每亩用量为50～100 g，将之拌细土10 kg，拌匀后施用。③也可采用叶面喷施，通常将钼酸铵或钼酸钠用少量热水（50℃）溶解，然后配制成0.02%～0.05%溶液，喷2～3次，每7～10 d喷一次。

## 十七、烟草钙素营养失调症

[症状] 钙在植物体内最难移动，是不能再利用的营养元素。因此，缺钙首先在新叶、顶芽及新根上出现症状。缺钙植株上部嫩叶卷曲、畸形，向下弯曲，叶尖端及边缘开始枯腐、死亡，停止生长（图4-167），在叶片没有完

全枯死之前呈扇形或花瓣形，同时卷曲变短窄，较老的叶片虽可保持正常形态，但叶片变厚，有时也会出现一些枯死斑点。在钙严重缺乏时顶芽和叶缘开始折断枯死（图4-168），在顶芽和叶缘枯死后，叶腋间长出的侧枝及顶芽也同样会出现缺钙症状。缺钙与缺硼的某些症状相似，容易混淆，但是缺硼叶片及叶柄变厚、变粗而脆，内部常产生褐色物质，维管束变深褐色，而缺钙则无此症状。

图 4-167　烟草缺钙植株与正常植株对比

图 4-168　烟草缺钙叶片坏死与畸形

[发生原因] 缺钙症状在田间不易见到，大多数土壤不缺钙。我国南方有较大面积的红壤和黄壤，在土壤 pH 过低的情况下，易淋失缺钙。土壤中过量施用氮、磷、钾肥，易发生拮抗作用，影响钙的有效性，从而导致缺钙。

[防治方法] ①在酸性土壤中施用石灰或白云石粉，强酸性土壤（pH 为 4.5～5.0）中，每亩施石灰 50～150 kg，一般酸性土壤（pH 为 6.0）中，每亩施石灰或白云石粉 25～50 kg。②碱性土壤施石膏，一般每亩施石膏

25～30 kg。③叶面喷施 1％～ 2％过磷酸钙或硝酸钙，每隔 7～10 d 喷 1 次，连续喷施 2～3 次。

## 十八、烟草硫素营养失调症

[症状] 缺硫症状首先在嫩叶片及生长点上表现出来（图 4-169），即嫩芽及上部新叶失绿发黄，叶脉也明显失绿，叶面呈均匀的淡绿至黄色，一般呈上淡下绿状态，随后黄化症状逐渐向老叶发展，直至发展到全株，叶尖下卷，叶面有时有凸起的泡斑（图 4-170）。烟株后期缺硫，除上中部叶片失绿黄化外，下部叶片早衰，烟株生长停滞，同时缺硫抑制烟株生殖生长，现蕾迟，有些甚至不能现蕾。硫含量过高使烟叶色泽黯淡，烟叶燃烧性变差，品质下降。

图 4-169　烟草缺硫植株与正常植株对比

图 4-170　烟草缺硫叶片黄化

[发生原因] 硫在烟草营养中的作用与氮、磷、钾同样重要。在烟草生产上，由于所施用的肥料一般含硫且烟草选择性吸收硫，缺硫对烟草生长及烟叶品质的影响在目前生产中尚不多见。相反，伴随着人们对钾肥重要性认识的提高及其他钾肥资源的限制，硫酸钾施用量越来越高，这容易给土壤带入过量的硫，加之过磷酸钙和有机肥中也含有一定量的硫，且干湿沉降也会带入部分硫，使得土壤及烟叶中硫含量不断提高。

[防治方法] ①烟叶缺硫时可施硫酸钾、硫酸锌等硫酸盐或过磷酸钙、石膏等，施用上述含硫肥后，一般不需再补施硫素营养。②温暖湿润地区土壤有机质少时，增施硫肥，一般可用石膏和硫黄，硫黄必须用作基肥，翌年可以不再施硫。③烟叶中硫含量过多，主要是目前烟田大量施用硫酸钾造成的，

应根据土壤及烟叶中的硫含量，采用减少硫酸钾用量或用硝酸钾替代硫酸钾的方式，减少烟叶硫过量现象的发生。

## 十九、烟草铜素营养失调症

[症状] 由于铜主要存在于烟株生长的活跃部位，铜的存在对幼叶和生长顶端影响较大。缺铜时烟株矮小，生长迟缓（图4-171），顶部新叶失绿，沿主脉及叶肉组织出现水泡状黄白斑点，呈透明状，无明显坏死斑（图4-172），连片后呈白色，最后干枯呈烧焦状，易破碎，上部叶片常形成永久性凋萎。

图 4-171 烟草缺铜植株与正常植株对比

图 4-172 烟草缺铜叶片症状

[发生原因] 我国土壤中一般含铜 3～300 mg/kg，平均含量为 22 mg/kg。土壤中铜达到 150～200 mg/kg 时为正常，高于 200 mg/kg 就可能出现毒害，烟叶含铜量小于 4 mg/kg 时就可能出现缺铜症状，我国烟田缺铜现象较少。土壤的铜含量常与其母质来源和抗风化能力有关。一般情况下，基性岩发育的

土壤含铜量多于酸性岩发育的土壤，沉积岩中以砂岩含铜最低，如南方发育于花岗岩的赤红壤、红壤及沼泽泥炭土、山区冷浸田和北方烟区的楼土和黄绵土等易出现缺铜现象。此外，有效铜含量还与土壤 pH 及有机质等有关，可用整合剂 DTPA 浸提铜，0.2 mg/kg 为缺铜土壤的临界值。

[防治方法]①只有在确实缺铜的土壤中才可施用铜肥，可在冬耕时施用适量含铜元素的肥料。②常用的铜肥为硫酸铜，用作基肥时每亩用量为1～1.5 kg，一次施用可持续 2～3 年。③叶面喷施可配制 1：1：200 的波尔多液，兼具杀菌作用。

## 二十、烟草常见药害及其预防

在烟叶生产过程中，因农药使用不当而引起的烟草生长发育不正常，如叶片出现斑点、黄化、凋萎、矮化、生长停滞、畸形，以及烟株死亡等，通称为药害。

[症状]烟草药害根据症状分为急性药害和慢性药害。

急性药害：急性药害一般发生很快，症状明显，在施药后 2～5 d 就会表现。急性药害症状主要有以下几种。

①灼伤、斑点：斑点型药害主要发生在叶片上，由于药害引起的斑点或灼伤与气候性斑点病及侵染性病害的斑点不同。药害造成的斑点在植株上分布不规律，而且药害斑点的大小、形状差异很大；而气候性斑点病和侵染性病害的斑点在植株上出现的部位比较一致，病斑具有发病中心，病斑的大小、形状基本一致。

②黄化：黄化型药害主要发生在叶片上，黄化型药害与营养元素缺乏引起的黄化不同。黄化型药害常由初期黄化逐渐变成枯叶。晴天高温时，黄化症状产生快；阴雨高湿时，黄化症状产生慢。营养元素缺乏引起的黄化与土壤肥力相关，一般表现为全田烟叶黄化。

③凋萎：凋萎型药害一般表现为整株枯萎，主要由除草剂引起。药害枯萎和病原性枯萎症状不同，药害枯萎没有发病中心，发生迟缓，植株先黄化后枯萎，并伴随落叶，输导组织无褐变；而病原性枯萎的发生多是由于根茎输导组织堵塞，且遇阳光照射，加之蒸发量大，从而先萎蔫后死亡，根茎输导组织有褐变。

慢性药害：一般施药后一周内不表现症状，而是通过影响烟草的光合作用、物质运输等生理生化反应，造成植株生长发育迟缓、矮化，叶片变小、扭曲、畸形，以及品质变差、烟叶色泽不均匀。主要有以下几种症状。

①生长停滞、矮化：药害引起的生长停滞常常伴随有药斑和其他药害症状，主要表现为根系生长差，发生不严重时，经过一段时间症状会减轻。缺素症的生长停滞表现为叶色发黄或暗绿，需要补充元素症状才能缓解。

②畸形：主要表现有卷叶、丛生。药害畸形与病毒病害畸形不同，药害畸形在植株上表现为局部症状，而病毒病畸形表现为系统症状，并伴随有花叶症状。

③产量降低、品质变差：植株发生药害后，一般烟叶色泽不均匀，同一叶片厚度差异大，导致有效产量降低，同时杂色烟叶比例较高，品质变差。

几种常见烟草药害见图 4-173 至图 4-178。

图 4-173　烟草草甘膦药害症状

图 4-174　烟草二氯喹啉酸药害症状

图 4-175　烟草仲灵异噁松药害症状

图 4-176　烟草菌核净药害症状

图 4-177　烟草辛硫磷药害症状

图 4-178　烟草乙草胺药害症状

[ 发生原因 ] 引发烟草药害的因素很多，包括农药施用方法、农药质量、烟草品种、烟草不同生育阶段、气候条件等。概括起来有以下几种。

不正确使用农药：①农药种类选用不当，错用乱用农药；②农药使用浓度不当，使用浓度越大，越容易产生药害；③农药稀释不均匀，喷撒到植株心叶、花等幼嫩部分，局部浓度过大，容易产生药害；④农药混用不当，两种以上的农药不合理地混合使用，不仅容易使药效降低，还容易产生沉淀等其他对植株产生药害的物质。

农药存在质量问题：①商品农药本身加工质量不合格，如农药加工所用原料不合格、工艺粗糙，乳化性差，乳油分层时上下层浓度不一致等容易产生药害；②农药已过有效期，农药贮存条件不合适，贮存时间过长，都容易使农药变质，不仅效果差，而且可能生成对植株有害的其他成分。

烟草品种、烟草不同的生育阶段对农药的敏感性：不同的烟草品种、同一烟草品种的不同生育阶段等因素，导致烟草本身对农药的敏感度存在差异。

一般来说，烟草苗床期、开花期及烟草幼嫩的组织部位对农药敏感，耐药性差，容易产生药害。

气候条件：施用农药时的温度、湿度等环境条件与药害的发生密切相关。一般气温升高，农药的药效增强，药害容易发生。晴天中午强日照容易使某些农药对植株产生药害。

药害的产生除上述农药、烟草本身、人为因素、环境因素外，还包括残留药害和飘移药害。残留药害是由于长期连续地使用某一种残留性强的农药，土壤中农药逐年积累从而产生药害；飘移药害是使用农药时，农药粉粒或者雾滴随风飞扬飘散到周围其他敏感作物上，从而产生药害。

[预防对策]虽然烟草药害的发生原因复杂，但只要坚持正确购买农药、科学合理用药、认真操作，药害是可以避免的。

正确购买农药：购买到质量合格的农药，不仅是确保药效的关键，也是避免发生药害的前提。与其他一些以收获果实为目的作物不同，烟草是以收获叶片为目的的，必须保证烟叶中农药残留量不超过国家或国际上规定的农药残留限量，保证烟叶优质。所以在烟草上允许使用的农药品种有严格的限制和标准。烟草行业发布的烟草农药合理使用意见中，详细规定了允许在烟草上使用的农药品种、暂停在烟草上使用的农药品种，以及禁止在烟草上使用的农药品种。购买农药时，要严格按照合理使用意见执行。

坚持科学、合理用药的原则：虽然造成烟草药害的原因很多，但最主要的原因是农药使用方法、使用量、使用时间不科学，且烟草品种、烟株生育阶段、天气条件也有一定的影响。为防止药害发生，必须坚持科学、合理的用药原则，要做到以下几点。

①选择正确的农药：明确农药的防治对象，做到对症下药，既保证药效，又避免药害发生。防治同一种病虫草害时，尽量选择两三种农药，交替使用，既可避免作物产生抗药性，又能避免同一种农药残留积累而产生药害。

②正确配制农药：商用农药标签都有详细的使用浓度、稀释方法，称取农药时要准确。在稀释过程中，尤其是可湿性粉剂，先用少量水把药剂溶解，再补足水量稀释到正确浓度。稀释农药用的水要干净，水质要好，可选用纯净井水或江、湖、河水等流动水，不能用污水或死水。

③科学合理地混用农药：应根据农药理化性质和防治对象，合理混用农

药，避免混用后不同药剂发生化学反应而形成沉淀、降低药效、产生药害等。

④连续用药时要严格遵守安全间隔期，避免药剂残留连续积累，发生残留药害。要选择科学的施药时间，详细了解农药的理化性质和对作物的生物反应等特性，正确掌握施药时间。施药一般在晴天无风的 8:00—11:00 或 15:00—19:00。要避开早、晚植株上的露水及中午高温强光的影响。早、晚露水容易降低药效，中午高温强光照射，植株蒸腾强，失水萎蔫，耐药力差，容易产生药害。施药也要避开大风天气，避免粉剂颗粒或液体雾滴随风飘散到周围植株上，造成飘移药害。

⑤使用正确的施药方法：要根据防治对象及发病特点确定施药方法。喷雾施用农药时要选择优质的喷雾器械，尽量选择喷头孔径小的喷雾器，这种喷雾器雾滴细小，在作物上分布均匀，不仅药效好，也可避免局部药滴浓度过大而造成药害。

⑥施药后的器械清洗、保管及剩余药液处理：施药用的喷雾器，配制药剂的量筒、水桶等器械，用后要用清水冲洗干净，尤其是施用除草剂的喷雾器要及时用清水浸泡、清洗，避免再喷其他药剂时因污染而造成药害，最好有专用的喷施除草剂的喷雾器。器械清洗干净后要妥善保存，放在儿童接触不到的地方。施药后剩余的药液尤其是除草剂药液，要妥善处理，切忌直接倒入烟田，同时也要避免与饮用水源、畜用水源接触。

总之，虽然农药能有效防治各种烟草病虫害，保障烟叶生产，但若使用不当，也容易发生药害。在烟叶生产中，要详细了解烟草的生育特性、病虫害发生的规律、农药的特性，做到科学合理用药，才能提高施药质量，降低成本，避免药害发生，确保烟叶生产安全。

# 第五章　临沧烤烟主要虫害的诊断与防治

# 第一节  烟草虫害概论

## 一、烟草害虫的概念

烟草生产中的害虫特指在烟草生产中取食烟草和传播烟草病害，并造成超过经济阈值的经济损失的昆虫、螨类和软体动物等。值得注意的是，能取食烟草的昆虫和其他动物很多，但未必都会造成经济损失，不造成损失的就不列为害虫。

## 二、烟草虫害的类别

### （一）按害虫的为害方式分类

1. 切根类害虫

切根类害虫的为害特点是将烟草根部切断，使烟草失水枯萎死亡。在烟草苗床期和移栽后至伸根期均可为害，其代表如地老虎、蝼蛄等。

2. 刺吸类害虫

刺吸类害虫的为害特点是吸食烟草汁液，使烟草营养缺乏，生长缓慢、卷缩等，部分害虫（如桃蚜）还可诱发烟草煤污病和传播多种烟草病毒病，比如桃蚜、烟粉虱、斑须蝽、稻绿蝽、烟盲蝽、蓟马等。

3. 孔洞、缺刻类害虫

孔洞、缺刻类害虫的为害特点是造成缺刻（叶片组织破碎）和孔洞，影响烟草的光合作用及产量和品质，其代表如烟青虫、棉铃虫、斜纹夜蛾、甘蓝夜蛾、蟋蟀、短额负蝗、金龟甲、人纹污灯蛾等。

4. 潜叶、蛀茎类害虫

潜叶类害虫潜入叶片取食叶肉，影响烟草的光合作用和品质等；蛀茎类害虫钻蛀到茎秆髓部，造成烟草失水萎蔫，甚至导致死亡。这两类害虫的代表如马铃薯块茎蛾、斑潜蝇、烟草蛀茎蛾等。

5. 食烟软体动物

食烟软体动物取食烟草幼苗和移栽前后的烟苗，造成叶片孔洞或缺刻，甚至导致烟苗死亡。被取食或爬行过的地方一般残留有黏丝状物。这类害虫的代表如野蛞蝓、黄蛞蝓、蜗牛等。

### （二）按为害部位分类

1.地下（食根茎）害虫

地下害虫一般为害烟草的地下部分，咬断烟草根部或近地茎秆，使烟草失水枯萎死亡。为害时期多在苗床期和移栽至团棵期。此类害虫如地老虎类、蝼蛄类、蛴螬类、金针虫类等。

2.地上（食叶）害虫

地上害虫为害烟草叶片，常造成缺刻和孔洞。吸汁类害虫常造成烟草营养缺乏，生长缓慢，同时传播病毒病。此类害虫如烟青虫、斜纹夜蛾、桃蚜等。

3.钻蛀害虫

钻蛀害虫的为害部位包括叶片和茎秆，潜叶类害虫潜入叶片取食叶肉，蛀茎类害虫钻蛀到茎秆髓部。这几类害虫如斑潜蝇、蛀茎蛾、潜叶蛾等。

### （三）按害虫为害时期分类

1.大田期害虫

大田期害虫在烟草生产的苗床期、大田期的育苗棚、露天环境为害烟草，造成烘烤前的烟叶损失。上述各类害虫中绝大部分都是大田期害虫，最为普遍的是蚜虫、烟青虫、地老虎、金龟子等。

2.仓储期害虫

仓储期害虫是指在烟草烘烤后存放，尤其是收购后集中库存期间为害商品烟叶的害虫，此类害虫主要是在存储烟叶的仓库、堆场中活动，常在墙角、缝隙、杂物、残存的烟叶、包装材料中隐蔽，如赤拟谷盗、烟草粉螟等。

# 第二节　临沧烟草的主要虫害与防治

## 一、地下害虫

### （一）地老虎

地老虎俗名"土蚕""地蚕"等。常见的有小地老虎、黄地老虎和大地老虎3种，以小地老虎和黄地老虎较多见。

1. 小地老虎对烟叶的为害特点

地老虎以低龄幼虫为害烟苗顶芽、嫩叶（图5-1），将烟苗心叶咬食成针孔状，将叶片咬食成排孔状；大龄幼虫白天潜伏于根部附近的土壤中，夜间出来咬食烟株茎基部，造成缺苗断垄。

图 5-1　小地老虎幼虫及危害状

图 5-2　小地老虎成虫

2. 小地老虎的主要形态特征

幼虫一般5～7个月变为成虫，成虫多数在杂草及蔬菜上产卵，很少在烟草上产卵，以幼虫的形态在土壤中越冬。成虫体长16～23 mm（图5-2），翅展42～54 mm，深褐色。前翅由内横线、外横线将全翅分为3段，具有显著的肾状斑、环形纹、棒状纹和2个黑色剑状纹；后翅灰色无斑纹。卵长0.5 mm，半球形，表面具纵横隆纹，初产乳白色，后出现红色斑纹，孵化前灰黑色。幼虫体长37～47 mm，灰黑色，体表布满大小不等的颗粒，臀板黄褐色，具2条深褐色纵带。蛹长18～23 mm，赤褐色，有光泽，第5～7腹节背面的刻点比侧面的刻点大，臀棘为短刺1对。

3. 小地老虎防治方法

①冬季深耕，消灭越冬虫源。

②大田期人工捕捉防治。

③喷粉防治：在苗床和大田进行地面喷粉，喷 2.5 % 敌百虫粉，每亩用量 1.5 ～ 2 kg。

④灌根防治：用敌百虫 600 ～ 800 倍液，灌到刚移栽的烤烟苗根周围的土壤中，每株灌 50 ～ 70 mL。

⑤毒饵防治：用 90 % 敌百虫 500 g，加水 2.5 ～ 3 L，喷拌碎鲜草或菜叶 40 ～ 50 kg，制成毒饵，每亩用量 15 ～ 20 kg，于傍晚撒入烟田中诱杀防治。也可在鲜桐叶上喷敌百虫 100 倍液，傍晚每亩烟田放 60 ～ 80 片桐叶毒杀幼虫。

## （二）蝼蛄

蝼蛄俗称"土狗"等（图 5-3）。

1. 为害特点

蝼蛄以成虫和若虫在土表下穿行活动，能形成纵横交错的隧道，使作物根部与土壤分离，致使作物枯萎；同时又取食播下的种子和幼苗的茎基部，造成直接虫害，烟株被害部位呈乱麻状。

2. 形态特征

（1）东方蝼蛄

东方蝼蛄成虫体长 29 ～ 31 mm，淡黄褐色，前足开掘式，腿节内侧外缘缺刻不明显，后足胫节背侧内缘有刺三四根。卵呈椭圆形，长 1.6 ～ 2.8 mm，初产时乳白色，后变为黄褐色。若虫初孵时乳白色，复眼淡红色，以后体色逐渐加深。若虫期共 8 ～ 9 龄。

图 5-3　蝼蛄

（2）华北蝼蛄

雄成虫体长 36 ～ 55 mm，雌成虫体长约 45 mm。虫体黄褐或黑褐色，全身生有黄褐色细毛，与东方蝼蛄的主要区别是前足腿节内侧外缘缺刻明显，后足胫节背侧内缘有刺 1 根或消失，卵呈椭圆形，长 1.71 mm 左右，初产乳白色，孵化前变为深灰色。若虫形似成虫，但翅未发育完全。

3. 防治方法

①秋冬季深耕起垄，杀伤土壤中的虫卵、幼虫和蛹。

②人工捕杀：每天清晨在新被害烟株附近土中捕杀幼虫。

③毒饵诱杀：用 90 % 敌百虫 500 g 兑水 15 L，溶解后拌入 40 ～ 50 kg 麦麸或豆饼中，堆闷片刻制成毒饵，傍晚每亩烟田撒施 2 ～ 2.5 kg 诱杀防治。

④药剂防治：用 40 % 甲基异硫磷灌根防治。

⑤趋性诱杀：利用其趋粪、趋光性，采用田边挖坑堆粪捕捉或灯光诱杀。

## （三）金针虫

1. 为害特点

金针虫是叩头虫的幼虫（图 5-4），有沟金针虫、细胸金针虫和褐纹金针虫三种，其幼虫统称金针虫，其中以沟金针虫分布范围最广。该虫为害烟草根、茎基部，取食有机质。为害时，可咬断刚出土的幼苗，也可外入已长大的幼苗根里取食为害，烟株被害处不完全咬断，断口不整齐。该虫还能钻蛀较大的种子及块茎、块根，蛀成孔洞，被害株则干枯而死亡。

图 5-4 叩头虫幼虫

2. 形态特征

金针虫成虫一般颜色较暗，体形细长或扁平，具有梳状或锯齿状触角。胸部下侧有 1 个爪，受压时可伸入胸腔。当金针虫仰卧时，若突然敲击爪，金针虫即会弹起，向后跳跃。幼虫呈圆筒形，体表坚硬，蜡黄色或褐色，末端有两对附肢，体长 13 ～ 20 mm。根据种类不同，幼虫期 1 ～ 3 年，蛹在土中的蛹室内，蛹期大约 3 周。

3. 防治方法

①用 40 % 拓达毒死蜱 100 倍液进行拌种。

②苗床期可用 40 % 的拓达毒死蜱 1 500 倍液或 40 % 的辛硫磷 500 倍液与适量炒熟的麦麸或豆饼混合制成毒饵，于傍晚顺垄撒入烟草根部，利用地下害虫昼伏夜出的习性，即可将其杀死。

③搭配玉米可选用包衣种子，搭配小麦可用 40 % 异柳磷 100 mL 加水 2.5 kg 拌种 50 kg。

### （四）铜绿丽金龟

1. 为害特点

铜绿丽金龟（图 5-5）属鞘翅目，丽金龟科，云南各烟区均有分布，主要以成虫为害烟叶。成虫取食烟叶，造成孔洞、缺刻，严重时把叶片全吃光，仅剩下叶脉，有的生长点也被吃光，被迫重栽（图 5-6）。幼虫在土壤中活动，虽然可以咬食寄主植物根皮，但一般对烟草危害甚微。该虫除为害烟草外，还为害棉花、大豆、麦类、玉米、高粱、甜菜、向日葵、马铃薯、花生、瓜类、桃、李、梨、苹果等草本、木本经济植物和禾本科杂草。

图 5-5　烟草铜绿丽金龟

图 5-6　烟草铜绿丽金龟危害

2. 形态特征

成虫：体长 8～21 mm，宽 8.3～12 mm，体铜绿色，具光泽；腹背深褐色，露出腹面的部分黄褐色；鞘翅每侧有 4 条纵肋，肩部有疣突；前足胫节有 2 外齿，触角黄褐色，9 节，末端 3 节片形。幼虫：体长 30～33 mm；头部前顶毛每侧 6～8 根，成一纵列，肛腹片后部腹毛区刺毛列由长针状毛组成，两侧刺毛尖相遇或交叉。

3. 防治方法

①诱杀成虫：在傍晚于烟田内插上数丛新鲜核桃树枝，也可插桃树、梨树、石榴树等树枝，在树枝上喷洒 90% 敌百虫 800 倍液，诱杀成虫效果好。

②人工捕杀：在夜间用手电和火光进行捕杀。

③在傍晚，用 90% 敌百虫 800 倍液，或 50% 敌敌畏 1 000 倍液，或 90% 万灵可湿粉剂 3 000 倍液，或 2.5% 敌杀死 3 000 倍液，或 1% 印楝素叶面喷雾，让其咬食后中毒死亡。

④烟叶采收后，反复翻犁地块，消灭幼虫和蛹，减少越冬虫源。

## 二、地上害虫

### （一）烟青虫

1. 为害特点

烟青虫是烟草夜蛾的幼虫（图 5-7）。在烟株现蕾以前，烟青虫以幼虫集中取食心芽及顶芽嫩叶，造成大小不等的孔洞、缺刻（图 5-8），严重时把叶片吃光，仅留叶脉。有的烟青虫蛀食烟茎，造成上部萎蔫；有的烟青虫在留种地烟株现蕾后，蛀食花蕾及果实，造成留种困难。

2. 形态特征

该虫虫态名为成虫、卵、幼虫、蛹。成虫：体长 15～18 mm，翅展 27～35 mm，雌虫黄褐色，雄虫黄绿色。前翅具 3 条黑褐色波状细横纹，内横线及中横线间有一黑褐色眼状环纹，中横线上半分叉为 2 条，在分叉之间有一肾状褐纹，外横线外方有一个较宽的褐色带，外缘有黑点 1 列，后翅外缘有一粗黑色带。幼虫：老熟幼虫头部黄褐色，体黑绿色、绿色或褐色，因食料不同及环境影响而异，夏季多为青绿色，秋季多为红黑或暗褐色。胸部每节有黑色毛片 12 个，腹部除末节外，每节有黑色毛片 6 个；前胸气门前方的一对刚毛的连线不接触气门下缘。

图 5-7　烟青虫　　　　图 5-8　被烟青虫为害的烟株

3. 防治方法

①冬耕灭蛹：烟青虫以蛹在土中越冬，及时冬耕可以通过机械杀伤、暴露失水、恶化越冬环境等达到灭蛹的目的。

②捕杀幼虫：在幼虫为害期，应经常到烟田检查新叶、嫩叶，如发现有新鲜虫孔或虫粪时，找出幼虫杀死。

③诱捕成虫：利用杨树枝或性诱剂诱杀成虫。性诱剂（诱芯）的使用方法为：在成虫始盛期，每亩设置 1 ～ 2 个直径为 35 ～ 40 cm 的水盆诱捕器，诱捕器放置在简易三脚架上，略高出烟株。水中加少许洗衣粉，诱芯悬挂在水盆中上部距水面 1 ～ 2 cm 处。诱芯的有效期为 20 d 左右。

④化学防治：幼虫 2 龄盛期以前，用 50 % 辛硫磷乳油 1 000 倍液或 4.5 % 高效氯氰菊酯 2 000 倍液、50 % 西维因可湿性粉剂 800 ～ 1 200 倍液喷雾。

⑤生物防治：幼虫孵化盛期，喷施可湿性粉剂（每克含 1 亿活孢子），每亩 250 ～ 500 克兑水喷雾，或使用棉铃虫核多角体病毒制剂。

**（二）棉铃虫**

1. 为害特点

烟青虫和棉铃虫为杂食性（或称多食性）害虫，寄主包括烟草、棉花、辣椒、番茄、马铃薯、玉米、大豆、豌豆等 70 余种植物。两虫常混合发生，并均以幼虫咬食和钻蛀为害。就其对烟草的危害来说：在烟株现蕾前，主要危害心芽和嫩叶，造成缺刻或孔洞，甚至把叶肉吃光，仅留叶脉；在留种烟株现蕾后，则主要侵害蕾、花、蒴果，有时还能钻入嫩茎蛀食，造成上部幼茎、嫩叶枯死。

2. 烟青虫和棉铃虫的形态特征区分

烟青虫和棉铃虫在昆虫分类上属于同属不同种（近缘种），两者形态、大小及色泽都极为相似，不易区分。烟青虫成虫为体长 15～18 mm、翅展 27～35 mm 中型略偏小的黄褐色蛾子。烟青虫蛾子体色较黄，前翅斑纹清晰；前翅中横线向后斜伸，但不达环形纹正下方；外横线较直，仅达肾形斑边缘。卵粒半球形，高小于宽，稍扁；卵孔明显；表面纵纹双序式，一长一短，纵棱不达底顶部。老熟幼虫体长 31～41 mm，体色随食料及季节而变化，一般夏季多为绿色或青绿色，秋季多为红色或暗褐色，体背常散生白色小点。上有 1 条背线，较透明，两根前胸侧毛连线远离前胸气门下端。棉铃虫蛾子体色较褐，前翅斑纹较模糊；前翅中横线由肾形斑下斜，末端达环形纹正下方；外横线后伸，达肾形斑正下方。卵粒亦呈半球形，但高大于宽；卵孔不明显；表面有纵纹，纵棱达顶部。老熟幼虫体长与烟青虫的相近，体色亦随食料、季节而变化，有绿色、淡绿色、黄白色、淡红色 4 种类型；体背线、亚背线和气门上线均呈深色纵线；两根前胸侧毛连线与前胸气门下端相切或相交（图 5-9）。

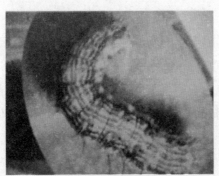

图 5-9　棉铃虫幼虫

3. 防治方法

烟青虫和棉铃虫的防治策略和措施相同，应采取农业防治与药剂防治相配合，积极创造条件开展生物防治的综合防治措施。具体应抓好下述环节。

①农业防治：在两虫常发的地区，应扩大秋冬深翻或春灌，可有效切断蛹的羽化道，减少以至消灭越冬虫源；结合打顶抹杈等农事操作，消灭虫卵；苗床期于早晨或阴天，当看到有新鲜虫粪时可捕捉或让家禽啄食之。

②诱杀或驱避成虫：在成虫盛发期，选取带叶杨柳或香椿枝，剪取长约

33 cm，每 10 枝为 1 束，绑挂竹竿上，插于烟田中（每公顷 300 束），高出烟株，每天清晨用塑料袋套住枝把，抖出成虫或用网捕杀之；在田间设黑光灯诱杀蛾子（每 3.33 公顷地设灯 1 盏）。

③生物防治：在成虫产卵高峰后幼虫低龄期，连续 2 次（隔 3 ～ 4 天 1 次）喷施 BT 乳油（300 倍液 +0.1 % 洗衣粉）或棉铃虫核型多角体病毒，或杀螟杆菌菌粉（每克不低于 100 亿活孢子）300 ～ 600 倍液，或青虫菌粉（每克超过 48 亿活孢子）400 ～ 500 倍液，可使幼虫大量死亡。有条件时，释放寄生蜂或草蛉，每代放赤眼蜂 3 ～ 4 次（每公顷单次 2.25 万头）。

④药剂防治：喷药要掌握卵孵化盛期至 2 龄幼虫盛期。药剂可选 90 % 敌百虫晶体或 50 % 杀螟硫磷、50 % 辛硫磷、25 % 杀虫畏乳油 1 000 倍液，或 2.5 % 敌杀死乳油 2 500 ～ 3 000 倍液，20 % 灭扫利乳油 5 200 ～ 3 500 倍液，20 % 灭扫利乳油 2 500 ～ 3 500 倍液，或 2.5 % 功夫菊酯乳油 3 000 ～ 5 000 倍液，或 5 % 来福灵乳油 3 000 ～ 4 000 倍液，或 5 % 百事达乳油 2 200 ～ 2 800 倍液，交替或混合喷施，一般喷 1 ～ 2 次，隔 5 ～ 10 天 1 次，喷匀喷足。

### （三）野蛞蝓

1. 为害特点

野蛞蝓是一种喜阴喜湿的软体动物（图 5-10），在云南各烟区均有分布。该害虫在烟草苗床期为害重，可造成缺苗。苗床期为害，使叶片出现孔洞，严重的会吃掉生长点。在团棵期及其后期为害，烟株下部叶片出现孔洞。成体、幼体喜阴暗、潮湿、多腐殖质的环境，白天隐蔽，傍晚至次晨或阴雨天外出活动，取食烟叶，爬过的地方留有白色痕迹。除为害烟草外，该虫还为害棉花、麻、蔬菜、甘薯、大豆、绿肥等作物。

图 5-10　野蛞蝓及为害症状

2. 形态特征

成虫体长 20 ~ 25 mm，虫体光滑柔软，无外壳，全身黑褐色或灰褐色。肌肉组织的腺体能分泌黏液，覆布体表。雌雄同体。卵呈椭圆形，长 2.5 mm。白色透明，可见卵核，黏结成堆。幼体形似成体，全身呈淡褐色。

3. 防治方法

①选择地势较高，排水良好，远离油菜、蚕豆等作物的地块育苗或栽植。

②及时铲除田间地头的杂草，清除野蛞蝓的滋生场所。

③在苗床或烟田四周于傍晚撒石灰粉，每亩 5 ~ 7.5 kg。

④必要时于傍晚喷洒灭蛭灵 900 倍液，每亩喷洒兑好的药液 75 L。

⑤于傍晚撒菜叶用作诱饵，翌晨揭开菜叶捕杀。

⑥提倡施用 6 % 密达杀螺颗粒剂，每亩用药 0.5 ~ 0.6 kg，拌细沙 5 ~ 10 kg，均匀撒施，用药时间以种子发芽时或苗床期为害初期为宜，最好在雨后或傍晚。施药后 24 h 内如遇大雨，药粒易冲散，需酌情补施。

**（四）桃蚜**

1. 为害特点

桃蚜又名烟蚜，俗名"腻虫"，是烟田发生的最主要害虫，危害严重（图 5-11）。桃蚜在田间的为害分直接为害和间接为害两种形式：直接为害是利用其刺吸式（针状）口器吸食幼嫩烟叶汁液，同时分泌出一种甜而黏的蜜露污染烟叶，诱发烟叶煤污病，使烟叶表面变黑，造成烟叶品质下降；间接为害是传播烟草黄瓜花叶病毒病等多种病毒病害（图 5-12）。有翅蚜是传播的主要媒介。蔬菜、杂草和其他农作物是烟草黄瓜花叶病等多种病毒病的毒源植物，由这些植物上迁入烟田的有翅蚜是造成烟田发生花叶病等多种病毒病害的主要原因。

**图 5-11 烟草蚜虫幼虫**

图 5-12　桃蚜为害症状

2. 形态特征

卵：椭圆形，长 0.44 mm；初产时淡黄色，后变黑色，有光泽。

无翅孤雌胎生蚜：体长 1.5～2.0 mm，呈长卵圆形，体色有绿、黄绿、暗绿、赤褐等多种颜色。

有翅孤雌胎生蚜：体长约 2 mm，头部黑色颚瘤显著，向内倾斜。胸部黑色，腹部绿色或黄绿色。

3. 防治方法

①早春治蚜：为了避免桃蚜为害烟草，可在早春结合桃树的正常管理，在卵孵化后、桃叶未卷叶之前，防治桃树上的蚜虫，以减少迁移蚜的数量，减少烟田的蚜源。

②苗床驱蚜：苗床期，可利用银色薄膜驱避蚜虫，以减少移栽时带毒不显症的烟苗。

③打顶抹杈：及时打顶抹杈，恶化桃蚜的食物条件，促使无翅蚜转变为有翅蚜迁出烟田。

④药剂防治：及时的打顶抹杈也可防治大田期的桃蚜为害。在田间蚜量上升阶段进行药剂防治，用 5％吡虫啉乳油 1 000～1 200 倍液、3％啶虫脒乳油 1 500～2 500 倍液、50％辟蚜雾可湿性粉剂 3 000～5 000 倍液等药剂进行喷雾。药剂防治时，一定要注意施药质量，喷雾时一定要喷洒均匀，对所有桃蚜寄生叶片都要进行喷施，以保证防治效果。

**（五）烟草斜纹夜蛾**

1. 为害特点

烟草斜纹夜蛾也叫莲纹夜蛾，是一种食性很杂的暴食性害虫，初龄幼虫群集在叶片上，取食叶肉，剩下叶脉和表皮，使叶片呈细网状；大龄幼虫取食叶片，造成叶片缺刻或孔洞，严重时将叶片吃光，仅留叶脉，对烟叶产量造成严重的损失（图5-13）。

图5-13　烟草斜纹夜蛾为害症状

2. 形态特征

成虫：体长16～20 mm，前翅灰褐色，内横线及外横线灰白色，呈波浪形，环纹与肾纹之间有3条白线，组成明显较宽的斜纹，自基部向外缘有1条白纹。

幼虫：体长35～47 mm，头部黑褐色，胸腹部颜色变化较大，虫口密度大时体黑褐色，数量少时多为土黄色或淡绿色。成熟幼虫中胸至第9腹节背面各有近似半月形的三角形黑褐色斑1对，各气门前上方或上方各有1个黑褐色不规则斑点。

3. 防治方法

斜纹夜蛾的发生、为害，受气候、土壤、寄主植物、天敌和人为措施等诸多因素的影响。其生长发育最适温度为25～30℃。水肥条件好、烟叶生长茂密的田块，虫口密度一般较高。初孵幼虫如遇暴雨冲刷会大量死亡，田内较长时间积水亦对蛹存活不利。如果烟田附近种有花生、红薯、十字花科蔬菜、芋头等寄主作物，会使虫源大增，可能暴发成灾。

防治措施如下。

①成虫发生期：在田间设置黑光灯、杨树枝或糖醋液诱杀成虫。

②摘除有卵块和初孵幼虫的叶片并集中销毁。

③在3龄幼虫以前，用50％辛硫磷乳油1 500倍液或90％晶体敌百虫1 000倍液，或2.5％敌杀死乳油3 000倍液、5％高氯-甲维盐微乳剂3 000～3 500倍液均匀喷雾。

### （六）斑须蝽

**1. 为害特点**

成虫和若虫在顶心嫩叶、嫩茎、花、嫩果上刺吸汁液，严重时导致烟株顶部叶片或整个心叶萎蔫下垂，后变褐枯死，停止生长，影响烤烟产量及品质（图5-14）。

图 5-14　斑须蝽为害症状　　　　图 5-15　斑须蝽

**2. 形态特征**

成虫：体长 8～13.5 mm，宽约 6 mm，椭圆形，黄褐或紫色，密被白绒毛和黑色小刻点；触角黑白相间；喙细长，紧贴于头部腹面；小盾片末端钝而光滑，黄白色（图5-15）。

**3. 防治方法**

①冬季清除杂草和残枝叶，冬耕整地，消灭越冬虫源。

②产卵盛期仔细观察，及时消灭卵块和初孵化若虫。

③成虫为害盛期及时打顶，减少营养源。

④选用 80% 敌敌畏乳油 800 倍液、2.5% 功夫菊酯乳油 3 000 倍液、20% 灭扫利乳油 3 000～4 000 倍液等喷雾防治。

### （七）稻绿蝽

**1. 为害特点**

稻绿蝽在云南省各烟区均有发生，近年来对烟草的为害逐渐加重。稻绿蝽主要为害团棵至旺长期烟株，以成虫和若虫刺吸烟草嫩叶、嫩茎、花蕾及嫩果实的汁液。烟株被害后，叶片变黄、凋萎，顶部嫩梢萎蔫、烟株生长迟缓，严重时影响烟株生长，导致产量、品质下降。寄主除了烟草还有水稻、茭白、大麦、小麦、柑橘及禾本科杂草等。

2. 稻绿蝽的形态特征

成虫：体长 12 ～ 15 mm，宽 6 ～ 8.5 mm，全体青绿色，复眼黑色。小盾片长三角形，末端超出腹部中央，其前缘有 3 个横列的小黄白点。前翅长于腹末，爪末端黑色（图 5-16）。

卵成块，常 2 ～ 6 行。卵粒呈圆筒形，初产淡黄色，将孵化时红褐色。若虫共 5 龄，酷似成虫。初孵化时黄红色，末龄若虫绿色，但前胸和翅芽的侧缘淡红色，腹部各节边缘有半圆形红斑，触角和足红褐色，腹背正中有 3 对纵列白斑。前胸背板和小盾片上各有 4 个小黑点，排列成梯形。前翅芽中央和内侧各有 1 个小黑点。

图 5-16　稻绿蝽

3. 防治方法

①合理轮作布局，避免烟田与水稻、茭白等作物进行邻作。

②加强田间管理，清除田边杂草，搞好水稻、小麦、蔬菜等其他寄主植物的防治，防止稻绿蝽向烟田迁移扩散。

③在成虫产卵盛期，摘除卵块、捏杀初孵化而尚未分散的若虫；在为害盛期捕杀成虫和若虫。

④保护稻蝽小黑卵蜂、沟卵蜂等稻绿蝽的天敌，充分发挥天敌对稻绿蝽的控制作用。

⑤化学防治：在卵孵化至3龄若虫的高峰期，可选用2.5％功夫菊酯乳油1 500～3 000倍液、2.5％敌杀死乳油1 500～3 000倍液、5％来福灵乳油1 500～3 000倍液、40％辛硫磷乳油1 000～2 000倍液等药剂进行喷雾防治。

**（八）烟盲蝽**

1.为害特点

烟盲蝽（图5-17）在云南省各烟区均有发生，以成虫、若虫为害烟草嫩茎、叶片、蕾、花等，刺吸烟叶组织汁液，被害叶片失绿，出现小斑点，严重时叶片干枯破裂，影响烟叶品质。该虫还能传播茸毛烟草斑驳病毒，常取食桃蚜低龄若蚜等小型昆虫。除为害烟草外，该虫还可为害芝麻、胡麻、蒲瓜、泡桐等。

图5-17　烟盲蝽

2.形态特征

成虫：体长3～4.8 mm，细长，纤弱，黄绿色。头呈圆形，眼后细缩似颈，后缘黑褐色，中叶黑褐色突出。喙伸达后足基节。复眼大，黑色。前胸背板前缘具有宽"颈"黄白色，后侧角钝圆，向侧方突出，后缘前拱。中胸小盾片明显，倒梯形，绿色或淡黄色，末端黑褐色。前翅半透明，革片顶角及楔片顶角色较深，膜片白色透明。足细长。

卵：呈香蕉形，灰白色。

若虫：共5龄，1龄体呈黄色或橙色，2～5龄虫体呈深绿色，翅芽随龄期而增大。

3.防治方法

烟盲蝽的发生与烟草品种、烟田周围植被情况等有关，一般在白肋烟上的发生量较大，而在香料烟上发生较少。周围种植有芝麻、泡桐等寄主的烟田和杂草较多的烟田发生较重。

①在秋冬季拔除烟秆、清除宿生烟株，搞好田间卫生、拔除田间杂草，铲除越冬寄主，减少越冬虫源。

②化学防治：在烟盲蝽成虫、若虫的发生高峰期，用40％乐果乳油1 000倍液、5％来福灵乳油2 500～3 000倍液、2.5％敌杀死乳油2 500倍液喷雾防治。

### （九）烟蓟马

1. 为害特点

烟蓟马为害烟草叶片、生长点及花器等。为害叶面时，使叶面出现灰白色细密斑点或局部枯死，影响生长发育；取食生长点常形成多头烟；危害花蕊及子房则严重影响种子的发育和成熟。

2. 形态特征

成虫：雌成虫体长1.1 mm左右（图5-18），细长而扁平，黄褐色，翅脉退化，前后翅边沿有细长缨毛。雄虫无翅。

若虫：初龄长约0.37 mm，白色，透明，2龄时体长0.9 mm左右，黄色或深黄色。2龄若虫成熟后入土蜕皮1次变3龄若虫（前蛹），再蜕皮1次变为4龄若虫（伪蛹），伪蛹形似若虫，但具明显翅芽，此与1、2龄若虫有别。

图5-18　烟蓟马

卵：呈肾形，长0.2 mm。

3. 防治方法

①消灭越冬虫源：结合防治烟草其他害虫，抓好烟田及其周围田块中的杂草、枯枝落叶的清除工作，有助于减少或消灭越冬虫源。

②防治好早春寄主作物（如葱、蒜等）上的蓟马有助于减少春季虫源对

烟苗及大田成株的危害。

③药剂防治：若虫盛见期喷施10％吡虫啉可湿粉1 500～2 000倍液，或5％锐劲特悬浮剂2 500倍液，或10％除尽乳油2 000倍液，或1.8％阿维菌素乳油或爱福丁乳油3 000倍液，或44％速凯乳油1 500倍液，或25％阿克泰水分散粒剂4 000～7 000倍液，或50％辛硫磷乳油1 000倍液，或10％安绿宝乳油5 000～7 000倍液，或90％万灵粉4 000倍液等1～2次，隔7～10天1次，交替施用，喷匀喷足。

### （十）烟粉虱

#### 1. 为害特点

烟粉虱的为害特点主要有三个方面：一是以成虫、若虫刺吸植物汁液，造成寄主营养缺乏，影响正常的生理活动，使受害叶片褪绿萎蔫直至死亡；二是其若虫和成虫分泌的蜜露还能诱发煤污病，严重时叶片呈现黑色，影响光合作用和外观品质；三是成虫可作为植物病毒的传播媒介，传播病毒病，可在多种作物上传播数十种以上的植物病毒病，其中烟草曲叶病毒病就是由烟粉虱传播的。

#### 2. 形态特征

成虫：体长1 mm，白色，翅透明，具白色细小粉状物（图5-19）。蛹长0.55～0.77 mm，宽0.36～0.53 mm。背刚毛较少，4对，背蜡孔少。头部边缘圆形，且较深弯。胸部气门褶不明显，背中央具疣突2～5个。侧背腹部具乳头状突起8个。侧背区微皱不宽，尾脊变化明显，瓶形孔大小为（0.05～0.09）×（0.03～0.04）mm，唇舌末端大小为（0.02～0.05）×（0.02～0.03）mm。盖瓣近圆形。尾沟0.03～0.06 mm。

图5-19　烟粉虱

3.防治方法

①培育无虫苗：育苗时要把苗床和生产温室分开，育苗前先彻底消毒，幼苗上有虫时在定植前清理干净，做到用来定植的烟苗无虫。

②减少越冬虫源：在温室内种植种苗前，将烟粉虱寄主植物清除干净，并对土地进行深翻，确保种植的种苗不带虫卵。清除衰枝老叶和田园杂草，及时做好农田及周边花草等适生杂草的人工与化学防除，减少烟粉虱的田外寄主。

③注意安排茬口，合理布局，以防粉虱传播蔓延。

④化学防治：在粉虱零星发生时开始喷洒 20 % 扑虱灵可湿性粉剂 1 500 倍液或 25 % 灭螨猛乳油 1 000 倍液、2.5 % 天王星乳油 3 000 ～ 4 000 倍液、2.5 % 功夫菊酯乳油 2 000 ～ 3 000 倍液、20 % 灭扫利乳油 2 000 倍液、10 % 吡虫啉可湿性粉剂 1 500 倍液，隔 10 d 左右 1 次，连续防治 2 ～ 3 次。

# 第三节　临沧烟草虫害的绿色防控

## 一、烟草病虫害绿色防控理论概述

### （一）烟草病虫害绿色防控的定义

烟草病虫害绿色防控主要是从绿色植保角度出发，科学协调烟草主要病虫害的控制和烟草的栽培管理工作，合理利用生态控制、理化诱控、生物防治和科学用药防治等技术措施，科学合理使用农药，改善和提高烟草生态系统对烟草病虫害的防控能力。

### （二）烟草病虫害绿色防控的策略

烟草病虫害绿色防控的策略是从烟田生态系统整体出发，以农业防治为基础，积极保护利用烟草自然天敌，恶化病虫的生存条件，提高烟株抗病虫害能力，在必要时合理地使用化学农药，将烟草病虫危害损失降到最低。

### （三）烟草病虫害绿色防控的功能

烟草病虫害绿色防控是病虫害可持续控制的重要手段。目前，烟草病虫害的防控主要依赖化学防治措施，在控制病虫害损失的同时，也带来了病虫抗药性上升和病虫暴发率增加等问题。通过推广应用生态调控、生物防治、物理防治、科学用药等绿色防控技术，不仅有助于保护生物多样性，降低病虫害暴发率，实现病虫害的可持续控制，而且有利于减轻病虫危害损失，保障烟叶的质量安全。烟草病虫害绿色防控是提高烟叶质量安全水平的必然要求。烟草病虫害的传统控制措施不符合现代烟草农业发展的要求，不能满足烟草农业标准化生产的需要。烟草病虫害绿色防控技术，可以有效解决烟草农业标准化生产过程中的病虫害防治问题，大大减少了化学农药的使用，避免烟叶农药残留超标，提高烟叶质量安全，具有良好的社会效益和经济效益。

烟草病虫害绿色防控是保护农业生态环境的有效措施。病虫害绿色防控技术属于资源节约型和环境友好型技术，推广应用生物防治、物理防治等绿色防控技术，不仅可以有效地取代高毒高残留农药，也明显减少了农药及其废弃物造成的污染，有利于保护农业生态环境。

## 二、烟草虫害理化诱控方法

烟草虫害理化诱控方法是指利用烟草害虫的趋光性、趋色性和趋化性，通过布设害虫诱捕器，诱集并灭杀害虫的方法。

### （一）烟草害虫的趋性

烟草害虫的趋光性、趋色性和趋化性是其在进化过程中形成的最主要趋性，利用昆虫的趋光性、趋色性和趋化性来防控害虫是烟草虫害防控的一个重要方法。

#### 1. 烟草害虫的趋光性

趋光性是昆虫的复眼结构及其生境适应所反映出的重要的生理和生态的特征之一。光的本质是一种电磁波，因为波长不同，显出各种不同的性质。人类肉眼可见光为 390 ～ 750 nm 波长，而不可见光的短波部分称为紫外光，其中 300 ～ 390 nm 为近紫外光，亦称为黑光。750 nm 以上的波长为红外光，其中 750 ～ 1 000 nm 为远红外光。昆虫对光的感应多偏于短光波，波长为 253 ～ 700 nm，即相当于光谱中的紫外光至红外光内线部分的区域，因昆虫种类不同而异。

昆虫对光波的感知主要依靠复眼中的视觉色素。大多数昆虫具有 2 种视觉色素，一种色素接收波段 550 nm 左右的黄绿光，另一种色素接收小于

480 nm 的蓝紫色紫外光。两原色昆虫不能感受红色光，类似人类视觉不能感受紫外光一样，同时它们很难将单色与混合色区分开来，如 500 nm（蓝绿）能够被黄色和紫外两色素等量吸收，两个色素受体有同样的刺激反应，但是对 450 nm 和 550 nm 的混合色也有等同的刺激反应，对这种混合色不能与 500 nm 的单色区分。昼出型蝶类则具有 3 种视觉色素，包括 360 nm 的紫外光、440 nm 的蓝紫光和 588 nm 的黄色光，这些三原色昆虫能够感受在其敏感光谱内的完全光谱，并且可以区分混合色和单色。

烟草不同的害虫种类因其生活习性各异，生物学、生态学特征不同，表现为在趋光性上对不同波长光的选择也很不一致；在同一种波长条件下，不同的光强度影响着昆虫的趋光行为。烟青虫复眼的最敏感波长范围为 480 ～ 575 nm，其次为 365 nm，因此烟青虫成虫趋光性的峰值分别位于 333 nm、385 nm、466 nm 这 3 个波长上，其中最大的峰值出现在 333 nm；单波光 350 nm 和 450 nm 组合对于烟青虫的诱集效果起增效作用，单波光 350 nm 和 656 nm 组合对于烟青虫的诱集效果起干扰作用。烟青虫成虫对不同的光强度表现在趋光率上的反应是不同的，当成虫在能感受到的微弱光强度下，趋光率很低，随着光强度的增加，趋光率也增加，但两者之间不成等比关系。当光强度增加至某一阈值时，趋光率迅速上升，呈直线关系；但当光强度继续增加，超过另一光强度点时，趋光率增长迅速减缓，并最终趋于恒定。反应曲线呈 "S" 形。

斜纹夜蛾趋光性的峰值分别位于 365 nm、450 nm、525 nm 波处。有翅蚜对 490 ～ 550 nm 范围内的单色光表现出明显趋性，其中对 538 ～ 550 nm 的绿偏黄色光趋性最强，其次为 490 nm 的蓝绿色光，而对于波长 576 nm 的黄色光并没有表现出明显趋向。无翅蚜对不同单色光的趋向反应则没有明显的峰值。

2. 烟草害虫的趋色性

烟草害虫对色彩也有像对光一样的趋向反应，昆虫对色彩的趋性从本质上讲也是一种趋光性。害虫对色彩的趋向性分为正、负性，趋向色彩的为正趋色性，避开色彩的为负趋色性。桃蚜、烟粉虱对 550 ～ 600 nm 的黄色最敏感，表现为正趋色性，深黄色对蚜虫的诱集能力比淡黄色高 1.7 倍；桃蚜、烟粉虱对银灰色有明显的忌避性，表现为负趋色性。

### 3. 烟草害虫的趋化性

烟草害虫的趋化性是烟草害虫通过触角或其他部位的一些化学物质感受器捕获散布在空气中的一些特殊化学物质（如昆虫性信息素等）产生的趋向反应，是物种在长期进化过程中自然选择的结果，对于昆虫的觅食、求偶、避敌及寻找适当场所产卵等皆有重大意义。

## （二）烟草害虫的趋光性诱杀方法

烟草害虫的趋光性诱杀方法是指利用杀虫灯对烟草害虫进行诱集并集中杀灭的方法。

### 1. 趋光性诱杀方法的原理

趋光性诱杀方法的原理是根据害虫具有趋光性的特点，利用害虫敏感的特定光谱范围的诱虫光源，诱集并消灭害虫，降低害虫基数，使害虫的密度和落卵量大幅度降低，从而防治虫害和虫媒病害。

### 2. 杀虫灯的结构

杀虫灯是实施杀虫灯诱杀的专用灯具，杀虫灯是根据害虫具有趋光性的特点，利用害虫敏感的特定光谱范围的诱虫光源，诱集害虫并能有效杀灭昆虫、降低病虫指数、防治虫害和虫媒病害的专用装置。

我国杀虫灯的应用大致分为三个阶段。

第一阶段是 1958 年前后，农村采用普通灯光诱虫，如白炽灯、汽灯、油灯等。第二阶段是以 20 世纪 60 年代至 20 世纪 70 年代起相继研制成的黑光灯、高压汞灯诱虫为标志。上述两个阶段或因效果不甚理想，或因安全及毒性（毒瓶收集）问题，以及对害虫杀伤力较强等问题，大面积推广应用受到限制，仅在测报上应用较多。第三阶段是 20 世纪 90 年代以来研制开发出的新一代杀虫灯产品，如频振式杀虫灯、LED（半导体）杀虫灯等，已经广泛应用于害虫的防控与测报中，目前普遍使用的杀虫灯有高压汞灯、频振式杀虫灯和太阳能杀虫灯等。高压汞灯以特制的光源辐射出能被昆虫感知的橙黄色光谱，吸引各种害虫蜂拥而至，当害虫触及高压电网时即被击毙，但高压汞灯的高电压在使用过程中存在安全隐患，且装置受环境限制，占地面积大，一般只能安装在开阔的平地上；频振式杀虫灯是将电源转化为多种特定频率（波长）的光源生产出来的杀虫灯，实际上是一种多光波组合式杀虫灯，其优点在于可以同时诱集到对不同光波具有选择性的多种趋光性昆虫；太阳能杀虫灯是利用太阳能电池板将太阳能直接转换成电能，提供能源供设备日常使用，然后利用昆虫的趋光性，设有特定的光源和波长生产出来的杀虫灯，太阳能杀虫灯采用免维护独立的太阳能供电系统为其提供独立电源，在节约人工、能源的同时，还避免了在田间地头架设交流电线带来的不便和危险，供电能力不足的地区也可以使用。

目前杀虫灯的结构一般包括诱虫光源、杀虫部件和辅助部件。

（1）诱虫光源

诱虫光源的性能是杀虫灯性能的基础，诱虫光源的性能主要决定于光谱范围和光强。光谱范围决定了诱虫种类的多寡，光强决定了有效面积的大小。由于各种昆虫对不同的光谱敏感程度不同，在 320～680 nm 长波紫外光和可见光的光谱范围内，光谱范围越宽，诱虫种类越多。光强取决于光源的种类和功率，光强越大，诱虫有效面积越大。现在的杀虫灯一般都采用电转换光源，电转换光源根据转换技术的原理又可分为白炽灯、汞灯和 LED（半导体）灯三大类。

第一类：白炽灯。白炽灯是电流加热发光体至白炽状态而发光的电光源，如普通白炽灯、卤钨灯。白炽灯因很多能量作为热能散失，光效率低，能耗最高。白炽灯的光波一般只包括部分可见光段，诱虫种类少，现在基本不用。

第二类：汞灯。汞灯是以汞作为基本元素，并充有适量其他金属或其他化合物的弧光放电灯。汞灯利用汞蒸气在放电过程中辐射紫外线，使荧光粉发出可见光。其中根据汞蒸气压力大小又可分为低压、高压、超高压三类。紫外灯、双波灯、频振灯、节能灯、节能宽谱灯均属于低压汞灯范畴。汞灯所消耗的电能大部分用于产生紫外线，因此汞灯的发光效率远比白炽灯高，是目前比较节能的电光源，包括大部分的诱虫光源。但各种汞灯之间节能效率还有差异。

紫外灯。紫外灯可呈现 330～400 nm 的长波紫外光，是人类不敏感、看不见的光，所以紫外灯又叫黑光灯。多种害虫对长波紫外光敏感，但普通直管紫外灯能耗较高，需配镇流器，安装、维修、使用麻烦。

双波灯（三色灯）。双波灯是个模糊、不确切的命名。根据现有双波灯的具体情况，它是两种单色光波灯。该种诱虫光源（包括三色灯）光谱狭窄，诱虫种类少，能耗由灯的基本类型决定。

频振灯。频振即将电源转化为多种特定频率的技术，实质就是直管紫外灯和直管荧光灯的组合。该种组合光源诱虫种类多，效果好，但耗能较高，需外加2个镇流器，安装使用较麻烦。

节能灯。节能灯的正式名称为"紧凑型单端荧光灯"，其用电量比普通白炽灯节省80%，可方便地直接取代白炽灯。但其光谱只有可见光，诱虫种类较少。

节能宽谱灯。该灯是在紧凑型单端荧光灯基础上，为杀虫而研发的专用光源，即在紧凑型单端荧光灯的灯头上，安装日光和紫外光两种发光灯管。该种诱虫光源用电量比普通白炽灯节省80%，光谱覆盖320～680 nm，诱虫种类多、效果好，而且安装使用方便。

第三类：LED灯。LED灯是发光二极管，是一种固态的半导体器件直接把电转化为光，能直接发出红、橙、黄、绿、青、蓝、紫、白色的光，具有光色纯的特点，可针对不同的昆虫使用不同的光谱研制成新型诱虫灯，可以准确地锁定目标害虫进行测报或诱杀，最大限度地杀灭害虫、保护益虫。但是LED灯光谱狭窄，诱虫种类少，而且价格高，暂时不宜用于杀虫。

（2）杀虫部件

杀虫部件是杀虫灯的主要功能部件，有电击式、水溺式、毒杀式、粘连式等方式。

第一种：电击式杀虫部件。电击式杀虫部件的主要结构包括高压发生器和杀虫网。

①高压发生器是把220 V交流电或4～12 V直流电，上升到2 000～3 000 V，用以电击触碰杀虫网的害虫。升高电压的工作原理有两种，一种是利用电磁感应原理，一种是利用倍压整流原理。根据两种原理，也就研发出两类高压发生器。②杀虫网的结构有横式杀虫网和竖式杀虫网两种，横式杀虫网基本结构包括裸金属丝和绕线柱，竖式杀虫网基本结构包括裸金属丝和固定圈。裸金属丝必须选择耐腐蚀、不易氧化的材料，一般采用不锈钢丝、镀镍丝、合金丝。

第二种：水溺式杀虫部件。水溺式杀虫部件的主要结构包括水体和挡虫板。

①水体可以利用自然水体，在灯下设置杀虫池（集虫池），也可用水盆。②挡虫板的材料主要有三类：透明玻璃、透明塑料或有色塑料。有色塑料以

黄色为主，有诱集蚜虫的作用。挡虫板以放射状固定在诱虫光源周围，挡虫板之间的夹角为120°。

第三种：毒杀式、粘连式杀虫部件。毒杀式、粘连式杀虫部件分别为盛有挥发性化学农药的毒瓶和粘虫纸（板）。

（3）辅助部件

集虫部件、保护部件和支撑部件都是杀虫灯的辅助部件。

①集虫部件：电击式杀虫灯的集虫部件主要包括漏斗、防逃器和集虫器（袋）。防逃器是为了防止被击倒而未死亡的大型昆虫，在天亮杀虫灯停止工作后从漏斗口逃逸的专用部件。水溺式杀虫灯的集虫部件就是水体或养殖动物的腹腔。

②保护部件：主要是雨篷。

③支撑部件：主要包括主柱、支架、横担等。

3. 影响杀虫灯诱杀烟草害虫效果的因素

杀虫灯诱杀烟草害虫的效果受杀虫灯的诱虫光源、有效诱杀范围、安装高度和开灯时间的影响。

（1）杀虫灯的诱虫光源

一般黑光灯的诱虫效果优于白炽灯、蓝光灯，蓝光灯的诱虫效果优于红光灯，双波灯的诱虫效果优于单波灯，频振式杀虫灯诱杀棉铃虫成虫的效果好于高压汞灯。

（2）杀虫灯的有效诱杀范围

杀虫灯的有效诱杀范围是以害虫可看见诱虫光源的距离为半径所作的圆，一般距离为 $80 \sim 120\,m$，有效面积为 $2.0 \sim 3.0\,hm^2$。因各种害虫的视力有差异，为了保证杀虫灯的使用效果，一般把杀虫灯的有效范围确定为 $1.5 \sim 3.0\,hm^2$。高压汞灯诱杀棉铃虫成虫的有效诱杀范围为 $50 \sim 100\,m^2$，频振式杀虫灯诱杀棉铃虫成虫的有效诱杀范围为 $50 \sim 120\,m$。高压汞灯诱杀棉铃虫成虫的田间距灯 $10\,m$、$50\,m$、$100\,m$、$150\,m$ 和 $200\,m$ 处的落卵量分别比无灯区下降 $56.2\%$、$59.2\%$、$64.0\%$、$55.9\%$ 和 $39.2\%$，灯区棉铃虫 $1 \sim 4$ 代的田间累计落卵量分别比无灯区下降 $11.5\% \sim 53.3\%$、$8.8\% \sim 55.3\%$、$6.8\% \sim 43.9\%$、$7.2\% \sim 40.9\%$。频振式杀虫灯诱杀棉铃虫成虫的田间距灯 $10\,m$、$10 \sim 50\,m$、$50 \sim 70\,m$、$70 \sim 100\,m$、$100 \sim 120\,m$ 处的落卵量分别比无灯区下降 55.5%、73.3%、68.8%、24.4% 和 11.1%，灯区百株卵量幼虫量比无灯区分别减少 43.6% 和 74.0%。

杀虫灯在烟田布局时一般有两种方法：一种是棋盘状分布，另一种是闭环状分布。实际生产中棋盘状分布较为普遍，闭环状分布主要针对某块危害严重的区域，以防止虫害外延。杀虫灯之间的距离要根据烟草地形地势来设定：地势开阔、平坦、无高大障碍物的地方，灯与灯之间以隔 100 m 为宜；地势呈梯田形或有较矮障碍物的地方，灯与灯的间隔以 80 m 为宜。不要出现诱虫盲区，以达到最佳诱虫效果。

（3）杀虫灯的安装高度

杀虫灯的安装高度一般高于烟株 10 ~ 50 cm，在烟株生长过程中，要随烟株的生长不断调节色板的高度。杀虫灯不能安装得太低，也不能安装得过高，否则既不便于管理，也会影响诱虫的效果。

（4）杀虫灯的开灯时间

根据诱杀烟草害虫对象设置开灯时间，既可以提高选择诱控效果，又可以节约能源。杀虫灯在 19:00 至次日 0:00 对大部分昆虫的诱集量呈现出明显高峰，在 2:30—5:30 对黏虫类昆虫的诱集量出现第二高峰；杀虫灯对棉铃虫成虫的诱集高峰在黄昏后和黎明前两个时段。

4. 杀虫灯诱杀的优势

杀虫灯诱杀具有以下明显优势。

（1）杀虫效果好

杀虫灯诱杀害虫的杀虫谱广，能诱杀 7 目 32 科 88 种烟草昆虫，其中烟草害虫 19 种、烟草天敌昆虫 7 种。烟草害虫包括大地老虎、小地老虎、沟金针虫、中华弧丽金龟、铜绿丽金龟、东北大黑鳃金龟、棕色鳃金龟和南方油葫芦等 8 种地下害虫，烟芽夜蛾、棉铃虫、斜纹夜蛾、日本蚱、螽斯、负蝗等 6 种食叶害虫，有翅桃蚜、斑须蝽、稻缘蝽、盲蝽、小绿叶蝉等 5 种刺吸害虫。天敌昆虫分别为中华草蛉、普通草蛉、东方巨齿蛉等 3 种步甲科昆虫。

（2）诱虫量大

某试验田实验数据显示，烟田平均单灯单日诱杀害虫 32.6 头，害虫发生高峰期烟田平均单灯单日诱杀害虫 37.9 ~ 43.4 头，害虫虫口减退率为 84.5% 以上。

（3）生态效益好

杀虫灯诱杀减少农药的使用，延缓了害虫抗药性的产生，减轻了对环境和烟叶的污染，减少了人畜中毒现象，保护了烟草农业生态环境。

（4）社会效益好

杀虫灯诱杀减轻了烟农的劳动强度，烟叶产量、品质和安全性明显改善，烟叶市场竞争力增强，烟农收入增加，社会效益显著。

5. 杀虫灯诱杀的局限性

杀虫灯诱杀虽然是防治烟草害虫的重要手段，但是尚存在以下局限性。

①昆虫的趋光性不仅存在着种间差异，而且往往存在不同地理和季节上的特异性，因此不可能用一种杀虫灯解决所有害虫问题。

②不同种类的趋光性昆虫有不同的光源选择性，因此同一种杀虫灯不可能诱集尽所有趋光性害虫。

③昆虫的趋光性强度常受自身虫态和环境条件的影响，如果没有适合的环境条件和可飞行的虫态，即使田间害虫大暴发，杀虫灯也无济于事。

④目前市场上推广的杀虫灯大部分为广谱性杀虫灯，在诱杀烟草害虫的同时，也伤害了烟草天敌昆虫和中性昆虫，因此田间长期使用杀虫灯对烟草生态系统多样性也将造成一定的影响。

综上所述，应用杀虫灯诱杀害虫，仍然只是烟草害虫综合治理系统工程中重要的途径之一，但不可完全代替其他必要的综合措施。

### （三）烟草害虫的趋色性诱黏方法

烟草害虫趋色性诱黏方法是指利用专用胶剂制成的色板对烟草害虫进行诱集并黏杀的方法。

1. 趋色性诱黏方法的原理

趋色性诱黏方法的原理是根据害虫具有趋色性的特点，利用害虫敏感的特定色谱范围的诱虫色源，诱集并黏杀害虫，降低害虫基数，使害虫的密度大幅度降低，从而防治虫害和虫媒病害。色板诱黏具有效果好、成本低、易操作、持续时间长、无污染等优点，是实施绿色防控的重要方法之一。

2. 诱黏虫色板的结构

诱黏虫色板是实施色板诱黏的专用色板，诱黏虫色板是根据害虫具有趋色性的特点，通过板上的黏虫胶诱集并黏杀害虫，防治虫害和虫媒病害的专用色板。我国诱黏虫色板的应用大致分为三个阶段：第一阶段是 1958 年前后的手工自制诱黏虫色板，板质材料一般采用一定厚度的废旧纸板、农药等包装箱的钙塑板、三合板、薄铁皮或直接从市场上购买钙塑板、纸板、黄色厚纸等，黏虫剂及辅料采用市售 10 号机油、凡士林、黄油（润滑油）、蜂蜜、黏蝇纸等，由于采用的机油、凡士林等黏虫剂的黏性不够强、易干燥、易被雨水冲刷掉、黏性减退快及制作麻烦、操作不便等因素，在生产上难以大面积推广；第二阶段是 20 世纪 60 年代至 20 世纪 70 年代起自制诱黏虫色板逐步向商品化过渡，制作上主要采用上述黏虫剂或黏虫胶涂布于特定颜色的塑料薄板上，再用薄膜包装后作为商品，这种初级商品虽减少了制作和携带的麻烦，但由于塑料薄板的环保问题，以及操作相当不便（粘手）等因素，大面积使用也有难度；第三阶段是 20 世纪 90 年代以来研制开发出的新一代诱黏虫色板，如剥离式诱黏虫色板等，已经广泛应用于害虫的防控。目前诱黏虫色板一般包括颜色基板、透明离型膜、双面黏虫胶带和定位杆。

（1）颜色基板

颜色基板为厚 0.30 ～ 0.35 mm 的轻质塑料板，一般规格为长方形，宽 250 mm，长 400 mm，颜色分为黄、绿、红、蓝、白、黑、紫、青、粉、灰，具有一定的强度、硬度，耐湿，双面涂胶，板面不卷曲。

（2）透明离型膜

透明离型膜包覆于颜色基板的前后表面上，其外表面贴敷双面黏虫胶带，便于双面黏虫胶带的更换。

（3）双面黏虫胶带

双面黏虫胶带贴敷于透明离型膜的外表面，胶带胶层为热熔不干胶，厚度为 0.03 ～ 0.05 mm，胶层黏接力不小于 $6.8 \times 10^{-4}$ MPa，耐酸、耐碱、耐腐蚀、无毒、无味。

（4）定位杆

定位杆插置于田间，用于固定颜色基板。

3. 影响色板诱黏烟草害虫效果的因素

色板诱黏烟草害虫的效果受色板的放置数量、放置高度、放置方向和放置时间的影响。

（1）色板的放置数量

一般来说，如果色板大小固定，随着设置密度的增大，总诱捕率也随之增加。但超过一定密度后，虽然总诱捕率增加，但色板的有效利用率减少。因此，黏虫板的设置数量要根据生产成本与诱虫量确定，一般每亩地放置色板 12～15 张。

（2）色板的放置高度

以烟粉虱为例，烟粉虱的飞行受多种因素的限制，其空间活动和分布决定着不同高度色板的诱集量。色板设置高度与烟株高度一致或略高时，诱捕烟粉虱成虫的效果最好。因此，利用黏虫板诱杀烟粉虱，黏虫板的设置高度以与烟株高度一致或略高为宜。在烟株生长过程中，要随烟株的生长不断调节色板的高度。

（3）色板的放置方向

以烟粉虱为例，色板诱杀烟粉虱时，在烟草大田中东西向放置的黄色板对烟粉虱的诱集效果优于南北向，顺行向设置的黄板对烟粉虱的诱集能力是垂直行向的 1.21 倍。

（4）色板的放置时间

从烟苗移栽开始，持续使用色板的防控效果较好，成本较低。因此，早期利用色板诱杀是进行有效防治的基础，越早使用效果越好。例如，黄色板对烟粉虱的诱集高峰在 11:00—15:00，诱集量占全天诱集总量的 60％以上。

**（四）烟草害虫的趋化性诱控方法**

烟草趋化性诱控方法是指利用烟草害虫性信息素诱捕器对烟草害虫进行诱杀的方法。

1. 烟草害虫趋化性诱控方法的原理

烟草趋化性诱控方法的原理是利用昆虫的趋化性，诱集并将其诱杀在诱捕器中，减少害虫交配频率，使其不能有效地繁殖后代，从而降低其后代种群数量和密度，从而防治虫害和虫媒病害。烟草趋化性诱控方法具有灵敏度高、选择性强、无毒、不污染环境、不杀伤天敌和不易产生抗药性等优点，是实施绿色防控的重要方法之一。

2. 性信息素诱捕器的结构

性信息素诱捕器是实施性信息素诱控的专用器具，性信息素诱捕器由诱芯、捕虫器和三脚架组成。

（1）诱芯

诱芯是性信息素的载体，一般为聚乙烯塑料微管。诱芯活性好，效力高，使用方便。

（2）捕虫器

捕虫器的种类主要有两种：一种是黏胶捕虫器，即将黏性好、不易干的黏胶涂在浸过蜡的硬纸板或塑料板上；另一种是水盆捕虫器，这种捕虫器虽然不如黏胶捕虫器方便，但材料易得，费用少。

（3）三脚架

三脚架用于田间支放性信息素诱捕器。

3. 影响性信息素诱控烟草害虫效果的因素

性信息素诱控烟草害虫的效果受性信息素诱捕器的诱芯种类、放置数量和放置高度的影响。

（1）性信息素诱捕器的诱芯种类

由于性信息素具有高度专一性，针对靶标害虫，性信息素诱捕器不能同时放置几种诱芯，只能放置一种诱芯。

（2）性信息素诱捕器的放置数量

性信息素诱捕器在烟田一般每亩设置 6～8 个，即周围 4～6 个，中间 2 个。

（3）性信息素诱捕器的放置高度

将性信息素诱捕器放置在与烟株等高处，诱捕烟青虫的效果要优于地面、烟株中部和高于烟株 30 cm 处，诱捕器放置行间诱捕效果比行内诱捕效果好。在烟株的生长过程中，要随烟株的生长不断调节性信息素诱捕器的放置高度。

## 三、烟草虫害生物防治方法

烟草虫害生物防治方法是指利用害虫天敌、害虫病原微生物防治虫害的方法。

### （一）烟草虫害的天敌防治方法

烟草虫害的天敌防治方法是指通过对烟草害虫天敌的人工繁殖和利用来防治烟草虫害的方法。烟草虫害的天敌防治方法最大的优点是对环境污染小，能有效保护天敌，发挥持续控制作用。

1. 烟草害虫的主要天敌昆虫

我国已发现烟草害虫的天敌昆虫共 300 余种，目前烟草害虫天敌防治中应用较多的天敌昆虫主要有桃蚜茧蜂和赤眼蜂，主要寄生桃蚜、烟青虫及斜纹夜蛾卵和幼虫。

（1）桃蚜茧蜂

桃蚜茧蜂属膜翅目蚜茧蜂科，在中国的南北地区均有分布，是烟草中最常见的一种专门寄生蚜虫的内寄生天敌，其个体小、飞行力强、寄生率高，易于人工饲养繁殖。桃蚜茧蜂寄生蚜虫后，蚜虫的发育、存活和生殖活动受到的影响开始并不明显，待桃蚜茧蜂发育至高龄阶段，寄主蚜虫的发育受到干扰，生殖力下降，最后被取食致死。桃蚜茧蜂成虫喜欢在烟株中下部叶片活动，13:00—14:00 是其在烟株中下部活动的高峰期。桃蚜茧蜂对烟株下部叶片上桃蚜的较强选择性与桃蚜密度无关，下部叶片上的僵蚜数量均显著高于中、上和顶部。雌蜂交配后通过对桃蚜的产卵寄生可使桃蚜的寿命缩短、繁殖力下降至 10 % 以下，对桃蚜的控制作用明显。桃蚜蜂种群数量的消长趋势与桃蚜种群数量的消长趋势基本一致，有明显的跟随现象，并且桃蚜种群数量与滞后 7 d、14 d 后的桃蚜茧蜂种群数量变化相关极显著。桃蚜茧蜂在烟草的水平分布格局与桃蚜相同，均为聚集分布，且两者在垂直分布上的趋势基本一致，说明桃蚜茧蜂对桃蚜的聚集场所有明显的跟随关系，从而提高了对桃蚜的自然控制作用。

桃蚜茧蜂的最适生育温度为 20～25℃、相对湿度 75 %～85 %。温度在 15～25℃范围内时，随着温度的升高，桃蚜茧蜂的发育历期缩短，在 25℃条件下，桃蚜茧蜂从卵至羽化所需的发育历期最短，桃蚜茧蜂雌蜂的寿命、性比、生殖力及僵蚜的体重和羽化率均在 20℃时达到最佳，桃蚜茧蜂的自然繁殖和控害作用最优；温度低于 10℃或高于 32℃，桃蚜茧蜂一般不能完成生长发育。唐文颖等明确了变温对桃蚜茧蜂低温活性的影响，变温处理的桃蚜茧蜂羽化率高于恒定低温，变温贮藏技术更有利于桃蚜茧蜂的繁殖与释放。相对湿度在 65 %～95 % 范围内时，桃蚜茧蜂的羽化率及寿命均随湿度的增加而增加，但当湿度过高时反而会下降；当相对湿度为 75 %～85 % 时，桃蚜茧蜂成蜂的羽化率最高、寿命最长；相对湿度低于 65 %，桃蚜茧蜂羽化率显著下降。

桃蚜茧蜂对寄主的搜索包括寻找寄主栖境和寄主两个步骤，寻找栖境可能借助于蚜虫寄主植物的次生物质，对蚜虫的搜索借助于蚜虫的利它素，而产卵前对蚜虫的定位则通过视觉和嗅觉。桃蚜茧蜂成蜂羽化后约半小时即可交配，雄蜂可多次交配，而交配后的雌蜂未见再次交配。成蜂交配完成后，当天产卵量较少，第 2～3 d 进入产卵高峰期，产卵高峰期一般可维持 3～4 d。成蜂产卵以 8:00—10:00、16:00—18:00 时最多，1 头雌蜂每次可连续寄生 1～3 头蚜虫，多者可达 9～21 头。桃蚜茧蜂产卵多寄生于 3 龄蚜虫体内，一般在 3～4 龄若蚜和成蚜上开始发育的个体比在 1～2 龄若蚜上开始发育的个体发育快、个体大，寄生在 1～2 龄小个体或老龄蚜虫上的桃蚜茧蜂存活率通常较低。桃蚜茧蜂对有翅蚜也有一定的寄生比例，且其寄生有翅蚜的个体比寄生无翅蚜的个体发育慢、个体小。桃蚜茧蜂一次成功的产卵行为仅产 1 粒卵，然而其卵孵化率高达 98 %。桃蚜茧蜂产卵后，其卵在桃蚜体内营寄生生活，幼虫孵出后在蚜虫体内取食，共经 4 龄，成熟后在僵蚜体内结茧化蛹直至羽化。在过寄生或共寄生时，经相互残杀或竞争而淘汰多余的个体。最后只有 1 头个体能够正常发育，多余的幼虫均在 1 龄阶段死亡。桃蚜茧蜂在雌雄两性存在的情况下两性生殖，未交配过的雌蜂进行产雄孤雌生殖。

（2）赤眼蜂

赤眼蜂属膜翅目赤眼蜂科，在中国的南北地区均有分布，是烟青虫、斜纹夜蛾的主要寄生性天敌，其资源丰富、个体小、分布广泛、寄生率高、对害虫控制作用显著。赤眼蜂的发育历期较短，为 10 d 左右，一生要经过卵、幼虫、蛹和成蜂 4 个阶段，卵至成虫羽化前的整个发育过程都在寄主卵内或幼虫体中完成，使寄主卵不能孵化，从而达到消灭害虫的目的。赤眼蜂对寄主的寄生行为可分为寄主栖境定位、寄主定位、寄主识别和接受及寄主适合性等多个过程，雌蜂在找到寄主后，通过检测寄主卵外表及内含物来估计其适合性，并依据寄主卵的大小、形状、龄期、营养适合度、气味、密度、分布及寄生蜂本身的寄生经历等来确定产卵的数量和子代性分配。赤眼蜂的产卵过程分为接触、行走、用触角敲击寄主卵、用产卵器穿刺寄主卵、腹部蠕动、停顿、颤动、拔出产卵器离开寄主等阶段，不同种类的赤眼蜂雌蜂在各个行为阶段所持续的时间不同，并以不同的腹部运动分别产下雄性卵或雌性卵来控制其子代的性别。不同种类赤眼蜂对寄主的寄生潜能不一致。王福莲等的研究结果表明：螟黄赤眼蜂 JDM 品系和松毛虫赤眼蜂 HJS、YYS 品系对 0～12 h 烟青虫卵的寄生率显著高于 12～36 h 的卵；而螟黄赤眼蜂 GGM 品系对该 2 龄烟青虫卵的寄生选择性无显著差异；赤眼蜂对倒 10～12 位烟叶的卵寄生选择系数最高，其次为倒 13～15 位烟叶，对倒 1～6 位烟叶较低；赤眼蜂对烟叶正面烟青虫卵的寄生选择系数高于对烟叶背面的烟青虫卵的寄生选择系数，并以倒 1～3 位烟叶和倒 4～6 位烟叶最为明显。

2. 烟草害虫天敌昆虫的人工繁殖

（1）桃蚜茧蜂的人工繁殖

目前利用烟草作为寄主植物的桃蚜茧蜂的繁殖方法主要有烟株繁蜂法和烟苗繁蜂法，烟株繁蜂法具有繁蜂量高、成本低的优势，烟苗繁蜂法具有繁育周期短的优势。

桃蚜茧蜂繁殖室的规格为长 3 m、宽 3 m，棚的四边高 1.2 m、棚顶高 1.5 m，温度为 17～28℃，相对湿度为 50 %～85 %。

①烟株繁蜂法。每棚栽烟 28～30 株，烟株距四周棚边 25 cm，栽烟 3 行，行距 90 cm，株距 45 cm；在烟株长出 9～12 片真叶时接种蚜虫，接种蚜虫量为每株 20～30 头；当桃蚜达每株 2 000～3 000 头时接种桃蚜茧蜂，蜂蚜比 1 ：（50～100），接蜂后降低桃蚜茧蜂繁殖室光照强度，避免强光影响，保持室内良好通风，任桃蚜茧蜂自然寻找桃蚜寄生。每个茧蜂繁殖室可繁蜂 14 万～21 万头，可释放大田面积 3～5 hm²

②烟苗繁蜂法。烟苗的培育选用桃蚜喜好取食、繁蚜量高的烤烟品种，按照漂浮育苗的技术要求满盘播种：在烟苗长出 5～6 片真叶时接种蚜虫，接种蚜虫量为每株 9～10 头；当桃蚜达每株 300 头时接种桃蚜茧蜂，蜂蚜比为 1 ：（50～100），接蜂后任桃蚜茧蜂自然寻找桃蚜寄生。若采用 180 穴 / 盘的漂浮盘，每盘成苗 150 株，每株烟苗可繁蜂 200 头，每个茧蜂繁殖室可繁蜂 3 万头左右。

（2）赤眼蜂的人工繁殖

目前应用较多的赤眼蜂人工繁殖方法主要有柞蚕卵繁殖法和人工卵繁殖法，柞蚕卵繁殖法具有繁蜂效率高、雌雄比例大的优势，人工卵繁殖法具有繁蜂效高、便于机械化生产的优势。

①柞蚕卵繁殖法。赤眼蜂繁殖室面积 $3 \sim 5 \, m^2$，温度 $23 \sim 27 \, ℃$、相对湿度 $70\% \sim 80\%$。选择健壮、无病、优质、雌茧率 $80\%$ 左右的柞蚕茧作为寄主。柞蚕茧出蛾后将雄蛾挑出，避免与雌蛾交配，然后将雌蛾卵人工剖出洗净。当赤眼蜂羽化 $10\%$ 时开始接种，赤眼蜂寄生卵与柞蚕卵按 1：（$20 \sim 30$）的比例将赤眼蜂放于接蜂室内，赤眼蜂羽化后飞向近光源区的接蜂架，待接蜂架上的卵表面有 $70\% \sim 80\%$ 的卵粒有赤眼蜂均匀分布时，即可取下并放于避光处让其安定地产卵寄生，产卵 $20 \sim 24 \, h$ 后取下，将接好的蜂卡移入培养室内培养，然后换新蜂种和新卵进行下一轮接种。接蜂在暗室进行，接蜂时暗室室温保持 $20 \sim 25 ℃$，相对湿度 $70\% \sim 90\%$。赤眼蜂有喜光、向上的习性，接蜂时要上下、左右调整卵，使其寄生均匀。接种结束后，筛去种蜂，水洗剔除卵壳（普通卵壳浮于水面，被寄生的卵则沉入水底），并将寄生好的种蜂卵晾干，放入温度 $2 \sim 4 ℃$、相对湿度 $50\% \sim 70\%$ 的冷库中贮藏。选用韧性强、着胶好的纸张和黏性好、易干的乳白胶，利用涂胶机把乳白胶均匀地刷在纸上，然后把发育好的赤眼蜂寄生卵牢固地粘在纸上，制成赤眼蜂卵卡。每块蜂卡黏附 50 粒寄生卵，孵化赤眼蜂成蜂约 5 000 头。

②人工卵繁殖法。人工寄主卵的卵液配方为柞蚕蛹血淋巴 $40\%$、$10\%$ 麦乳精 $30\%$、鸡蛋黄 $20\%$、无机混合盐 $10\%$，卵壳材料为聚乙烯和聚丙烯，直径 $3 \, mm$，每粒卵含营养液 $10 \, mg$ 左右。当赤眼蜂羽化 $10\%$ 时开始接种，赤眼蜂寄生卵与人工寄主卵按 1：（$5 \sim 10$）的比例将赤眼蜂放于接蜂室内，赤眼蜂羽化后飞向近光源区的接蜂架，待接蜂架上的卵表面有 $70\% \sim 80\%$ 的卵粒均匀分布时，即可取下并放于避光处让其安定地产卵寄生，产卵 $20 \sim 24 \, h$ 后取下，将接好的蜂卡移入培养室内培养。接种结束后，筛去种蜂，水洗剔除卵壳（普通卵壳浮于水面，被寄生的卵则沉入水底），并将寄生好的种蜂卵晾干，放入温度 $2 \sim 4 ℃$、相对湿度 $50\% \sim 70\%$ 的冷库中贮藏。制作的赤眼蜂卵卡每卡有 140 粒卵，每粒卵孵化赤眼蜂成蜂 $50 \sim 60$ 头。

3. 影响烟草虫害天敌防治效果的因素

（1）烟草虫害天敌的释放时间

虫害天敌的释放时间是影响防治效果的重要因素，一般虫害天敌的释放时间为靶标害虫的始发期。利用桃蚜茧蜂防治桃蚜，程爱云等认为在田间烟株返苗期或蚜虫量为每株 5 头左右时，开始释放桃蚜茧蜂。利用赤眼蜂防治烟青虫与斜纹夜蛾，江兆春认为在烟青虫、斜纹夜蛾成虫羽化高峰期或田间百株卵量达到 5～10 粒时，开始释放赤眼蜂。

（2）烟草虫害天敌昆虫的释放量

天敌昆虫的释放量是影响防治效果的另一个重要因素，一般天敌昆虫释放量越大，对靶标害虫的防治效果越好，但天敌昆虫释放量过大可导致寄生率增加而造成天敌昆虫的浪费。程爱云等认为：田间蚜虫量小于 5 头／株时，每亩桃蚜茧蜂放蜂量 20～500 头；田间蚜虫量为每株 6～20 头时，每亩桃蚜茧蜂放蜂量 500～1 000 头；田间蚜虫量为每株 20 头以上时，每亩桃蚜茧蜂放蜂量 1 000～2 000 头。桃蚜茧蜂防治桃蚜效果较好。李晓婷等认为，赤眼蜂放蜂量在每亩 20 000 头时对烟青虫、斜纹夜蛾的控害效果较好。

（3）烟草虫害天敌昆虫的释放次数

一般认为，对靶标害虫的防治效果随着天敌昆虫的释放次数的增多而提高。黄继梅等研究认为，在初始蚜量较低的条件下，采用 3 次散放桃蚜茧蜂的方法防治桃蚜，可有效控制桃蚜种群的增长。

**（二）烟草虫害的病原微生物防治方法**

烟草虫害的病原微生物防治方法是指通过昆虫病原微生物或其代谢产物防治烟草虫害的方法。烟草虫害的病原微生物防治方法具有繁殖快、用量少、持效长等优点。防治烟草害虫的昆虫病原微生物主要包括昆虫病原真菌、昆虫病原细菌和昆虫病原病毒。

1. 防治烟草害虫的昆虫病原真菌

昆虫病原真菌对害虫的侵染一般要经历 10 个阶段：分生孢子的附着—孢子萌发—芽管穿透表皮—菌丝在血腔中生长—产生毒素—寄主死亡—菌丝入侵所有器官—菌丝穿出表皮—产生分生孢子—分生孢子扩散。只要经历前 4～5 个阶段，就可以使害虫死亡。昆虫病原真菌在害虫体内迅速增殖，大量吸收寄主的营养而最终使害虫死亡，昆虫病原真菌在侵入害虫的过程中，分泌的毒素物质对害虫也具有致死作用。昆虫病原真菌可通过人工在培养基上大规模培养，具有繁殖快、稳定性强等优点。

防治烟草害虫的昆虫病原真菌主要有防治烟粉虱、斜纹夜蛾、桃蚜的白僵菌，防治烟粉虱、斜纹夜蛾的拟青霉，还有防治桃蚜、烟青虫、斜纹夜蛾的莱氏野村菌、蚜虫疫霉菌等，但目前实际应用于烟草害虫防治的却很少。刘召等研究发现，白僵菌侵染烟粉虱的主要途径是表皮侵染，烟粉虱发生体色改变是由于在侵染过程中白僵菌产生了卵孢素，白僵菌菌丝在烟粉虱体内大量繁殖导致烟粉虱的组织（肌肉、脂肪体）发生病变而解离死亡。林华峰等的研究结果表明，布氏白僵菌菌株对斜纹夜蛾幼虫有明显的致病效果。

李光西等的研究结果表明，白僵菌对桃蚜的防治效果均达到 80% 以上。黄振等用每毫升 $1.0 \times 10^7$ 个孢子的玫烟色拟青霉分生孢子悬浮液侵染烟粉虱的 1 龄、2 龄、3 龄、4 龄若虫和伪蛹，其累计死亡率分别为 81.28%、91.40%、39.26%、24.67% 和 7.91%，差异显著，其中以烟粉虱的 2 龄若虫对玫烟色拟青霉最敏感，累计死亡率最高；用每毫升 $1.0 \times 10^5$ 个、$5.0 \times 10^5$ 个、$1.0 \times 10^6$ 个、$5.0 \times 10^6$ 个、$1.0 \times 10^7$ 个、$5.0 \times 10^7$ 个、$1.0 \times 10^8$ 个孢子的玫烟色拟青霉孢子悬浮液分别处理烟粉虱 2 龄若虫，以每毫升 $5.0 \times 10^7$ 个孢子的效果最佳，在第 10、12、14 天时的累计校正死亡率分别高达 89.33%、92.58% 和 92.69%。邓建华等的研究结果表明，粉拟青霉菌 Pf-27 菌株和玫烟色拟青霉菌 Pf-30 菌株对桃蚜有较好的感染致死作用：在处理后第 3 天和第 5 天，粉拟青霉菌 Pf-27 菌株对桃蚜的室内感染率分别为 56.0% 和 98.0%，玫烟色拟青霉菌 Pf-30 菌株分别为 10.0% 和 82.0%；用每毫升 $1.5 \times 10^7$ 个孢子的孢子悬浮液喷雾处理烟草烟株上的桃蚜，处理后第 10 天，Pf-27 菌株和 Pf-30 菌株对桃蚜的感染率分别为 77.2% 和 78.5%。

2. 防治烟草害虫的昆虫病原细菌

昆虫病原细菌主要通过消化道侵入害虫体内，从而导致害虫出现败血病症状，使虫食欲减退，口腔及肛口有黏性排泄物，死后虫体腐败变形软化。利用昆虫病原细菌防治虫害，对人畜、植物、益鸟、天敌等无毒害、无残余毒性，有较好的稳定性。目前防治烟草害虫的昆虫病原细菌主要为苏云金杆菌（Bt），苏云金杆菌生物制剂已经商品化生产并应用于烟青虫、斑须蝽、斜纹夜蛾和小地老虎等烟草害虫的防治。苏云金杆菌是一种普遍存在的、革兰氏染色阳性、能够产生芽孢的细菌，在芽孢形成的过程中能够产生大量的杀虫晶体蛋白，占芽孢干重的 20% ～ 30%，这些蛋白在靶害虫中肠内被激活为毒素并使细胞膜穿孔，从而达到杀虫目的。高家合等人从烟叶中分离了对鳞翅目昆虫具有高毒效的苏云金杆菌 33 株菌株，并优化确定了苏云金杆菌

33 株菌株的液体发酵最佳培养基配方。杨建全等人采用叶片浸蘸法测定 4 株苏云金杆菌菌株对小地老虎幼虫的毒性，结果表明：受测菌株对小地老虎的亚致死效应表现为幼虫对苏云金杆菌处理的叶片有拒食现象，幼虫增重明显低于对照组；苏云金杆菌对小地老虎 1 ～ 3 龄幼虫的毒杀效果随幼虫龄期上升而显著下降。李梅云等人采用苏云金杆菌 K-1 菌株原液及其稀释 50、100、300、500、800、1 000 倍液浸泡新鲜烟叶 5 min，室内晾干后喂食斜纹夜蛾 3 龄幼虫，结果表明：原液的处理效果最好，处理后 72 h 该虫全部死亡；感染时间的长短对毒性有显著影响，在一定时间内，随着感染时间的延长，苏云金杆菌对斜纹夜蛾 3 龄幼虫的毒性有明显提高。张永春等的研究结果表明，苏云金杆菌对烟青虫的防效显著，其药后 1 d、3 d、7 d 对烟青虫的防效分别是 44.18 %、90.32 %、100 %。陈庭慧等研究认为，苏云金杆菌悬浮剂、可湿性粉剂对烟青虫的防效显著，药效的速效性、持效性接近供试菊酯类化学药剂，是绿色烟叶生产防治烟青虫的首选生防剂。

3. 防治烟草害虫的昆虫病原病毒

利用昆虫病原病毒来防治虫害，其主要优点是专化性很强，不存在污染，在自然界中可以长期保存，并且可反复感染，有的还可能导致害虫流行病。昆虫病原病毒的种类较多，截至 1980 年已发现寄生昆虫的病毒有 1 200 多种。目前已经发现并分离出的防治烟草害虫的病原病毒主要有烟夜蛾核型多角体病毒、棉铃虫核型多角体病毒等，将其用于防治鳞翅目害虫，专一性强，杀虫效率高。章东方等研究认为，烟夜蛾核型多角体病毒不同感染浓度与烟夜蛾 3 龄幼虫死亡率及死亡时间之间的关系是：死亡率随着感染浓度的提高而上升，死亡时间随着感染浓度的提高而缩短。杨芳等的研究结果表明，棉铃虫核型多角体病毒对烟青虫的 7 天防效达到 88.01 % ～ 95.56 %，杀虫速度稍慢于化学农药，但持效期长。

## 四、烟草线虫病害绿色防控技术

烟草线虫病害主要有烟草根结线虫病、烟草胞囊线虫病和烟草根腐线虫病三大类，目前以烟草根结线虫病在我国发生范围最广、危害最重，烟草胞囊线虫病次之，烟草根腐线虫病为局部轻度发生。

### （一）烟草根结线虫病绿色防控技术

烟草根结线虫病在 1892 年首先报道于爪哇，1950 年以后在美国等世界各主要产烟区相继危害，成为世界性烟草生产的一个主要病害。我国的烟草根结线虫病于 1939 年由余茂勋在四川首次发现。20 世纪 80 年代以前，此病仅在我国山东、河南、安徽、四川等省零星发生；20 世纪 80 年代以后，据陈瑞泰等报道，我国除辽宁和黑龙江外，云南、贵州、广东、广西、湖南、湖北、浙江、安徽、福建、陕西、四川、河南和山东等 14 个植烟区均有根结线虫危害。2002 年全国根结线虫发生面积为 10.83 万 $hm^2$，直接危害所造成的烟叶经济损失 7 917.84 万元。近年来随着复种指数增加，加之重茬严重，烟草根结线虫病在我国发生面积逐年增加，危害程度不断加重，一般可造成减产 10 %～20 %，严重可达 30 %～40 %，甚至绝产。烟草根结线虫除直接危害烟株外，还会因线虫在烟株根部造成伤口而诱发其他根茎部病害发生，如烟草黑胫病、根黑腐病、青枯病等，使危害加重。

烟草根结线虫病的绿色防控技术是一个综合性系统技术工程，根据烟草根结线虫病的发生规律，利用合理轮作、间作制度，通过种植抗病品种、加强田间管理等生态控制手段，采用微生物源或植物源杀线虫剂，并且采用科学用药技术，绿色防控烟草根结线虫病。

#### 1. 发生规律

烟草根结线虫病发生的早晚、轻重，取决于病原、寄主和环境条件三者的相互作用。

#### （1）病原

烟草根结线虫病的病原为根结线虫，属于线虫门侧尾腺口纲垫刃目异皮线虫科根结线虫属。烟草根结线虫系内寄生线虫，两性虫体异形。烟草根结线虫的发育分为卵、幼虫和成虫三个时期。烟草根结线虫的卵呈肾脏形至椭圆形，黄褐色，两端圆，藏于黄褐色胶质卵囊内，每个卵囊内有卵 300～500 粒，初产卵一侧向内略凹，长 79～91 $\mu m$，宽 26～37.5 $\mu m$，在适宜条件下（20～30℃），卵经过 2 d 分裂成 20 个左右的细胞，然后进入囊胚期，再经过 2 d，第 4～5 d 进入原肠期，之后的 4～5 d 先出现口针，形成 1 龄幼虫。1 龄幼虫在卵壳内呈现"8"字形弯曲，经过静伏和第一次蜕皮，孵化不久即通过口针不断穿刺柔软卵壳末端，穿刺成孔洞而逸出，破壳孵出即是 2 龄幼虫；2龄幼虫呈线形、圆筒状，具有发育良好的唇区，唇前端稍平，有1～3条环纹，略呈杯状结构，由6个唇片组成，侧器为裂口状，口针纤细，有发育良好的基部球，蜕皮后成为3龄幼虫；3龄幼虫雌雄虫体开始分化，再经过两次蜕皮后发育成成虫。雄成虫呈细长、圆筒状，头部收缩为锥形，尾端稍圆，无色透明，大小（1.15～1.90）mm×（0.30～0.36）mm，交合刺成对、针状弓形，末端彼此相连、无抱片；雌成虫梨形，头部尖、后端圆，多埋藏在寄主组织内，大小（0.44～1.30）mm×（0.33～0.70）mm，会阴区图纹近似圆形，弓部低而圆，背扇近中央和两侧的环纹略呈锯齿状，肛门附近的角质层向内折，形成一条明显的折纹，肛门上方有许多短的线纹，排泄孔位置偏后。

根结线虫的种类主要有5种，分别是南方根结线虫、爪哇根结线虫、花生根结线虫、北方根结线虫和高弓根结线虫。南方根结线虫种又分1、2、3、4号生理小种，花生根结线虫有1、2号生理小种。我国烟草上5种根结线虫都有发现，以南方根结线虫1号生理小种为优势种群，爪哇根结线虫和花生根结线虫2号生理小种在20世纪90年代以来其比例逐年上升，在局部地区已成为优势种群。焦永吉等人认为：河南省烟草上存在南方根结线虫、花生根结线虫、北方根结线虫、爪哇根结线虫、高弓根结线虫5种根结线虫。南方根结线虫是河南省烟草上最大的优势种群，在鉴定样本中出现频率为55.83%；花生根结线虫是次优势种群，在鉴定样本中出现频率为23.33%；北方根结线虫在鉴定样本中出现频率为17.50%。所有样本均为混合侵染，南方根结线虫、花生根结线虫和北方根结线虫在河南广泛分布，具有普遍性，爪哇根结线虫在河南分布没有规律性。陈永芳等人的研究结果表明，烟草根结线虫在云南不同地区普遍发生，其种类组成复杂，南方根结线虫是云南省烟草上最大的优势种群，爪哇根结线虫和花生根结线虫是次优势种群，并呈日益严重的趋势。

（2）寄主

烟草根结线虫可侵染30个科的113种植物，其中粮食作物10种、油料及经济作物9种、蔬菜类33种、果树类3种、花卉树木类8种及杂草50种。已证实的寄主植物多数呈中度偏重发病程度，但小麦、玉米、谷子、水稻等禾本科作物发病较轻。

烟草根结线虫属于植物寄生性线虫，主要取食于烟株根系，造成烟株根系形成根结，使养分吸收困难甚至腐烂。根结线虫的 2 龄幼虫是根结线虫侵染烟株的唯一有效龄期，2 龄幼虫通过头部敏感的化感器寻找烟株的根，侵入烟株根尖分生组织。根结线虫食道腺可能分泌出吲哚乙酸等生长激素和分泌蛋白，刺激烟株根内的皮层和中柱细胞反常分裂，形成巨型细胞，线虫头部四周细胞的细胞壁消解，余下的细胞壁连接，细胞质融合后形成多核的、细胞质很浓的巨型细胞，导致根组织膨大形成根结，对根的输导系统造成更大的危害。根结线虫食道腺分泌物还可抑制烟株地上部分顶端优势的形成，加上地上部分养分输导受阻，因而烟株矮化发黄，甚至造成烟株提早枯死。烟草根结线虫病的发病症状为：烟株的侧根和须根较正常增多，并在须根上形成球形或圆锥形大小不等的白色根瘤，有的呈念珠状；大田生长初期烟株从下部叶片的叶尖、叶缘开始褪绿变黄，整株叶片由下而上逐渐变黄，烟株萎黄，生长缓慢，高矮不齐，呈点片缺肥状；大田生长后期烟株中下部叶片的叶尖、叶缘出现不规则褐色坏死斑并逐渐枯焦内卷，类似缺钾症状。烟株生长后期土壤湿度大时，根系腐烂，仅残留根皮和木质部，烟株提早枯死。发病轻的烟株，地上部分症状不明显，但根系上有少量根结，后期叶片薄，呈假熟状。

根结线虫侵入烟株根后，导致烟株根营养、水分吸收不协调，抑制酶活性及植物激素紊乱，使生长发育受到阻碍，抗病性降低，使其易受到其他病原物的影响，导致烟叶产量与产值下降。

根结线虫在土壤中的生活周期受温度影响很大。温度在 25 ℃左右，根结线虫 20 d 即可繁殖 1 代，低于 10 ℃或高于 36 ℃不能侵染。在温暖的地区，根结线虫 1 年一般可以繁殖 5 ～ 10 代，在四川 1 年可繁殖 7 代，在云南只有 3 代，河南繁殖 4 代。

不同烟草品种对烟草根结线虫病的抗性有明显差异。朱贤朝等认为，C28、C80 和 NC89 为高抗性品种，K326 为抗病品种。李国栋等研究认为：对于南方根结线虫表现为中抗的品种有中烟 14、K346、云烟 2 号、C28、Coker86 和云烟 87；表现为高感的品种有辽烟 1 号、中烟 104、贵烟 11 号、中烟 86、NC82、中烟 103 和中烟 90。据喻盛甫等报道：NC95、K326、C28、K326 对南方根结线虫 1 号小种抗病，中烟 14、红大、NC82 则感病；供试的

19个品种均对花生根结线虫2号小种和爪哇根结线虫感病，其中871对花生根结线2号小种具有一定的耐病性，317对爪哇根结线虫具有一定的耐病性。

烟草根结线虫病在团棵期开始发病，团棵期以后发病较重。烟草根结线虫以2龄幼虫虫态从烟株根部侵入，整株叶片由下而上逐渐出现病症。

（3）环境条件

烟草根结线虫以卵、卵囊、幼虫在土壤中或田间其他寄主植物根系上越冬，为翌年发病的主要侵染来源。胡先奇等的研究结果表明，根结线虫越冬虫量（越冬后的2龄幼虫量）与烟草根结线虫病害发生程度呈显著正相关。

烟草根结线虫病在烟田的传播途径主要有：病土和病残体通过耕作、制作粪肥等人为农事操作传播；雨水及灌溉水等传播；施用混有病土、病残根的粪肥及带病烟苗的调运，可使线虫随病苗、病土远距离传播。

烟草根结线虫病的发生与温度、湿度、土壤类型、栽培因素有直接关系。烟草根结线虫病的发生流行最适宜条件为温度22～30℃，相对湿度40%～80%。温度低于10℃，线虫不发生侵染；温度14℃以上时，线虫开始侵染；温度22～30℃时，适宜根结线虫生长发育，是线虫大量侵染的盛期。土壤湿度过高不利于线虫的生存和侵染，土壤含水量过少也不利于根结线虫的生存，土壤相对湿度40%～80%时对根结线虫活动最有利。干旱年份烟草根结线虫病发生较重，多雨年份发病较轻。

壤土和沙壤土通气良好、土壤颗粒空隙大，便于线虫活动，烟草根结线虫病发生较重；黏土发病较轻。前作为茄科、十字花科、豆科作物的烟田或长期连作的烟田烟草根结线虫病发生较重。在同一块田中，烟草根结线虫病病情是顺着行向发展的，主要在农事操作过程中由工具携带线虫而扩散。

2. 生态控制技术

（1）合理轮作

烟田合理轮作是防治烟草根结线虫病的诸多生态控制技术中最为经济有效的措施，实行3年以上的轮作或隔年水旱轮作，可以有效控制烟草根结线虫病的发生，烟草前作以玉米、小麦和水稻禾本科作物为宜。代先强等认为：水稻与烟草轮作，烟田根结线虫种群密度下降至零；玉米与烟草轮作可降低烟田根结线虫密度，将线虫控制在较低水平。黄金玲等人认为，烟草与抗线虫植物如万寿菊、苦豆子、曼陀罗等轮作，可以减少田间线虫数量，从而减轻病害的发生。王军等的研究结果显示，轮作 3 ～ 4 年的烟草根结线虫病病情指数显著低于轮作 1 ～ 2 年的病情指数，轮作 1 ～ 2 年的病情指数与连作差异不显著，表明实施 3 年以上的轮作，可以有效控制该病的发生。

（2）合理间作

合理间作对烟草根结线虫病具有显著的防控效果。张瑞平等的研究显示，烤烟间作蓖麻、烤烟间作雀麦草、烤烟间作孔雀草、烤烟间作猪屎豆和烤烟间作除虫菊对烟草根结线虫病均有显著的防控效果，防效分别为 41.9 ％ ～ 72.6 ％、43.8 ％ ～ 59.1 ％、36.3 ％ ～ 54.6 ％、36.4 ％ ～ 38.1 ％ 和 29.4 ％ ～ 38.1 ％，烤烟不同间作对烟草根结线虫病的防效表现为蓖麻或雀麦草优于猪屎豆，或孔雀草优于除虫菊。间作防控烟草根结线虫病的技术为：于烤烟烟苗移栽时，在烟株旁约 5.0 cm 处种植 1 行蓖麻，或雀麦草，或孔雀草，或猪屎豆，或除虫菊，点种深度约为 3.0 cm。

（3）种植抗病品种

种植抗病品种是控制烟草根结线虫病最经济有效的根本措施，我国生产上推广种植的云烟 87、KRK26、NC95、NC89、NC85、K326、K346、C28、G80 等品种对烟草根结线虫病的耐抗性较强，重病区可根据当地情况选择种植。王军等研究认为，K346、云烟 87、K326 高抗烟草根结线虫病，RGII 为感病品种，中烟 90、NC82 对烟草根结线虫病的抗性不稳定。

（4）合理施肥

施用有机肥有利于烟株根系发育，提高烟株抗性，还有利于土壤中根结线虫天敌的生长、繁殖，提高对根结线虫的控制作用。张涵等的研究结果显示，移栽时施用生态炭基肥 M-20（300 kg/hm$^2$）和 EC-10（150 kg/hm$^2$）能够极显著增加土壤细菌、放线菌数量及提高土壤蔗糖酶活性，对烟草根结线虫病的防效分别为 75.46 ％ 和 80.53 ％，表明生态炭基肥可修复土壤，并在一定程度上防治烟草根结线虫病。

贾利华等报道，充足的氮肥能明显推迟烟草根结线虫病初始发病时间和降低整个生育期的病情，磷、钾肥营养对该病有一定的抑制效果，对推迟初始发病时间效果不明显，但可以适当减轻整个生育期根结线虫病的病情。适当补施锰、硼、铜、锌、钼等微量元素肥料，可以使烟株植株生长健壮，根系发达，增强烟株的抗根结线虫能力。

（5）良好的田间管理

在烟草移栽前应及时翻耕晒土 2 次，每次将土壤置于烈日下暴晒 7 d 以上，可有效地杀死土壤中的烟草根结线虫 2 龄幼虫及卵，减少土壤中初侵染的线虫基数。烟草生长后期，根结线虫的雌虫和卵大量留存在烟株残体上，在土壤中存活越冬，成为来年的初侵染源，因此在烟叶采收结束后，彻底清除和销毁病株残体及田间杂草，可以有效地降低土壤中的虫源基数，减轻烟草根结线虫病危害。

3. 生物防治技术

根结线虫的天敌生物种群较多，主要包括食线虫真菌、穿刺巴氏杆菌、根际细菌、烟草内生菌、烟草内生生防菌和异小杆线虫等。

食线虫真菌是对线虫具有拮抗作用的真菌的统称，是线虫生物防治中最重要、研究最广泛的线虫天敌，是根结线虫最有潜力的生防真菌。通常将食线虫真菌分为捕食线虫真菌、内寄生线虫真菌和产毒真菌三类：捕食线虫真菌利用从营养菌丝中长出的广泛菌丝形成不同的捕食结构捕食线虫，如收缩环、非收缩环、黏网和黏着胞等捕食器官；内寄生线虫真菌通过各种分生孢子进入线虫体内，发育营养菌丝并大量繁殖产生各种孢子，消耗掉线虫的所有营养物质，使线虫死亡；产毒真菌能够分泌毒素或裂解酶类，从而杀死或抑制线虫生长，目前已发现 90 余种杀线虫的菌物毒素，其成分主要有醌类、生物碱类、萜类、肽类、吡喃类、呋喃类等。

李天飞等从烟草根结线虫病株根及土壤中分离鉴定出 5 种捕食线虫真菌和 1 种内寄生真菌。祝明亮等从云南省 28 个县采集 152 个土样及发病烟根，利用直接分离法和诱集分离法分别从根结线虫卵囊、卵、雌虫和幼虫中分离得到 400 株拮抗真菌，它们包括拟青霉属、镰刀菌属、普可尼亚属、木霉属、链格孢属、曲霉属、青霉属、柱孢菌属、茎点霉属、单顶孢属、钩丝孢属、节丛孢属、矛束孢属等 21 属及一些不产孢的拮抗真菌。其中，淡紫拟青霉、厚垣孢普可尼亚菌、尖孢镰刀菌分离频率最高，约占分离数的 60 %。杨树军等测定了淡紫拟青霉 DZ1 菌株和厚垣孢普可尼亚菌 IZ1 菌株对云南烟草南方根结线虫卵囊和分散卵孵化的影响，淡紫拟青霉 DZ1 菌株对分散卵和卵囊孵化的相对抑制率分别为 57.81 % 和 60.38 %，厚垣孢普可尼亚菌 LZ1 菌株对分散卵和卵囊孵化的相对抑制率分别为 27.50 % 和 67.53 %。李芳等人研究发现，淡紫拟青霉能有效地抑制烟草根结线虫的发生并促进植株生长，施用菌剂的烟草根结线虫病病情指数比对照组下降了 34%，根部和地上部植株鲜重、叶长和株高均有明显增加。据朱晓峰等的报告，曲霉发酵液的 1 倍液以上浓度，对烟草根结线虫 2 龄幼虫的致死率在 90% 以上，对卵囊和散卵粒孵化的抑制率在 95% 以上。陈国康等为了筛选烟草根结线虫病的优良生防菌株，测定了木霉菌株 TSP-1 对烟草根结线虫卵的寄生能力，结果显示，经过接种木霉菌和对根结线虫卵悬浮液进行处理，其卵粒细胞质变浓、被溶解，2 龄幼虫不孵化，而对照培养皿中观测到根结线虫卵逐步发育成熟，最后从培养基平板上孵化出 2 龄幼虫。表明木霉菌株 TSP-1 能捕食根结线虫虫卵，显示了较强的寄生致病能力，具有生物防治潜力。张瑞平等的研究显示，每亩穴施淡紫拟青霉颗粒剂（每克 30 亿个孢子）2 000 g 对烟草根结线虫病的防效为 39.8% ~ 77.2%，绿色木霉颗粒剂（每克 20 亿个孢子）2 000 g 对烟草根结线虫病的防效为 31.8% ~ 45.4%，0.5% 阿维菌素颗粒剂（肯邦线尊）3 000 g 对烟草根结线虫病的防效为 53.6% ~ 86.4%。

穿刺巴氏杆菌是一类专性寄生细菌，该菌在土壤中广泛存在，具有内生孢子，易于附着线虫体壁和侵染线虫，寄生后产生大量孢子，对多种线虫防效显著。但由于该细菌至今不能在人工培养基上进行大量培养，而用活体线虫进行繁殖的成本较高、效率很低，限制了在生产中的大规模应用。代先强等利用穿刺巴氏杆菌防治烟草根结线虫，大田控制效果 67% 左右。

根际细菌是从根际分离所得，在生防中具有拮抗作用或促生作用的细菌。目前利用较多的根际细菌主要有荧光假单胞菌、球形芽孢杆菌、枯草芽孢杆菌、放射性土壤杆菌及致金色假单胞菌等。雷丽萍等认为，根际细菌在温室自然土壤中的防效同田间效果一致，大部分超过 40%。刘志明等开展了根结线虫幼虫致病细菌的筛选，从 205 份样品中分离和纯化细菌 142 株，其中 4 株对番茄根结线虫的校正死亡率达 80% 以上，同时使香蕉根结线虫侵染率为零。

烟草内生菌具有促进烟株生长、抑制烟草病、降解烟草有害物质等功能，是一类具有应用潜力的微生物资源。黄晓辉等从烟草植株中分离得到了对烟草根结线虫具有明显抑杀活性的蜡样芽孢杆菌 H3 菌株，30% 浓度的 H3 菌株的发酵液对根结线虫 2 龄幼虫的室内有效抑杀率达到了 100%。

陈泽斌等筛选到能在烟草体内稳定定殖并且对烟草根结线虫具有明显抑杀活性的烟草内生生防细菌，从5株对全齿复活线虫具有明显致死活性的供试内生细菌中筛选出对根结线虫校正致死率达99％以上的活性菌株WY7和CJ20，活性菌株发酵液的杀线虫活性在12 h内随处理时间的延长而升高，随着稀释倍数的增加而降低。温室盆栽试验结果表明，5株杀线虫内生细菌中有4株对烟草根结线虫病防效大于50％，其中以CJ20对烟草根结线虫病的防效最好（67.5％）。

张涵等的研究结果表明，移栽时施用植物源杀线剂（30 kg/hm$^2$）能够极显著增加土壤细菌、放线菌数量及提高土壤蔗糖酶活性，采收末期对烟草根结线虫病的防效为75.69％。迟玉成等的研究结果表明，蓖麻叶水提取液对花生根结线虫2龄幼虫和卵的孵化均有明显防治作用。

4. 科学用药技术

（1）适宜时期用药

烟草根结线虫以2龄幼虫虫态从烟株根部侵入，烟草根结线虫病在移栽期易感病，团棵期以后发病较重。因此，防控烟草根结线虫病的施药最佳时期为移栽期和旺长期。

（2）有效靶区用药

烟草根结线虫以2龄幼虫虫态从烟株根部侵入，整株叶片由下而上逐渐出现病症，防控烟草根结线虫病的施药有效靶区为烟株根部。夏振远等的研究结果表明，对于触杀型化学杀线剂，采用对水浇施的使用方法或与耕作层土壤充分混合的使用方法有利于提高烟草根结线虫病的防治效果。

（3）高效混配用药

用于防治根结线虫病的化学药剂主要是非熏蒸类，如有机磷类、氨基甲酸酯类、大环内酯类等化合物。2014年以后，中国烟叶公司推荐的用于防治烟草根结线虫病的农药仅有丁硫克百威和阿维菌素，丁硫克百威和阿维菌素均属于触杀型杀线剂。漆永红等的研究结果表明，20％丁硫克百威乳油与1.8％阿维菌素乳油以9∶100比例复配对线虫病的防效最好。纪春涛等的研究结果表明，25％阿维丁硫水乳剂（金东旺）对烟草根结线虫病的防治效果优于5％丁硫克百威颗粒剂或0.5％阿维菌素颗粒剂的防治效果。

梁兵等的研究结果表明，肥料与阿维菌素协同作用，可以增强阿维菌素对烟草根结线虫病的防效。其中，首先有机肥＋无机肥＋阿维菌素的防效最佳，其次是无机肥＋阿维菌素，最后是有机肥＋阿维菌素。

闫芳芳等通过田间试验，研究烤烟间作孔雀草同时联合使用淡紫拟青霉对根结线虫病发病情况的影响，结果显示，孔雀草与淡紫拟青霉联合使用能显著提高淡紫拟青霉对烟草根结线虫防治效果的稳定性。孔雀草与淡紫拟青霉联合使用时均明显优于单一处理：单一施用淡紫拟青霉对根结线虫的平均防效为62.7％；施用淡紫拟青霉的同时间作孔雀草，平均防效在73％以上。结果表明，孔雀草与淡紫拟青霉协同作用防治根结线虫有显著的增效作用。孔雀草与淡紫拟青霉联合使用能显著提高淡紫拟青霉对根结线虫防治效果的稳定性，这可能是因为孔雀草的根系分泌物通过抑制其他微生物的生长，解除了淡紫拟青霉在土壤中定殖的部分土壤抑菌作用，为淡紫拟青霉的占位提供了有利条件。孔雀草与淡紫拟青霉间的协同增效机制还可能与孔雀草的根系分泌物对淡紫拟青霉生防因子的促进作用有关。

5. 适宜方法用药

（1）药剂

25％阿维丁硫水乳剂每亩100～200毫升、2 000～3 000倍液；0.5％阿维菌素颗粒剂每亩2 000～3 000克、20～30倍液；厚孢轮枝菌微粒剂（线虫必克）每亩1 500～2 000克、30～40倍液；淡紫拟青霉颗粒剂（每克5亿个孢子）每亩2 000～3 000克、20～30倍液；3.5％蓖麻碱微胶囊水悬浮剂（根结线虫净）每亩250～500毫升、1 500～2 000倍液。

（2）施用方法

每株使用药剂稀释液50～100毫升淋灌烟株根部，10～15天1次，单种类药剂最多连续使用3次。

**（二）烟草胞囊线虫病绿色防控技术**

烟草胞囊线虫病是严重危害烟草的病害之一，该病于1954年由美国的劳恩斯贝里（Lownsberry）首先报道，发生于美国弗吉尼亚州并最早定种。弗吉尼亚州约有1/3栽培面积的烟草植株发生胞囊线虫病，作物减损加上杀线虫剂的开销，使全州农民每年总损失约500万美元。在中国，1986年山东大学张淑龄对烟草胞囊线虫病做了简要报道，1992年刘建安等报道了发现于河南省襄城县库庄乡黄庄村烟田的胞囊线虫病。近年来，烟草胞囊线虫在我国主产烟区扩展蔓延迅速，危害日趋严重。烟草胞囊线虫在地下危害烟株根部，造成根系发育不良，严重时根系不能舒展并坏死，特别是毛细根弯曲腐烂，地上部分表现为凋萎、叶片失绿似干旱缺肥状，从而造成植株早衰，烟叶产量下降、质量降低，成为烟草生产的主要限制因素之一。

烟草胞囊线虫病的绿色防控技术是一个综合性系统技术工程，根据烟草胞囊线虫病的发生规律，利用合理轮间作制度、种植抗病品种、加强田间管理等生态控制技术，采用微生物源或植物源杀线虫剂，并且采用科学用药技术，绿色防控烟草胞囊线虫病。

1. 发生规律

烟草胞囊线虫病发生的早晚、轻重，取决于病原、寄主和环境条件三者的相互作用。

（1）病原

烟草胞囊线虫病的病原为胞囊线虫，属于线虫门侧尾腺口纲垫刃目异皮线虫科胞囊线虫属。

烟草胞囊线虫的发育生活史包括卵、幼虫和成虫三个阶段。烟草胞囊线虫的卵初为圆筒形，后发育为长椭圆形，一侧略凹，藏于胞囊中。幼虫共有4个龄期，经过3次蜕皮后发育成成虫。1龄幼虫在卵壳内发育，无色透明，蜕皮后破卵而出即是2龄幼虫；2龄幼虫虫体线形，无色透明，头部钝尖，尾部尖细，吻针呈大头针状；3龄幼虫生殖原基开始发育，雌雄体分化，发育成成虫。雄成虫线形，1～2 mm长，头尾钝圆，生有一对交合刺；雌成虫由豆荚形逐渐发育成鸭梨形或柠檬形，头部较尖，直径约0.5 mm，初为乳白色，随体壁加厚渐变为褐色，体内卵发育成熟时雌虫体死亡成为胞囊，一个胞囊内有数百粒卵，胞囊抗逆性较强，对于干旱、土壤微生物及杀线虫剂都有较强的抗性。

（2）寄主

烟草胞囊线虫可侵染烟草、番茄、辣椒、茄子等45种茄科植物和多种杂草。烟草胞囊线虫属于植物寄生性线虫，在烟株根系分泌物的刺激下，胞囊内的卵孵化，2龄幼虫通过头部敏感的化感器寻找烟株的根，侵入烟株根尖分生组织，在根部皮层内营寄生生活，导致根组织形成烟籽大小的胞囊，根部近茎部的韧皮部发褐，维管束变黑、腐烂，从一侧向另一侧发展，根表皮发棕黄色，根尖端仍有白色，髓部变褐，使根系失去活力，吸收功能紊乱，造成地上部营养不良，植株明显矮化。起初在叶尖及叶缘上有摩擦状或水浸状斑点，病斑存在的地方周围发黄，渐渐扩大连片，使叶尖、叶缘枯焦下卷，并且随着叶尖、叶缘下卷，颜色发褐，叶片焦枯状坏死，烟叶产质下降。

刘建安的研究结果表明，烟草胞囊线虫在河南每年繁殖 3～4 代，每一代生活期需 15～20 d；胞囊线虫在整个生长发育过程中，体积由小变大，颜色由浅到深，在老熟胞囊脱落的同时新的胞囊也已生成，两者交替进行，形成世代重叠。烟草胞囊线虫以 2 龄幼虫虫态从烟株根部侵入，烟草胞囊线虫病在移栽期易感病，团棵期以后发病较重。

（3）环境条件

烟草胞囊线虫主要以胞囊在土壤和病残体中越冬。烟草胞囊线虫的繁殖能力很强，每条线虫在 6～8 周内能产将近 300 个卵，同时由于胞囊的保护作用，未孵化幼虫能在寄主体内至少存活 11 年。烟草胞囊线虫病在烟田主要通过耕作、粪肥、灌溉水或移栽病苗进行传播，感病烟苗的调运是远距离传播的重要途径。

烟草胞囊线虫病的发生流行与栽培制度、作物种类、土壤质地因素有较密切的关系。一般病地连作，或种植寄主作物，土壤中胞囊线虫数量逐年积累，病害会逐年加重。壤土和沙壤土通气良好、土壤颗粒空隙大，便于线虫活动，烟草胞囊线虫病发生较重；黏土发病较轻。干旱年份烟草胞囊线虫病发生较重，多雨年份发病较轻。

2. 生态控制技术

（1）合理轮作

烟田合理轮作是防治烟草胞囊线虫病的诸多生态控制技术中最为经济有效的措施，实行 3 年以上的轮作或隔年水旱轮作，可以有效控制烟草胞囊线虫病的发生，烟草前作以玉米、小麦和水稻等禾本科作物为宜。

（2）种植抗病品种

种植抗病品种是控制烟草胞囊线虫病最经济有效的根本措施，我国生产上推广种植的 NC297、C80 等品种对烟草胞囊线虫病的耐抗性较强，重病区可根据当地情况选择种植。

（3）合理施肥

施用有机肥有利于烟株根系发育，提高烟株抗性，还有利于土壤中烟草胞囊线虫天敌的生长、繁殖，提高对烟草胞囊线虫病的控制作用。适当补施锰、硼、铜、锌、钼等微量元素肥料，可以使烟株植株生长健壮，根系发达，增强烟株的抗胞囊线虫病能力。

（4）良好的田间管理

烟草生长后期，烟草胞囊线虫的雌虫和卵大量留存在烟株残体上，在土壤中存活越冬，成为翌年的初侵染源。因此，在烟叶采收结束后，彻底清除和销毁病株残体及田间杂草，可以有效地降低土壤中的虫源基数，减轻烟草胞囊线虫病害。

3. 生物防治技术

（1）微生物防治

成飞雪等从烟草中分离出 1 株对胞囊线虫有较高生物活性的内生细菌菌株 YC-10，将该细菌发酵滤液原液及 5 倍、10 倍、20 倍和 40 倍稀释液处理胞囊线虫，致死率大于 90%。通过形态特点、理化特征及 DNA 序列同源性分析将菌株 YC-10 鉴定为苏云金芽孢杆菌。对发酵液活性成分理化性质研究表明，活性成分对热稳定，高温蛋白酶 K 处理不影响其杀虫活性，而酸性条件下杀线虫活性比碱性条件下更强。

在大豆胞囊线虫的生物防治研究方面，国内外报道从胞囊上分离得到 125 属 267 种真菌，在我国各地分离到近 30 属 51 种真菌。其中，兼性寄生菌（机会真菌），如厚孢轮枝菌、淡紫拟青霉菌、尖孢镰孢菌等可以在人工培养基和其他有机质上生长，都是土壤习居菌，很有应用价值。这些生防资源有待日后在烟草胞囊线虫防治上利用，以及挖掘新的生防因子。

（2）植物源杀线虫剂防治

目前，已报道的杀线虫植物有 102 科 226 属 316 种，这些植物属于不同目、不同科，通常是杂草、灌木和木本植物，其中研究较多的有菊科、楝科、豆科、十字花科、茄科、罂粟科、禾本科、大戟科、夹竹桃科、含羞草科、百合科等，已知的植物性杀线虫活性物质的化学成分包括 8 个属的六大类化合物，其中以生物碱的分布最为广泛，其中万寿菊的杀线虫活性成分为噻吩类化合物，白花曼陀罗的杀线虫活性成分为生物碱，苦豆子的杀线虫活性成分为苦豆碱，三尖杉的杀线虫活性成分为生物碱，主要作用于线虫的神经系统。研究应用较多的有万寿菊属植物、印楝、蓖麻等，国外推荐的比较成型的耕作模式是利用万寿菊与其他作物间作以防治线虫的危害。印楝作为世界上优秀的药源杀抑线虫植物而被多个国家广泛深入研究，而且印楝和印楝源产品在植物源杀线虫剂中也是最有前途的一类。

4. 科学用药技术

（1）适宜时期用药

烟草胞囊线虫以 2 龄幼虫虫态从烟株根部侵入，烟草胞囊线虫病在移栽期易感病，团棵期以后发病较重。因此，防控烟草胞囊线虫病的施药最佳时期为移栽期和旺长期。

（2）有效靶区用药

烟草胞囊线虫以 2 龄幼虫虫态从烟株根部侵入，防控烟草胞囊线虫病的施药有效靶区为烟株根部。赵国祥等的研究结果表明，在烟草大田移栽时，一次性穴施防控烟草胞囊线虫病的药剂并浇满穴水，在水渗入土壤后覆土盖好穴，该方法用于防治烟草胞囊线虫危害，成本低、易推广，能取得很好的防治效果。

（3）适宜方法用药

药剂：25% 阿维丁硫水乳剂每亩 100～200 毫升、2 000～3 000 倍液；0.5% 阿维菌素颗粒剂每亩 2 000～3 000 克、20～30 倍液；厚孢轮枝菌微粒剂每亩 1 500～2 000 克、30～40 倍液；淡紫拟青霉颗粒剂（每克 5 亿个孢子）每亩 2 000～3 000 克、20～30 倍液；3.5% 蓖麻碱微胶囊水悬浮剂每亩 250～500 毫升、1 500～2 000 倍液。

施用方法：每株使用药剂稀释液 50～100 毫升淋灌烟株根部，10～15 天 1 次，单一种类药剂最多连续使用 3 次。

# 五、烟草刺吸性虫害绿色防控技术

刺吸性害虫指以刺吸式口器或锉吸式口器危害植物的害虫。常见的烟草刺吸性害虫主要有桃蚜、斑须蝽及烟粉虱等，其中以桃蚜发生最广、危害最重，其次为斑须蝽，烟粉虱发生呈现加重的趋势。

### （一）桃蚜绿色防控技术

桃蚜是一种对作物危害严重的世界性害虫，广泛分布于我国各烟区，危害时间长，发生数量大，是烟草的主要害虫之一。它除了危害烟草，还危害马铃薯、番茄、辣椒、茄子等多种茄科作物，白菜、甘蓝、油菜等多种十字花科蔬菜，以及桃、李、杏等多种林木和杂草，寄主多达50科400多种，是典型的多食性害虫。桃蚜不仅通过直接刺吸烟株汁液，引起烟株营养恶化、生长停滞或延缓、提前老化或早衰，而且通过分泌蜜露污染烟叶，诱发霉污病，同时传播马铃薯Y病毒、黄瓜花叶病毒等多种病毒造成间接危害，给烟叶生产带来严重经济损失。烟草叶片受害后生长不良，叶片变小、变薄；烤制后的叶片质地粗糙，分量轻，青烟比例上升，优质烟比例下降，叶片烟碱含量下降，总氮、总蛋白质、总氯含量上升，烟叶的产量及品质降低。进入20世纪70年代末，特别是20世纪80年代中期以来，桃蚜的间接危害所造成的损失远远大于其直接危害，且呈日益加重的趋势。

桃蚜的绿色防控技术是一个综合性系统技术工程，根据桃蚜的田间发生规律，利用合理间套作制度、种植抗病品种、加强田间管理等生态控制技术，利用桃蚜的趋光性、趋黄性等物理防控技术，采用保护利用桃蚜天敌、微生物源或植物源杀蚜剂，并且采用科学用药技术，绿色防控桃蚜。

1. 发生规律

（1）形态特征

桃蚜属于同翅目蚜科瘤蚜属，又名烟蚜，俗称蜜虫、腻虫等。桃蚜的卵为椭圆形，初期为绿色，后期黑色，长0.44 mm，有光泽。干母体色多为红色、粉红色和绿色，无翅，触角5节，为体长的一半。无翅孤雌蚜的体长1.5～2.0 mm，呈卵形；体色有绿、黄绿、橘黄、淡红、褐等几种，无斑纹；体表光滑，弓形构造不明显；前胸有缘瘤，背毛粗长钝顶，中额毛1对，头部背毛4对，前胸各有中、侧缘毛1对；头部额瘤黑色，显著内倾；喙黑色，长达中足基部；体侧乳状突显著；触角6节，黑色，仅第5节端部和第6节基部各具感觉孔1个；腹管黄绿色，中部稍膨大；尾片黑色，呈圆筒形。有翅孤雌蚜的体长1.6～2.1 mm；头、胸部黑色，腹部颜色有绿色、黄绿、褐色和赤褐色，背面有方形黑斑，两侧各有小黑斑1列；腹管较长，端部黑色，中部以后略膨大，上具瓦状纹；尾片较腹管短，呈圆锥形，黑色，两侧有3

对弯曲细毛；触角 6 节，黑色，比身体略长，第 3 节具感觉孔 9～11 个，排列成行，第 5 节及第 6 节上各具感觉孔 1 个。

桃蚜根据体色差异可分为红色型、绿色型和黄色型，以红色型占优势，绿色型桃蚜的种群数量较少。吴兴富等的研究结果表明：红色型有翅桃蚜和绿色型有翅桃蚜的体长、触角、额瘤、尾片及尾板等形态特征上存在显著差异；红色型桃蚜的产卵量、寿命及生殖期均显著高于绿色型桃蚜；2 种体色生物型桃蚜的种群增长曲线均为"S"形，红色型桃蚜的种群饱和时的密度较绿色桃蚜高，但自然反应时间较绿色桃蚜短。洪家保等认为：红色型、绿色型桃蚜都可在 0.5 min 内获毒或传毒，且传毒效率随着获毒或传毒时间的延长而提高，当获毒时间和传毒时间超过 5 min 时，传毒效率提高、幅度减缓；传毒蚜虫数量在低密度（每株 1～5 头）时，随着蚜虫数量的增加，传毒效率提高明显；当蚜虫数量大于每株 5 头时，传毒效率上升的趋势减缓；桃蚜的持毒时间在连续传毒的情况下约为 25 min，而在获毒后不立即进行传毒时，则持毒时间可延长至 40 min。程新胜等研究了不同体色桃蚜种群对有机磷酸酯、氨基甲酸酯和有机氯类的敏感性后提出，红、绿色桃蚜对不同药剂敏感性差异程度不同，红色桃蚜对三类药剂的耐药性均比绿色桃蚜强。

桃蚜的羧酸酯酶、乙酰胆碱酯酶活性对其分解外源毒物及维持正常生理代谢起重要作用。高光澜等的研究结果表明，羧酸酯酶在桃蚜成虫、3 龄若蚜和 4 龄若蚜各体躯段均有分布。成虫羧酸酯酶活性以腹部最高，胸部次之，头部为最低；3 龄若蚜的羧酸酯酶活性以胸部最高，腹部次之，头部最低；4 龄若蚜的羧酸酯酶活性以胸部最高，腹部次之，头部最低；成虫、3 龄若蚜和 4 龄若蚜的羧酸酯酶活性均以头部的活性最低，并且均极显著低于胸部和腹部的活性。乙酰胆碱酯酶在桃蚜成虫、3 龄若蚜和 4 龄若蚜各体躯段均有分布。成虫的乙酰胆碱酯酶活性以腹部最高，胸部次之，头部最低；3 龄若蚜的乙酰胆碱酯酶活性以胸部最高，腹部次之，头部最低；4 龄若蚜的乙酰胆碱酯酶活性以腹部最高，胸部次之，头部最低；成虫、3 龄若蚜和 4 龄若蚜的乙酰胆碱酯酶活性均为头部低于胸部和腹部，并且头部活性显著低于胸部和腹部的活性。

赵冲等为探讨我国不同地理种群桃蚜形态特征变异情况，测量了我国 18 个地理种群桃蚜的体长、体宽、头宽、各足腿节长、各足胫节长等 18 个形态

性状度量特征和 $Q$ 值，并进行方差分析和基于欧氏距离与地理距离和海拔差距的 Mantel test，利用各形态特征与体长的比值构成的比例特征，进行系统聚类和主成分分析，结果表明：部分地理种群桃蚜的形态性状差异显著，18 个桃蚜地理种群中贵州贞丰种群与其他种群相比差异最大，陕西南泥湾、湖南慈利、安徽谯城和重庆武隆种群差异最小，其他种群间的差异程度介于这两者之间；欧氏距离与地理距离、海拔高度差距都不具有相关性，桃蚜种群的形态分化不符合地理隔离模式，地理气候条件对种群形态有一定影响，种群形态差异的形成是多种因素综合作用的结果。

（2）生活史及习性

桃蚜繁殖速度快、世代周期短，桃蚜 1 年繁殖的代数，因地区而异，自北向南逐渐增多，东北烟区、黄淮烟区 24 ～ 30 代，西南烟区 30 ～ 40 代，南方烟区可终年繁殖。桃蚜 1 头孤雌胎生雌蚜最多可产小蚜虫 150 头，平均51 头，夏季温湿度适宜时，若蚜只需 2 ～ 4 d 即可成熟繁殖，绝大多数成蚜当日或次日可产若蚜，1 ～ 2 d 后便进入繁殖高峰期，并可维持 12 d 左右。桃蚜寿命最短 11 d，最长可达 99 d。

杨效文等研究了中国 4 个地区 3 种生活史类型的桃蚜在烟草上的种群繁殖特征，认为 25 ± 1 ℃、70 % ± 10 % 相对湿度条件下，长春地区桃蚜的生殖前期和产卵高峰日分别为大于等于第 7 天和第 11 天，而南京、湖南郴州和河南宜阳桃蚜的生殖前期和产卵高峰日分别为小于第 7 d 和第 9 d。秦西云等在 10 组温度组合条件下研究桃蚜有效积温、发育起点温度、生殖率等生物学特性，结果表明：桃蚜第 1 代若虫期从 8 ℃下的 32.54 d 到 26 ℃下的 5.43 d；28 ℃以上发育受到高温的抑制作用，发育速率降低，28 ℃、30 ℃和 32 ℃下若蚜的发育历期依次为 6.24 d、6.68 d、19 d；桃蚜全代最低发育起点温度为 4.86 ℃，其中若虫和成虫的发育起点分别为 5.15 ℃和 3.67 ℃，全代最高发育上限温度为 28.47 ℃，其中若虫和成虫分别为 28.05 ℃和 27.17 ℃，有效积温为 142.86 d·℃，其中若虫和成虫分别为 121.95 和 22.32 d·℃；温度在8 ～ 30 ℃变化时，若虫期的存活率为 34.76 % ～ 72.92 %，32 ℃存活率降至22.50 %，成虫的平均寿命从 8 ℃下的 23.42 d 到 32 ℃时的 9.57 d，平均生殖率 26 ℃最高，32 ℃最低。王玉川等的研究结果表明：当温度为 24.24 ℃、相对湿度为 55.76 %、光照较好时，最有利于桃蚜生长发育和繁殖；当温度为

28.80℃、相对湿度为83.33%、光照较强时，桃蚜世代历期最短，繁殖速度最快，形成有翅蚜比例最大；当温度为27.08℃、相对湿度为63.85%、光照不足时，桃蚜繁殖较慢。

桃蚜对寄主植物的选择性是长期进化的结果，桃蚜对寄主植物的选择性与寄主的次生代谢物、物理形状等有关。例如：桃蚜在桃树、烟草、油菜和甘蓝等4种寄主植物上的存活率，成、若蚜发育历期产卵动态及内禀增长率存在显著差异；红型桃蚜和绿型桃蚜对烟草和蔬菜具有不同的选择性，红型桃蚜嗜食烟草，绿型桃蚜嗜食十字花科蔬菜；十字花科蔬菜上的烟草型桃蚜取食烟草，甘蓝型桃蚜不取食烟草；甘蓝叶片表面相对光滑，不利于桃蚜附着与取食；烟草次生代谢物烟碱含量与桃蚜的生长发育、存活率和繁殖成度相关。马丽娜等研究了桃蚜在烟草、茄子、豇豆和甘蓝等4种寄主植物上的发育历期、存活率和繁殖力，获得了净生殖率、内禀增殖率、世代平均周期和周限增长率等生命表参数，结果表明：桃蚜若虫历期在甘蓝上最长，烟草上最短；成虫寿命在烟草上最长，茄子上最短；世代历期在烟草上最长，茄子上最短；繁殖力在烟草上最高，茄子上其次，甘蓝上最低；若虫存活率在茄子上最高，甘蓝上最低，其中1龄若虫存活率在茄子上最高，2龄、3龄、4龄若虫存活率在烟草上最高；寄主植物按内禀增殖率值的大小排列，依次为茄子—烟草—豇豆—甘蓝；在4种寄主植物中，桃蚜最嗜食茄子，最不嗜食甘蓝，在茄子上，周限增长率和内禀增长率最大，世代平均周期和种群加倍时间最短，在甘蓝上，周限增长率和内禀增长率最小，世代平均周期和种群加倍时间最长。李凤琴等研究了桃蚜在烟草、油菜和萝卜上的生长发育历期、存活率和繁殖率等，结果表明：桃蚜在烟草、油菜和萝卜寄主上的发育历期、日平均最高产蚜量有显著差异；桃蚜最喜食烟草，其次是油菜和萝卜。

桃蚜生活史可分为全周期型和非全周期型两种类型。全周期型即桃蚜全年以孤雌生殖与有性生殖交替方式进行，以卵的形态在桃树上等越冬（或以成蚜在温室或越冬蔬菜上越冬）。桃树上的卵于翌年2月下旬开始孵化，出现干母，3月上中旬为孵化盛期，一般在桃树上繁殖3代，4月相继出现干雌，绝大部分为有翅蚜，发育成熟后，4月下旬至5月上旬开始向烟草等寄主上迁飞，6～7月在烟草上危害最盛，在烟草上可繁殖15～17代。非全周期型即桃蚜全年以孤雌生殖方式繁殖，不发生性蚜世代，生活在秋菜等寄主上的无翅孤雌蚜，继续在越冬蔬菜及杂草上越冬，翌年春天，这些寄主上产生的有翅孤雌蚜迁飞到烟草等寄主上。在自然条件下，北方烟区的桃蚜生活史为全周期型，南方烟区的桃蚜生活史为非全周期型。杨效文等采用 RAPD-PCR 方法对我国不同地理种群桃蚜进行分析，并指出与全周期型桃蚜相比，全周期型和非全周期型桃蚜混发区与非全周期型桃蚜更为接近，而全周期型和非全周期型混发区桃蚜差异不明显。

桃蚜在烟田的种群动态因地而异。东北烟区：5月下旬烟苗移栽后，有翅蚜陆续迁入烟田，并产生无翅蚜，7月下旬形成无翅蚜高峰。黄淮烟区：4月下旬至5月上旬烟苗移栽后，迁入有翅蚜并胎生无翅蚜，5月下旬形成蚜量高峰，以后蚜量逐渐下降，到6月中旬蚜量降至最低点，6月下旬蚜量开始迅速回升，7月中旬形成第二个蚜量高峰，这次高峰形成快，数量大，是防治桃蚜直接危害的关键时期。云南烟区：与东北烟区的发生规律基本相同，只是田间的蚜源不同，东北烟区的蚜虫是从烟田以外迁入的，而云南烟区的蚜源主要来自移栽时已在烟苗上危害的无翅蚜。贵州烟区：与黄淮烟区基本相同，在田间可见两个高峰，只是蚜量比黄淮烟区少。李蕨鲁等认为，东北烟区（除辽宁烟区）为桃蚜全周期型、直接危害、单峰常发区，黄淮烟区为桃蚜兼性危害、双峰常发区，云南烟区为桃蚜非全周期型、直接危害、单峰常发区，贵州烟区为桃蚜非全周期型、直接危害、双峰偶发区，华中烟区为桃蚜非全周期型、直接危害、单双峰间发区，武陵山区为桃蚜非全周期型、直接危害、单峰常发区。

郭线茹、商胜华、乔红波等的研究发现：桃蚜危害后，烟草株高明显降低，单位叶面积干重下降；细胞内含水量、叶绿素含量和光合作用强度下降，烟叶光谱反射率下降，近红外的下降尤甚；烤制后叶片质地粗糙，级别降低。袁峰等认为，桃蚜危害后烟叶的糖、生物碱和酚类物质含量下降，氮及淀粉含量升高。

桃蚜的危害损失率随蚜量增加而升高。袁峰等经过测定指出：1头桃蚜的经济损失率为 0.069 5 %；烟草产量损失率、上中等烟比例损失率、产值损失率与单株蚜量均呈正相关。

桃蚜具有明显的趋色（光）性，有翅蚜对黄色呈正趋向性，对银灰色和白色呈负趋向性。付国需等为了探讨蚜虫对不同色光选择反应的定量指标，采用滤光片技术测定了有翅和无翅桃蚜对不同波长单色光的趋性反应，结果表明：有翅蚜对 490 ～ 550 nm 范围内的单色光表现出明显趋性，其中对 538.9 nm 和 549.9 nm 的绿偏黄色光趋性最强，其次为 491.5 nm 的蓝绿色光，而对于波长 576.0 nm 的黄色光并没有表现出明显趋性，无翅蚜对不同单色光的趋性反应则没有明显的峰值。

桃蚜具有明显的趋嫩性，喜食烟株的嫩叶、嫩梢，常在幼嫩叶片背面及叶耳部位产生危害，在烤烟伸根期桃蚜主要分布于烟株的倒 2 ～ 4 叶（自下而上）片上，旺长期桃蚜主要分布在烟株的上棚叶片上，打顶后烟株的腋芽上蚜量增多。邓建华等的研究结果表明，桃蚜在烟株各个叶位间的分布数量都以烟株上部 5 个叶片较多，且团棵期桃蚜量高于旺长期。孙闯等的研究结果表明，桃蚜主要集中在烟株上部 4 片叶、叶片背面及叶耳上。

不同烤烟品种对桃蚜抗性存在显著差异。陈永年等的研究认为，NC89 与 C28 对桃蚜抗性无显著差异，但均显著强于 K326。龙建忠等的研究结果表明，云烟 87 与 K326 对桃蚜抗性无显著差异，但均显著强于 C80。魏代福的研究表明，中烟 100 对蚜虫最不敏感，NC89、中烟 201 居中，K326 最敏感。

桃蚜在烟株团棵期迁入，发生危害高峰期为旺长期和圆顶期。邓建华等认为，烟田团棵期桃蚜量高于旺长期。

（3）发生环境条件

桃蚜在田间发生的轻重程度与环境温度、湿度、风速及天敌情况密切相关。桃蚜活动的适宜温度为 12.5 ～ 26℃，最适温度 25℃，相对湿度为 80％ ～ 88％。当 5 天平均温度高于 30℃或低于 6℃、相对湿度小于 40％ 时，桃蚜种群数量会迅速下降；当温度高于 26℃、相对湿度高于 80％ 时，桃蚜种群数量亦下降；如温度不超过 26℃、相对湿度达 90％ 时，桃蚜种群数量仍可继续上升。龙建忠、商胜华等的研究发现，气温对桃蚜发生量具有明显的正效应作用，日照时数对大田前期有翅蚜迁飞量有明显正效应作用，雨日雨量和相对湿度对桃蚜发生量有明显的负效应作用。

孙闯等认为，桃蚜种群变化取决于若蚜量、1 ～ 4 叶位叶耳及背面下部区域桃蚜量的变化，叶耳部位由于位置及形状限制是桃蚜防治后再次发生虫害的重要源头。

由于桃蚜自身的飞行能力较弱，飞行速度缓慢，长距离迁移大多是借助风力。温度 16℃以上、风速 1.87 m/s 以下、相对湿度 80 % 以上，是桃蚜迁飞的适宜天气。

桃蚜的天敌种类繁多，主要为瓢虫、桃蚜茧蜂、草蛉、食虫蝽和食虫蝇，其中捕食性天敌有瓢虫、草蛉、蜘蛛、食虫蝽和食虫蝇，寄生性天敌主要是桃蚜茧蜂。陈朝阳等对福建省烟田桃蚜的调查结果表明，桃蚜的天敌种类有33 科 84 种。巫厚长等利用灰色系统理论和方法，分析桃蚜的各种天敌的日捕食总量与桃蚜种群数量的追随关系，以及各种天敌与理想优势种天敌之间的关联度，结果表明：对桃蚜种群数量影响最显著的是蜘蛛类的草间小黑蛛，其次是瓢虫类的龟纹瓢虫。杨松等的研究结果表明，烟田内桃蚜的主要天敌有桃蚜茧蜂、蜘蛛类、瓢虫、黑带食蚜蝇和草蛉，桃蚜茧蜂、瓢虫、食蚜蝇和草蛉与桃蚜具有一定的跟随关系，而以桃蚜茧蜂的跟随关系最为明显。影响桃蚜种群数量变化的天敌主要有桃蚜茧蜂、瓢虫和草蛉，但随着时间的变化，各天敌对桃蚜的控制作用亦发生了变化。

（4）预测预报

于烟苗移栽后，在大田内设置 3 个黄皿诱蚜，黄皿直径 35 cm、高5 cm，皿内底部及内壁涂金盏黄油漆（柠檬黄），外壁涂黑色油漆；皿内盛皿高 2/3 左右的清水，用木棒支架于田间，皿距地面高度为 1 m，两皿相距30 ～ 50 m。当皿内颜色减弱时，用新涂黄皿更换，并及时换水与防止暴雨后皿中水量过满而冲刷蚜虫。每天定时检查皿内的桃蚜，然后将其清除并保存于盛有 75 % 乙醇的容器内，在体视显微镜下区分蚜种，记录桃蚜数量。同时，记载气象资料，通过数理分析，建立数理模型，用于大田期蚜量的预测预报。

龙建忠等建立了以适合迁飞的天数预测迁飞桃蚜量的模型，即$Y=13.882+1.29X$。其中，$Y$ 为主要迁入期 3 月下旬至 5 月上旬的黄皿诱蚜总量（每 3 皿桃蚜数量），$X$ 为桃蚜主要迁入期 3 月下旬至 5 月上旬的适合迁飞天数（天）。还建立了以黄皿诱蚜量预测田间蚜量的模型为$Y=-2\,399.78+985.72X$，其中，$Y$ 为移栽至现蕾期蚜量（每百株头数），$X$ 为移栽至现蕾期的黄皿诱蚜总量（每 3 皿桃蚜数量）。

2. 生态控制技术

（1）合理套作

烟田合理套作可以极大地丰富天敌资源，有效控制桃蚜对烟株的危害。潘一展的研究结果显示，麦烟套种烟田和单作烟田每百株分别有天敌 65 ～ 78 头和 14 头，每百株有蚜虫 22 头和 75 头。谈文等认为，麦烟套种田麦株的屏障作用能减轻有翅蚜在烟株上降落的概率，使得早期迁入烟田的有翅蚜量较少。根据桃蚜的趋黄性，小麦可吸引桃蚜优先降落，从而减少烟株蚜量。烟区麦套烟宜将麦茬留 30 ～ 35 cm，在割麦 10 ～ 15 d 后再灭茬。侯茂林等的试验结果表明：烟薯套种烟田较单作烟田的桃蚜种群数量显著减少，烟薯套种行比 1 ∶ 1，抑制桃蚜种群数量的效果较好。

（2）种植诱蚜植物

种植诱蚜植物能够诱集桃蚜，进行集中灭杀，减少迁入烟田的有翅蚜量，控制桃蚜对烟株的危害。吴红波等的试验结果表明：条带种植小麦诱集带的烟田蚜虫量为每株 0.17 ～ 0.42 头，未种植小麦诱集带的烟田蚜虫量为每株 0.89 ～ 1.22 头。范进华等的试验结果表明：条带种植向日葵的烟田蚜虫为每株 2.45 头，而未种植向日葵的烟田蚜虫为每株 5.80 头。赵洪义等的试验结果表明：四周环绕种植玉米的烟田蚜虫量为每株 0.93 ～ 1.54 头，未种植玉米的烟田蚜虫量为每株 6.34 ～ 12.49 头，可有效减少迁飞到烟株上的蚜虫数量。诱蚜植物的种植时间以烟草移栽前 30 d 种植为最佳，空间布局宜采用四周环绕种植方式或条带种植方式，种植面积占总种植面积 5 % ～ 10 %。

（3）种植抗性品种

种植抗性品种是控制桃蚜最经济有效的根本措施，我国生产上推广种植的中烟 100、NC89、中烟 201、C28 等品种对桃蚜耐抗性较强，桃蚜重发区可根据当地情况选择种植。

（4）良好的田间管理

及时打顶抹杈。一方面，能够直接减少桃蚜数量；另一方面，天敌数量的逐渐回升也抑制了桃蚜的增殖，使得桃蚜数量在较低水平上波动。必须注意将所打掉的芽枝、腋芽带出烟田处理。

3. 物理防控技术

（1）银灰色地膜覆盖栽培

桃蚜对银灰色有较强的负趋性，可利用银灰地膜驱避、减少桃蚜虫基数，使桃蚜的密度和落卵量大幅度降低，从而防治桃蚜。高正良等认为，银灰色地膜覆盖栽培，能有效地驱避蚜虫迁飞烟田，降低桃蚜的危害。

（2）张挂镀铝反光膜带驱避桃蚜

陈昌亮等认为，烟田沿烟垄张挂"井"字形镀铝反光膜带，高度超过烟苗 20～50 cm，可有效驱避桃蚜。

（3）黄色黏板诱杀桃蚜

黄色黏板诱杀是利用桃蚜对黄色的趋性而设置的一种害虫防治措施，不污染环境，对非目标生物无害或危害很少。该黄色板上涂有特定的黏性物质，该物质黏性持续期长，对桃蚜有较长的诱杀效果。李娟等的试验结果表明：利用捕杀特黄板捕杀桃蚜，对桃蚜的平均防效 89.2 %，但速效性不如化学药剂，在蚜虫发生初期使用效果最好。苏赞等的研究结果表明，黄色黏板在烟田使用的最佳角度为与垄体平行，最佳高度为黄板底线高出垄体 55 cm，黄板处理与化学药剂处理相比在控制桃蚜的速效性上较差，但是在持效期上，黄板处理明显好于化学药剂处理。

黄色黏板诱杀桃蚜的技术为：黄色黏板在烟田布局采用"Z"字形分布或与行向平行分布，东西向放置优于南北朝向，每亩黄色黏板设置 30～40 张、间隔 15～35 m，害虫发生高峰期黄色黏板设置张数适当增加、设置间隔适当减小；黄色黏板的烟田设置高度以色板底线高出垄体 0.5～1.8 m 为宜，随着烟株的生长，黄色黏板设置高度适当提高，掌握色板底线高出烟株顶端 15～20 cm 的原则，色板设置高度不能太低，也不能过高，否则既不便于管理，也会影响诱黏虫的效果；当黄色黏板上黏虫面积达 60 % 以上时，黏虫效果下降，应及时清除黏虫胶带上的害虫或更换黏虫胶带。

（4）杀虫灯诱杀桃蚜

目前普遍使用的杀虫灯有高压汞灯、频振式杀虫灯和太阳能杀虫灯等。利用杀虫灯诱杀桃蚜的技术为：杀虫灯在烟田布局一般有两种方法，一种是棋盘状分布，另一种是闭环状分布。在实际生产中，棋盘状分布较为普遍，闭环状分布主要针对某块为害严重的区域以防止虫害外延。杀虫灯之间的距离要根据烟田地形地势来设定：地势开阔、平坦、无高大障碍物的地方，灯与灯之间以隔 200 m 为宜；地势为梯田形或有较矮障碍物的地方，灯与灯的间隔以 160 m 为宜。不要出现诱虫盲区，以达到最佳诱虫效果。杀虫灯的烟田安装高度为诱虫光源距离地面 1.4～1.6 m 为宜。杀虫灯不能安装得太低，也不能安装得过高，否则既不便于管理，也会影响诱虫的效果。杀虫灯的诱虫光源，杀虫部件，集虫部件上黏附的虫体、污垢要及时清理，最好每天清理一次，以免降低诱虫效果。

毕庆文等研究认为，频振式杀虫灯对桃蚜有较好的诱杀效果，而诱捕天敌昆虫较少，利于提高烟田昆虫的益害比。董宁禹等的研究结果表明，太阳能杀虫灯可显著诱杀烟田害虫、保护天敌，促进田间生态平衡。太阳能杀虫灯和诱虫黄板绿色防控技术联用能有效防治烟田主要病虫害，适合在烟草生产中推广应用。

4.生物防治技术

（1）桃蚜天敌防控

桃蚜的天敌种类繁多，主要天敌包括瓢虫、桃蚜茧蜂、草蛉、食虫蝽和食虫蝇。其中，寄生性天敌主要是桃蚜茧蜂，捕食性天敌有瓢虫、草蛉、食虫蝇、食虫蝽和蜘蛛等。

桃蚜茧蜂。桃蚜茧蜂是我国烟区桃蚜天敌的优势种，是桃蚜的主要的寄生性天敌，具有寄主专化性强、增殖潜力大、在蚜虫寄主植物上搜索效率高等特点，是烟田中大量推广和应用的一种天敌产品。陈家骅等、杨松等的研究认为：桃蚜茧蜂在烟田的水平分布格局与桃蚜相同，均为聚集分布，且两者在垂直分布上的趋势基本一致，桃蚜茧蜂对桃蚜的聚集场所有明显的跟随关系；桃蚜茧蜂种群数量的消长趋势与桃蚜种群数量的消长趋势基本一致，有明显的跟随现象。吴兴富等、李明福等的研究表明：在田间释放桃蚜茧蜂可以明显降低桃蚜的繁殖力和产卵量，能很好地抑制桃蚜种群数量的增长；随着放蜂次数和放蜂量的增多，桃蚜防治效果明显提高。黄继梅等的研究结果表明，在田间散放桃蚜茧蜂的防治效果与化学防治效果相当，但可以显著降低化学农药的用量，降低生产投入。龙宪军等的研究发现，在烟田释放桃蚜茧蜂可有效防治桃蚜，且效果显著，大田僵蚜率为 50 %～80.8 %，羽化率超过 90 %，平均防治效果达 83.0 %。陈杰等的研究结果显示，在大田环境下人工释放桃蚜茧蜂，可有效缓解烟田桃蚜种群数量的增长，平均有蚜株率由放蜂前的 14.4％ 减少至 3.5％，平均单株蚜量由 104.0 头降至 18.7 头，利用桃蚜茧蜂防治桃蚜的虫口减退率为 74.82％，防治效果达 86.04％。程爱云等认为，在田间烟株返苗期或蚜虫量约为每株 5 头时，开始释放桃蚜茧蜂。李晓婷等、程爱云等认为：田间蚜虫量小于每株 5 头时，桃蚜茧蜂放蜂量为每亩 20 ～ 500 头；田间蚜虫量为每株 6 ～ 20 头时，桃蚜茧蜂放蜂量为每亩 500 ～ 1 000 头；田间蚜量为每株 20 头以上时，桃蚜茧蜂放蜂量为每亩 1 000 ～ 2 000 头。黄继梅等研究认为，在初始蚜量较低的条件下，桃蚜茧蜂采用 3 次以上逐次散放的方法，可有效控制桃蚜种群的增长。释放方法为在烟田上风口将容蜂袋打开后慢慢移动，使桃蚜茧蜂自然飞入烟田。

瓢虫。瓢虫是桃蚜的优势天敌，也是重要的捕食性天敌，烟田中的瓢虫主要有异色瓢虫、七星瓢虫和龟纹瓢虫等。陈斌等的研究表明：烟田桃蚜与瓢虫种群数量消长规律一致，桃蚜与瓢虫数量呈明显的正相关；桃蚜与瓢虫在烟田和烟株上、中株段呈聚集分布，证明了瓢虫对桃蚜有明显的追随作用，即桃蚜呈聚集分布时，瓢虫也呈聚集分布，借以提高对桃蚜的控制作用。

①异色瓢虫。作为桃蚜的重要捕食性天敌，异色瓢虫是烟田桃蚜的优势天敌种类之一，对桃蚜有显著的抑制作用。异色瓢虫在蚜虫的生物防治方面与其他捕食性瓢虫相比，具有发生数量大、活动范围广、捕食能力强等特点，是一种很有应用前景的桃蚜捕食性天敌。任广伟在研究异色瓢虫对桃蚜的捕食作用时发现，异色瓢虫捕食桃蚜的功能反应在一定范围内随着猎物密度的增加而增大，寻找效应随着猎物密度的增加而降低。巫厚长等的研究结果表明，不同饥饿程度的异色瓢虫雌成虫对桃蚜捕食作用的功能反应均符合 Holling II 型反应模型，异色瓢虫雌成虫在各种饥饿条件下 24 h 内对桃蚜的捕食量差异不显著，雌成虫捕食量大于雄成虫且饥饿时间愈长、桃蚜密度愈大，两者的差异愈显著，异色瓢虫雌、雄成虫间在 24 h 内的捕食速度差异不显著。邓建华等的研究认为：异色瓢虫各龄幼虫及成虫对桃蚜的日捕食量差异较大，在相同的桃蚜密度条件下，异色瓢虫 4 龄幼虫的捕食量最大，其次为成虫和 3 龄幼虫；异色瓢虫各龄幼虫及成虫的功能反应均属 Holling II 型，异色瓢虫自身密度对其捕食作用的干扰效应明显，对桃蚜的日捕食量随异色瓢虫密度的增加而减少。王媛等的研究表明：在一定空间和相同比例猎物存在的条件下，

种内干扰作用对 4 龄异色瓢虫幼虫的捕食量影响最为明显，而对 1 龄幼虫干扰最小；各虫态自身密度对其捕食作用的干扰效应明显；异色瓢虫对桃蚜捕食潜力很大，尤其是异色瓢虫 4 龄幼虫及成虫对桃蚜具有较大的捕食潜能。王夸平等的研究结果表明，烟田释放异色瓢虫对桃蚜的防治效果达 55.27%，释放方法为每平方米释放异色瓢虫成虫约 0.60 头，每亩均匀选取 5 ～ 10 个点，将盛有异瓢虫的纸盒用细线固定在选点处的烟株中部。

②七星瓢虫。七星瓢虫成虫较为喜好桃蚜。李鹄鸣等研究认为，七星瓢虫个体间具有干扰作用，不可能群集，而是趋向于单独活动，所以趋于均匀分布。侯茂林等、张安盛等的研究表明，随着桃蚜密度的增加，七星瓢虫成虫、4 龄幼虫捕食量均增加较快，但当桃蚜密度超过一定程度后，捕食量增加较缓慢，即捕食量与猎物密度为逆密度制约关系，呈负加速曲线。刘军和等的研究结果显示，异色瓢虫与七星瓢虫具有相似的营养及空间生态位，当混合饲养时，七星瓢虫个体较异色瓢虫大，取食量大、行动迅速，所以在竞争中处于优势地位，从而抑制了异色瓢虫的种群数量增长。

桃蚜。桃蚜是龟纹瓢虫最适合的猎物。程遐年等研究认为，不同饥饿程度的龟纹瓢虫雌、雄成虫对桃蚜捕食的功能反应均为 Holling II 型，一定条件下，龟纹瓢虫饥饿时间愈长、桃蚜密度愈大，雌雄成虫间捕食差异愈显著，未饥饿的龟纹瓢虫捕食速度差异则不显著。黄斌等的研究结果表明：龟纹瓢虫捕食桃蚜的寻找效应与桃蚜密度相关，随着桃蚜密度的增加，龟纹瓢虫的寻找效应降低，但随着天敌密度增加，龟纹瓢虫对桃蚜的寻找效应由于干扰作用而下降，其寻找参数雌雄间无明显差别，相互干扰参数则雌虫大于雄虫；龟纹瓢虫的雌虫对桃蚜的控制能力比雄虫强；在利用龟纹瓢虫防治桃蚜时，可将龟纹瓢虫与桃蚜比 1 ：7.53 作为参考值。

草蛉。草蛉是桃蚜的主要捕食性天敌之一。草蛉幼虫有像吸管的口器和发达的足，捕捉蚜虫并吸食其液体，由于取食多种蚜虫，当一种或多种桃蚜消失时，草蛉仍然有存活下来的潜力。陈新等的研究结果表明：大草蛉各龄幼虫和成虫对桃蚜密度的功能反应均属于 Holling II 型；大草蛉的捕食活动存在明显的昼夜节律，表现为功能反应参数的变化；大草蛉个体的饥饱程度影响到其捕食活动的强弱，较高的饥饿水平有增加搜索效率的趋向；大草蛉个体间在捕食活动中存在相互干扰效应，该效应随大草蛉幼虫年龄增长而增强，成虫间的干扰效应强于幼虫；试验种群生境空间大小不同，会影响大草蛉的瞬间搜索率和干扰系数的取值。赵琴等研究认为：草蛉幼虫对蚜虫的捕食量随着猎物密度的增加而增加，当猎物密度增加到一定程度后，其捕食量增加的速度变慢，呈负加速曲线；草蛉与蚜虫虫口按1∶5、1∶10和1∶20这3种比例投放，均减少了桃蚜的虫口数量，而1∶5和1∶10比例除虫更有效。

食蚜蝇。食蚜蝇对桃蚜有一定的控制潜力，常见食蚜蝇有黑带食蚜蝇和狭带食蚜蝇。食蚜蝇雌虫常产卵于蚜群或其附近，以便幼虫孵化后即能得到充足食料。幼虫孵出后能立即捕食周围蚜虫，在化蛹前，1只食蚜蝇幼虫要吸数百只蚜虫的体液。罗佑珍等的研究结果表明，黑带食蚜蝇1龄、2龄和3龄幼虫对桃蚜的最大日捕食量依次为6.73头、33.56头和202.1头，狭带食蚜蝇1龄、2龄和3龄幼虫对桃蚜的最大日捕食量依次为8.4头、38.80头和72.80头，并分别得出捕食功能反应模型。

食虫蝽。食虫蝽主要包括南方小花蝽、红彩真猎蝽和烟盲蝽。南方小花蝽具有发生早、时间长、分布广、数量多、食性杂和活动能力强等特点。王香萍等的研究结果表明，南方小花蝽对桃蚜成虫和若虫的捕食上限分别为31.1头和47.8头，成、若虫对自身密度反应均符合Watt方程，即随单位空间内南方小花蝽密度增加，其干扰作用增大。周游等研究认为，在一定范围内，南方小花蝽各龄若虫的桃蚜捕食量与其发育速率均为线性关系，符合Beddington模型，南方小花蝽各龄若虫的捕食量与产卵量呈近线形关系。姜勇等在室内分别测定了阿维菌素类杀虫剂介入后南方小花蝽对桃蚜捕食效应所受的影响，结果表明：阿维菌素类杀虫剂对南方小花蝽具有一定毒力；不同虫态对阿维菌素的敏感性有差异，卵的敏感性明显低于若虫和成虫；阿维菌素类药剂显著降低南方小花蝽对桃蚜的捕食量和捕食能力，也降低同种个体间的竞争能力；阿维菌素对南方小花蝽若虫的发育速率有显著的抑制作用，但对发育速率与取食量的线性关系无明显影响，而且对存活个体成虫期的产卵量无显著影响。红彩真猎蝽能捕食烟田桃蚜。邓海滨等研究了红彩真猎蝽各虫态对桃蚜的捕食作用、捕食者密度和猎物密度、空间异质性对功能反应的影响，结果表明：红彩真猎蝽各虫态对桃蚜的功能反应均为Holling Ⅱ型，其中红彩真猎蝽雌成虫对桃蚜捕食量最大，理论最大日捕食量为194.89头；红彩真猎蝽对桃蚜的捕食效应随着捕食者个体间干扰作用的增加而下降，捕食作用率随着红彩真猎蝽密度增加呈幂函数下降曲线；空间异质性对红彩真猎蝽的捕食作用有很大的影响，捕食者在捕食过程中，叶片数越多，捕食作用率越低。烟盲蝽在烟田上倾向于捕食大的桃蚜幼虫和成虫。官宝斌等研究认为，烟盲蝽对桃蚜低龄幼虫的控制作用大于对桃蚜成虫的控制作用。

蜘蛛类。蜘蛛类的草间小黑蛛是桃蚜的主要捕食性天敌之一。巫厚长等曾采用统计学原理和方法，拟合了不同时期桃蚜种群及其捕食性天敌草间小黑蛛种群的空间结构模型，并分析了其空间关系，结果表明：不同时期桃蚜种群的空间结构模型均为球形，空间格局呈聚集型分布；不同时期草间小黑蛛种群的空间结构模型也均为球形，空间格局呈聚集型分布。

（2）微生物防治

烟田常见的桃蚜病原微生物有白僵菌、拟青霉、轮枝菌、新蚜虫疠菌、苏云金芽孢杆菌和放线菌等。

白僵菌。白僵菌属中的球孢白僵菌是一种广谱性昆虫病原真菌，对蚜虫有较强的防效。叶兰钦的研究结果显示：球孢白僵菌菌株 Cj4、Ly4、SC145 对桃蚜的感染致死力均达到 100％，菌株 SC145 在第 6 天感染率就达到 100％，表现最为突出；室外试验在第 6 天时所有菌株对桃蚜的防治效果都大于 85％，菌株 SC145 和 Cj4 最高，分别达到 93.4％ 和 93.3％，表明球孢白僵菌对桃蚜有较强的感染致死力，尤以测试菌株 SC145 和 Cj4 防治桃蚜效果最好。黄刚等的研究结果表明，球孢白僵菌菌株 B-1、B-2、B-3 和 B-4 对烟草蚜虫均有不同程度的杀虫效果。其中，B-3 处理烟草蚜虫的校正死亡率达到 95％ 以上，B-1、B-2 菌株的分生孢子处理烟草蚜虫的校正死亡率超过 80％，其菌丝对蚜虫也有较高的致病率。4 株菌株的代谢产物对烟草蚜虫均有较强的触杀作用，施用 48 h 后其烟草蚜虫的校正死亡率均超过 85％。朱明媛在山东沂水烟田进行了白僵菌制剂防治桃蚜田间试验，结果显示，施用白僵菌制剂 7 d 后，防效与吡虫啉防效相差不多，达到 96.4％。

拟青霉。拟青霉中的粉拟青霉菌和玫烟色拟青霉菌具有适应性强、杀虫活性高和寄主范围广的特点，是重要的昆虫病原菌。邓建华等的研究发现，粉拟青霉菌 Pf-27 菌株和玫烟色拟青霉菌 Pf-30 菌株对桃蚜有较好的感染致死作用，在处理后第 3 天和第 5 天，粉拟青霉菌 Pf-27 菌株对桃蚜的室内感染率分别为 56.0％ 和 98.0％，玫烟色拟青霉菌 Pf-30 菌株分别为 10.0％ 和

82.0%；用每毫升 $1.5 \times 10$ 个的孢子悬浮液喷雾处理烟田烟株上的桃蚜，处理后第 10 天，Pf-27 菌株对蚜的伤害活性明显较粉拟青霉菌的 SW03032 菌的菌株代谢产物高。

轮枝菌。轮枝菌中的蜡蚧轮枝菌，在侵染昆虫的过程中分泌的毒素对桃蚜有毒杀作用。录丽平等通过对从石斛象甲上分离出的 6 株蜡蚧轮枝菌株对桃蚜致病性的研究表明：蜡蚧轮枝菌株 S-0701、S-0702、S-0703、S-0704、S-0705、S-0706 对桃蚜的致病性存在差异，以 S-0701 和 S-0705 菌株致病性最高；以 S-0701 制成的可湿性粉剂具有高的杀蚜毒力，具有较好的开发利用价值。

新蚜虫疠菌。李正跃等的研究结果表明，新蚜虫疠菌的剂量效应、时间效应均具有强毒杀蚜特性，接种的前 3 天为新蚜虫疠菌的潜伏期，第 4～6 天是对桃蚜的致死高峰期。雷朝亮等的田间试验表明，苏云金芽孢杆菌制剂对桃蚜的田间防治效果达到 66.4% 以上，对桃蚜的主要捕食性天敌无明显的不良影响。廖文程等进行了放线菌发酵产物对桃蚜的毒力研究，结果显示，菌株 31-1 对桃蚜具有较强的毒性。

阿维菌素。阿维菌素是一种 16 元大内酯抗生物，目前已成为我国推广应用的主要抗生素类杀虫剂，其防治蚜虫的效果十分显著。王召等的研究结果表明，桃蚜对 6 种杀虫剂的敏感性由高到低依次为阿维菌素、溴氰菊酯、吡虫啉、乐果、啶虫脒、灭多威。

（3）植物源杀蚜剂防治

植物源杀蚜农药是指有效成分来源于植物体的农药，植物体产生的多种具有杀蚜活性的次生代谢产物或具有较强的杀蚜活性的物质，具有作用机制多样、不容易诱发虫害产生抗药性、对环境影响较小、选择性高、对非靶标生物相对安全等特点。

鸦胆子。鸦胆子又名苦豆子，其杀蚜有效成分为鸦胆子的次生代谢物奎诺里西啶生物碱中的野靛碱。辣椒碱是从辣椒中分离纯化出来的主要由降二氢辣椒碱、辣椒素和二氢辣椒素 3 种类似物组成的混合物。苦参碱是从苦参中提取的一类生物碱。商显坤等测定了有毒鸦胆子叶、枝条、种子提取物对桃蚜的生物活性，结果表明：3 个部位的甲醇提取物对桃蚜均有较高的触杀活性，其中鸦胆子种子提取物的活性最高；在胃毒及选择性忌避活性测定中，鸦胆子叶提取物对桃蚜的胃毒活性最大。罗万春等的研究结果表明，鸦胆子的提取物对萝卜蚜无翅成蚜及若蚜有较好的灭杀效果。刘新等用 1 % 辣椒碱微乳剂进行室内毒力测定和田间药效试验，发现辣椒碱对桃蚜具有较强的毒力和良好的防治效果，而且辣椒碱与阿维菌素或三唑磷复配增效作用明显，但与高效氯氰菊酯复配时却表现出拮抗作用。邹华娇的研究结果表明，9 % 辣椒碱、烟碱微乳剂每亩 50 ～ 60 g 喷雾，对菜蚜防效可达 90 % 以上，持效期 14 d 以上。陈修会等的研究表明，用 0.8 % 苦参碱内酯防治梨二叉蚜，使用 800 倍液，药后 7 ～ 14 d 防效均可达 94 %；用 800 ～ 1 000 倍液防治桃瘤头蚜，药后 7 ～ 14 d 防效均在 95 % 以上。江汉美等的室内毒力和田间试验结果表明：植物源农药 12 % 复方生物碱微乳剂对桃蚜具有较高的杀虫活性，随着剂量和天数的增加，对烟田桃蚜的防治效果明显提高，持效期 7 d 左右；植物源农药 12 % 复方生物碱微乳剂适宜稀释浓度为 400 ～ 500 mg/L，对烟草安全，对天敌影响较小。

瑞香素。瑞香科植物瑞香狼毒天然产物瑞香素，对桃蚜有很高的触杀活性和较好的拒食作用。高平等首次从瑞香狼毒中分离出 1，5- 二苯基 -1- 戊酮和 1，5- 二苯基 -2- 戊烯酮两种天然杀蚜虫剂，室内生测试验表明：1，5- 二苯基 -1- 戊酮和 1，5- 二苯基 -2- 戊烯酮两种天然杀蚜虫剂对棉蚜和麦二叉蚜有较强的触杀和拒食作用。

甾类组分。紫茎泽兰提取物所含的甾类组分对蚜虫具有较强的毒杀和抑制作用。华劲松等开展了不同浓度紫茎泽兰提取液对桃蚜的田间防效试验，结果表明：紫茎泽兰提取物对桃蚜具有较好的防效，其防治作用随浓度的增加而增强，与常规化学农药 40 % 乐果乳油 1 000 倍液相比，虽然其防效较慢，但药效持效期长，且对桃蚜天敌无影响；喷施 800 倍液紫茎泽兰提取液 12 d 后对桃蚜的防效就可达 92.7 %，且田间持效期可达 20 d 以上。

非洲山毛豆。非洲山毛豆是一种重要的杀虫植物，主要的杀虫成分鱼藤酮对多种害虫具有高效杀灭作用。陆永跃等的研究结果表明，非洲山毛豆乙醇提取物对香蕉交脉蚜的忌避作用明显。

银杏树脂水剂。石启田的田间试验结果表明，天然银杏树脂水剂 50 倍、80 倍、100 倍液对蚜虫的防治效果，与 40 % 氧乐果 1 000 倍液无显著差异，蚜虫虫口减退率在 90 % 以上。操海群等研究认为，禾本科竹亚科的毛金竹、白纹短穗竹、苦竹、巨县苦竹乙醚提取物对萝卜蚜有较强的拒食和触杀作用。周琼等的研究结果表明：供试的 8 种植物乙醇提取物对 3 种蚜虫都有一定的忌避作用；除黄素馨和草胡椒外，其余 6 种植物乙醇提取物对桃蚜都有较好的控制作用。其中，山毛豆、樟树对蚜虫的控制效果最佳，鸡矢藤和芒萁仅次于前两种植物，白兰花和鱼藤精的控制作用较差。

水葫芦提取物。商显坤等研究了水葫芦等 4 种外来入侵植物提取物对桃蚜的触杀、胃毒和选择性忌避作用，结果发现，水葫芦提取物在 5 g/L 浓度下对桃蚜 48 h 校正死亡率达 84.6％。

但植物粗提物在大田条件下应用时稀释倍数低、速效性差，而且一些植物提取物还有持效期短和见光易分解、稳定性差的问题，加上植物资源有限，因此就植物粗提物而言，更有前途的应用是从中筛选出活性分子模板，并进行结构优化以实现大规模生产应用。章新军等的研究表明，藜芦、博落回、苦参对桃蚜有很强的杀灭作用。潘悦等的研究结果表明，百部 - 川楝 - 苦参碱对桃蚜控制效果最好，接近化学杀虫剂吡虫啉，除虫菊素 - 苦参碱和鱼滕酮防效次之。王锡春等为了探索防治桃蚜的新型药剂，以虫口减退率和防治效果为评价指标，在田间对吡虫啉、啶虫脒、羟基鱼藤酮、高效氯氟氰菊酯进行了田间药效试验，结果表明：以新型烟碱类杀虫剂吡虫啉、啶虫脒的田间防效较理想，药效发挥快且持久，显著优于对照药剂高效氯氟氰菊酯的防效，并且对烟株安全无药害，可在烟草上推广使用；新型植物源杀虫剂 10％ 12 a- 羟基鱼滕酮 EC 1 000 倍液对桃蚜也有一定的防治效果。罗会斌等选用 5 种不同的植物源杀虫剂如 3％ 苦参碱水剂、0.2％ 苦皮藤素乳油、0.3％ 印楝素乳油、0.5％ 藜芦碱可溶性液剂和 4％ 鱼藤酮乳油对桃蚜进行田间防治试验，结果表明，3％ 苦参碱水剂和 0.2％ 苦皮藤素乳油对桃蚜防效皆达到 90％ 以上，药效期可持续 20 d。

（4）蚜虫信息素防治

雌性蚜分泌的性信息素为荆芥内酯和荆芥醇，多种蚜虫的性信息素的成分相同，仅比例不同，导致发生种间交配行为。韩宝瑜等认为，蚜虫性信息素除用于虫情监测外，也可用于干扰越冬蚜虫交配、降低越冬卵的数量，从而减少蚜虫的数量。

蚜虫从腹管分泌的报警信息素，可对同种其他个体起到报警作用，使周围其他蚜虫迅速逃离现场而免受伤害。用于保护植物的驱避剂 [ 反 ]-β- 法尼烯（EβF）就是许多蚜虫报警信息素的主要成分，蚜虫在受到外界干扰后能对同种个体产生报警反应，使其迅速逃离现场。杨新玲等认为，田间 EβF 与农药配合使用可增加蚜虫移动性，提高蚜虫与杀虫剂接触的概率，使杀虫剂药效充分发挥，从而提高农药的中靶率。孟宪佐认为：将 EβF 作为添加物加入氰戊菊酯中，可加大对茄子上蚜虫的杀伤力；EβF 还能增加桃蚜与有毒化学物质和病原真菌的接触机会；温室下，在虫生真菌 - 蜡蚧轮枝菌制剂中加入 EβF 也可加大孢子的中靶率，强化其对高抗药性棉蚜的杀伤力。董文霞等利用触角电位（EAG）技术测定了桃蚜茧蜂对蚜虫性信息素（荆芥醇和荆芥内酯）和报警信息素（EβF），以及烟草挥发性物质的电生理反应，结果表明：雌蜂和雄蜂对蚜虫性信息素、报警信息素、烟草挥发物均有反应，但雌雄蜂对这些化学信息物质的嗅觉敏感性存在差异。雌蜂对荆芥醇、荆芥内酯、顺 -3- 已烯 -1- 醇、EβF、2- 已烯醛、水杨酸甲酯和里那醇的 EAG 反应都大于雄峰，证明雌雄蜂在利用寄主栖境中的信息化学物质方面存在不同的策略，它们分别识别了不同的有关寄主的化学指纹图。桃蚜茧蜂对烟草气味组分具有不同的敏感性，对绿叶气味组分的 EAG 反应要强于对萜类化合物的反应，绿叶气味组分很有可能在其寻找桃蚜的过程中发挥远距离定向作用。

目前，有学者设想将引诱天敌的植物基因转移到目标植物中，让目标植物释放招引天敌的互利素从而间接地防御蚜虫，伴随着高新技术治虫实践的不断深入，昆虫信息素将在害虫管理中发挥越来越大的作用。

5. 科学用药技术

（1）适宜时期用药

桃蚜在烟株团棵期迁入，烟田团棵期桃蚜量高于旺长期，发生危害高峰期为旺长期和圆顶期，因此防控桃蚜的施药最佳时期为烟苗移栽期、旺长期和圆顶期。

陈永年等的研究结果表明，桃蚜大田期的防治指标为每株 100 头，当田间蚜虫密度达到每株 100 头时即应开始防治，力争将蚜虫消灭在点片发生阶段。

天敌的释放时间一般在靶标害虫的始发期。利用桃蚜茧蜂防治桃蚜，程爱云等认为，在田间烟株返苗期或蚜虫量约为每株 5 头时，开始释放桃蚜茧蜂。

（2）有效靶区用药

桃蚜具有明显的趋嫩性，桃蚜喜食烟株的嫩叶、嫩梢，常在幼嫩叶片背面及叶耳为害，防控桃蚜的施药有效靶区为烟株的上、中部烟叶叶片背面、叶耳及腋芽。邓建华等、孙闯等的研究结果表明，桃蚜在烟株各个叶位间的分布数量都以烟株上部 5 个叶片为多，且团棵期桃蚜量高于旺长期，桃蚜主要集中在烟株上、中部烟叶叶片背面及叶耳上。

（3）高效混配用药

目前对桃蚜防治效果较好的杀虫剂有氰戊菊酯、氧化乐果、灭多威、啶虫脒、吡虫啉和阿克泰等。氰戊菊酯和氧化乐果对桃蚜的毒力呈负温度效应，因此适宜在早春时期施用；灭多威具有一定的杀卵效果，对于已经对有机磷产生抗性的桃蚜也有较好防效。胡卫东等的研究表明，新型烟碱类杀虫剂啶虫脒、吡虫啉和阿克泰防治桃蚜效果好于氧化乐果，速效性强、持效期长，且不易产生抗药性。

不同药剂混配不仅可以较快地压低桃蚜密度，还有助于桃蚜天敌在施药后短时间内表现出生物持效控害作用。孙志娟等对烟田常用杀虫剂对于桃蚜茧蜂的安全性做了评估，结果显示：啶虫脒和噻虫嗪对桃蚜茧蜂的成蜂具有明显的触杀作用，还可导致羽化后的成蜂双翅畸形；阿维菌素苯甲酸盐、高效氯氟氰菊酯、吡虫酮对桃蚜茧蜂成蜂和僵蚜相对安全。朱先志等的研究结果表明，杀虫剂对于桃蚜茧蜂成虫的毒力大小顺序表现为：啶虫脒＞吡虫啉＞高效氯氟氰菊酯。潘悦等采用喷雾法和药膜法测定了几种烟草推荐使用化学农药对桃蚜及其天敌异色瓢虫成虫的毒性，并就各农药对异色瓢虫的安全性进行了评价，结果表明：对桃蚜的毒力大小依次为 1.7 % 阿维菌素苯甲酸盐＞吡虫啉＞ 3 % 啶虫脒＞ 200 g/L 吡虫啉＞ 5 % 吡虫啉＞ 70 % 吡虫啉，对异色瓢虫成虫的毒力大小依次为 3 % 啶虫脒＞ 1.7 % 阿维菌素苯甲酸盐＞吡虫啉＞ 5 % 吡虫啉＞ 200 g/L 吡虫啉＞ 70 % 吡虫啉，结合益害比和安全系数，70 % 吡虫啉对桃蚜和异色瓢虫的选择性较高，适宜在田间与异色瓢虫组合应用防控桃蚜。宋旭明等利用 Y 形嗅觉仪，观测了 4 种杀虫剂影响七星瓢虫对烟叶和烟叶与桃蚜复合体的选择行为，结果表明，在正常生长状况下，烟叶释放的挥发物对七星瓢虫无明显引诱作用，而烟叶受到蚜虫危害后所释放的挥发性次生物质则对七星瓢虫有明显的招引作用。20％康福多、3％莫比郎乳油和40％氧乐果乳油会抑制七星瓢虫的搜索行为，但氯氰菊酯则明显有利于七星瓢虫寻找猎物。

将寄生性和捕食性天敌进行组合使用，可以很好地控制桃蚜种群数量的增长。王夸平等的研究结果表明，桃蚜茧蜂和异色瓢虫结合释放防治桃蚜效果达75.01％～75.14％，防效好于单一释放桃蚜茧蜂或异色瓢虫。可于每平方米每次释放桃蚜茧蜂成蜂约0.75头＋异色瓢虫成虫约0.30头，两次释放时间间隔30 d左右。

周琼等研究了植物提取物对桃蚜茧蜂存活、羽化和寄生的影响，结果表明：0.3％的印楝素乳油（稀释2 000倍）和2.5％的鱼藤酮精（稀释800倍）对桃蚜茧蜂都有较强的毒杀作用，而苍耳（茎叶）和白蝴蝶（蔓叶）的提取物对成蜂的存活无显著影响；印楝素处理后的僵蚜羽化率比对照降低了14.67％，而苍耳（茎叶）和白蝴蝶（蔓叶）的提取物对僵蚜的羽化率无显著影响；经鱼藤酮精和印楝素乳油处理后，桃蚜茧蜂寄生蚜虫的能效明显降低，苍耳（茎叶）和白蝴蝶（蔓叶）的提取物对桃蚜茧蜂的寄生作用无明显影响。周琼等研究了8种不同植物的乙醇提取物对桃蚜茧蜂的影响，发现在8种植物的乙醇提取物中，白花非洲山毛豆对桃蚜茧蜂有较强的毒性，4 h蚜茧蜂的死亡率达63.33％，仅次于鱼藤酮精1 000倍液（4 h的死亡率达80％），而樟树、羊蹄甲、黄素馨、白兰花和草胡椒的乙醇提取物与对照之间无明显差异，对桃蚜茧蜂相对安全、无毒。陈琳等分析了植物源复合杀虫剂对桃蚜和桃蚜茧蜂的影响，结果表明，植物源杀虫剂400倍液和600倍液对桃蚜的杀灭效果较好，且对桃蚜茧蜂无负面影响。潘悦等研究认为，在除虫菊素-苦参碱、百部-川楝-苦参碱、苦参碱、鱼藤酮等4种常见植物源杀虫剂中，除虫菊素-苦参碱对桃蚜和异色瓢虫的选择性较高，可与异色瓢虫交替或组合使用，用以提高防治桃蚜的效果。

李涛研究了球孢白僵菌对桃蚜茧蜂生命参数及控害效果的影响，结果表明：接菌后桃蚜茧蜂对蚜虫寄生率几乎无影响，但寄生蜂的存活时间缩短了27.8％；在研究球孢白僵菌对桃蚜茧蜂寄生行为的影响当中，球孢白僵菌能通过感染桃蚜，间接影响桃蚜茧蜂的寄生行为，使桃蚜茧蜂更趋于寄生未接菌的桃蚜。

（4）适宜方法用药

药剂：70％吡虫啉可湿性粉剂每亩3～5g、1 000～1 500倍液；5％高效氯氟氰菊酯乳油每亩15～20 mL、600～800倍液；2％阿维菌素乳油每亩35～60 mL、100～200倍液；1％除虫菊素苦参碱微囊悬浮剂每亩15～20 mL、1 000～1 500倍液。药剂稀释液喷雾烟株上、中部烟叶叶片背面及叶耳，7～10天1次，单一种类药剂最多连续使用3次。

桃蚜茧蜂：田间蚜虫量小于每株5头时，每亩桃蚜茧蜂放蜂量20～500头；田间蚜虫量为每株6～20头时，每亩桃蚜茧蜂放蜂量500～1 000头；田间蚜量为每株20头以上时，每亩桃蚜茧蜂放蜂量1 000～2 000头。

### （二）斑须蝽绿色防控技术

斑须蝽在我国各烟区广泛分布，从东经75°～134°，北纬18°～50°，包括25个省（区）内的广大地区均有发生。斑须蝽的寄主除烟草外，还有麦类、稻作、大豆、玉米、麻类、甜菜、苜蓿、杨、柳、高粱、菜豆、绿豆、蚕豆、豌豆、茼蒿、甘蓝、黄花菜、葱、洋葱、白菜、[赤]小豆、芝麻、棉花、山楂、苹果、桃、梨、刺山楂、野芝麻、天仙子、梅、杨莓、草莓、飞廉及一些观赏植物等。斑须蝽以成虫和若虫刺吸嫩叶、嫩茎及穗部汁液，烟株茎叶被害后，出现黄褐色斑点，严重时叶片卷曲，嫩茎凋萎，影响生长，减产减收。陈新、王学东等的研究认为，斑须蝽以成、若虫刺吸烟株叶片、嫩茎、花、果，致使烟株萎焉。长期受害后，烟株发育迟缓，受害烟株叶片数减少，株高降低，叶面积、叶片干重减少，烟叶总氮、蛋白质、钾含量下降，脯氨酸含量上升，烟叶产量、质量下降。

斑须蝽的绿色防控技术是一个综合性系统技术工程，根据斑须蝽的田间发生规律，利用合理套作制度、加强田间管理等生态控制技术，采用保护利用斑须蝽天敌、微生物源或植物源杀虫剂等方法，并且采用科学用药技术，绿色防控斑须蝽。

1.发生规律

（1）形态特征

斑须蝽又名细毛蝽，属于半翅目蝽科斑须蝽属。斑须蝽有成虫、若虫和卵三种形态。

成虫体长8～13.5 mm，宽5.5～6.5 mm，黄褐或赤褐色微带紫色，背面密布白色绒毛和黑色小刻点；触角 5 节，黑色，第 1 节粗短，第 2～5 节基部黄白色，形成黄黑相间的"斑须"；中胸小盾片长三角形，末端鲜明淡黄色；前翅革质部红褐色，膜质部透明，黄褐色；足黄褐至褐色，腿节、胫节密布黑色刻点。

卵呈长圆桶形，长 1～1.1 mm，宽 0.75～0.8 mm，整齐排列成块，初产时黄白色，后变淡红色，孵化前为橘红色，卵壳表面有网纹状并密布白色短绒毛，卵盖稍突出，周围有若干个小突起，卵聚集成块，平均 16 粒。

若虫共 5 龄。初孵化的若虫，头胸部黑色，腹部淡黄色，各节中央及两侧黑色，触角 4 节，黑色，节间黄白色，背面中央自第 2 节向后均有一黑色纵斑，各节侧缘均有一黑斑。老熟若虫暗灰褐色，遍体密布黑色刻点和白色绒毛。

（2）生活史及习性

斑须蝽在我国烟区发生代数因地而异。东北部烟区每年发生 1～2 代，山东、河南烟区每年发生 3 代，黄淮以南烟区每年发生 3～4 代。在黄淮烟区，斑须蝽第 1 代发生于 5 月下旬至 7 月中旬，第 2 代发生于 7 月上旬至 9 月上旬，第 3 代发生于 8 月中旬一直到翌年 6 月上旬，后期世代重叠现象明显。

斑须蝽以成虫和若虫刺吸烟叶叶脉基部及嫩茎，吸取汁液危害烟株，烟株在旺长期至成熟期，集中在烟株上部 3～4 片烟叶的叶脉基部及嫩茎刺吸。危害较轻时，对烟株生长和烟叶产量、质量影响不大；危害严重时，会造成伤口以上部分烟叶逐渐萎黄，或烟株顶梢萎蔫。在烟叶进入成熟期以后，特别是遇到 3～5 d 的连续阴雨天，伤口被腐生菌寄生后，烟叶主脉支撑力明显降低，继而烟叶变黄、变褐、腐烂，烟株发育迟缓，受害烟株叶片数减少，株高降低，叶面积、叶片干重减少，烟叶总氮、蛋白质、钾含量下降，脯氨酸含量上升，烟叶产量、质量下降。

斑须蝽以成虫在植物根际、杂草、枯枝落叶下，树皮裂缝中或屋檐底下等隐蔽处越冬。黄淮烟区，斑须蝽越冬成虫 4 月开始活动，5 月上旬为越冬代成虫产卵盛期，卵多产在小麦、果树及杂草上，4～5 月主要危害小麦；5 月中旬斑须蝽 1 代成虫开始迁入烟田产卵，卵呈多行整齐排列；6 月上旬麦田的大量成虫又迁入烟田，是烟草受害最严重的时期，6 月中下旬进入产卵盛期，初孵若虫就在烟草上为害，初孵若虫群集为害，2 龄后扩散为害，第 1 代成虫羽化后 1 d 即开始取食，3 ～ 4 d 进行交配产卵，此时正值烟草生长旺长期，为害烟株最重。第 2 代成虫 7 月上中旬盛发，此时正值烟草生长现蕾期，顶叶极易受害，初孵若虫群集在卵壳上，2 龄后分散为害，3 龄卵于 7 月下旬大量出现，9 月上旬第 3 代成虫羽化，10 月成虫转入麦田、蔬菜及杂草上短暂栖息后，进入越冬场所越冬。吕洪涛等进行了斑须蝽的寄主选择性研究，在实验室条件下利用四壁嗅觉仪测定了斑须蝽对烟草、玉米、向日葵、马铃薯、大豆的嗅觉反应，发现斑须蝽对大豆的选择趋向最明显。田间调查发现，斑须蝽对 5 种作物均取食为害，但对不同寄主取食偏好性不同。5 种寄主植物中，斑须蝽最喜食大豆，在其他 4 种寄主上的取食选择性无显著差异。斑须蝽越冬成虫产卵对大豆的趋性较强，在烟草、玉米、向日葵、马铃薯 4 种寄主上的取食选择性差异不大。董慈祥等的研究结果表明，斑须蝽主要以成虫在越冬菜包叶夹缝、作物根际、枯枝落叶、树皮及房屋缝隙等处越冬，越冬成虫结冰点和过冷却点分别为 -5.2℃ 和 -8.5℃，冬季极端低温对其越冬成活率有明显影响。陈新等研究认为：斑须蝽完成 1 代需时 32 ～ 46 d，高温条件下测得卵的发育起点温度为 11.7 ～ 12.5℃，有效积温 68.1 ～ 78.1℃；斑须蝽卵、若虫、成虫和全世代的发育始点分别为 16.3℃、15.8℃、7.7℃ 和 14.℃，有效积温分别为 47.6℃、392.9℃、91.2℃ 和 598.6℃。

斑须蝽成虫夏季喜在早晨或傍晚活动取食，中午炎热时，常潜藏在烟株叶背、叶基和茎秆等处。斑须蝽成虫具微弱趋光性，弱日照或阴天时活动取食多，强日照下活动取食则少。斑须蝽具有明显的趋嫩性，喜食烟株的嫩叶、嫩梢或花蕾。斑须蝽对烟草的危害主要发生在烟草旺长期和圆顶期，以第 1 代成虫和第 2 代若虫危害烟株。陈新等的研究结果表明，斑须蝽在烟田的种群存活曲线呈 Deevey II 型，1 龄若虫死亡率最高，世代存活率仅 2.35 %。高正良应用模糊聚类分析方法将烟田斑须蝽的种群动态划分为 7 个状态集。其中：A1、A2 状态集为斑须蝽初迁入烟田的种群动态，发生时间在 6 月中下旬；A3、A4、A5 三个状态集为烟田斑须蝽发生盛期的种群动态，发生时间为 7 月。斑须蝽 1 代成虫、2 代卵块、3 代卵块在烟田的空间分布均为聚集分布，而且以负二项分布为主，1 代成虫和 2 代卵块在烟田分布的基本成分都是疏松的个体群，决定成虫空间分布型的因素有虫口密度、烟株长势及人为活动的影响等。河南农业大学研究认为，斑须蝽 1 代成虫在烟株上的着虫株率（$Y$）

与百株虫量（$X$）有如下式：$Y=-0.5\ 326+0.293\ X$。烟田调查 1 代成虫数量时，只需查虫株率，代入该式即可求出百株虫量。调查成虫数量时，取样方法的优序是平行线—对角线—棋盘式—简单随机抽样。金开正等的研究结果表明，斑须蝽 3 代卵块在烟田的空间格局分布遵循 Weibull 分布：尺度参数 $b$ 与种群密度、种群聚集度间均分别存在极显著的线性相关关系；形状参数 $e$ 与种群密度存在极显著的正幂函数相关关系，与种群聚集度之间存在极显著负幂函数关系。

（3）发生环境条件

斑须蝽在田间发生的轻重程度与环境温度、湿度、降雨及天敌情况密切相关。

温度影响斑须蝽的发育速度和行为。冬季气温偏高利于斑须蝽成虫越冬；早春气温回升快，斑须蝽产卵量高、孵化率高；夏季中午炎热时，斑须蝽成虫潜藏在烟株叶背、叶基和茎秆等处躲避高温，早晨、傍晚较凉爽时，斑须蝽成虫进行取食、交尾、产卵等活动。陈新等的研究认为，斑须蝽完成 1 代需时 32～46 d，卵的发育起点温度为 16.3℃、有效积温 47.6℃，若虫的发育起点温度为 15.8℃、有效积温 392.9℃，成虫的发育起点温度为 7.7℃、有效积温 91.2℃，全世代的发育起点温度为 14.2℃、有效积温 598.6℃。

湿度是影响斑须蝽成、若虫存活的一个重要因子。相对湿度为 65%～85% 条件下斑须蝽成虫的存活率达（92.6±6.2）%，而相对湿度为 100% 条件下的成虫存活率为（64.8±11.7）%，雄成虫存活率低于雌成虫；斑须蝽初孵若虫在相对湿度 85%～95% 条件下的存活率高于相对湿度 75% 的存活率。

温度在 20℃左右，相对湿度为 60%～70% 时，斑须蝽成虫最活跃。降雨是斑须蝽 1～3 龄若虫的一个较强致死因素。陈新等研究认为，中等降雨可造成 1 龄若虫死亡 76.4%～98.4%，3 龄若虫死亡 65.3%～86.6%。斑须蝽的寄生性天敌有 5 种，捕食性天敌有 11 种：寄生性天敌为黑足蝽沟卵蜂、稻蝽小黑卵蜂、稻蝽沟卵蜂、斑须蝽蝽卵蜂、斑须蝽沟卵蜂，捕食性天敌主要为华姬猎蝽、大眼蝉长蝽、食虫虻和大草蛉等。陈新等的研究结果表明，烟田斑须蝽的卵寄生性天敌有 3 种，对卵的混合寄生率各世代顺序为 3 代—2 代—1 代，其中 1、2 代以稻蝽小黑卵蜂为主，3 代以斑须蝽蝽卵蜂或斑须蝽沟卵蜂为主。

2. 生态控制技术

（1）合理套作或条带种植麦烟套作

合理套作或条带种植麦烟套作可以极大地丰富斑须蝽的天敌资源，有效控制斑须蝽对烟株的危害，结合防治麦田害虫，防治斑须蝽第 1 代若虫，以减少斑须蝽迁入烟田的数量。

烟田插花条带种植玉米、大豆、花生等作物，每条带 10～15 m，可优化生态环境，创造有利于斑须蝽天敌的生存繁衍的条件，提高天敌对斑须蝽的自然控制能力。

（2）适当早栽

适当提早移栽烟苗，使斑须蝽第 2 代盛发时烟株处于成熟期，减轻斑须蝽对烟株造成的危害。

（3）良好的田间管理

选用排灌方便的田块，开好排水沟，及时清理沟系，达到雨停无积水的效果，降低田间湿度；及时清除烟田及周围的杂草，减少斑须蝽的活动滋生场所；针对斑须蝽初孵若虫活动性较差，而且往往群集在卵壳上、不食不动，成虫 2 龄以后开始分散为害的这一特点，人工集中捕杀成虫或摘除在烟株上部叶片及嫩茎上的卵块；及时打顶抹杈，并将所打掉的芽枝、腋芽带出烟田处理，以减少斑须蝽食源，从而降低虫口数量。

3. 物理防控技术

黑光灯诱杀斑须蝽。利用斑须蝽成虫的趋黑性，在斑须蝽成虫发生期，特别是发生盛期，用 20 W 黑光灯诱杀斑须蝽，灯下放一水盆，及时捞虫、摘除卵块和尚未迁移扩散的低龄若虫，可减轻烟田斑须蝽危害程度。

4. 生物防治技术

利用斑须蝽的天敌防控斑须蝽。每亩释放黑足蝽沟卵蜂 1 000～1 500 头，可提高对斑须蝽的自然寄生率 6 %～15 %。

微生物制剂对斑须蝽有较好的防治效果。孟庆雷等的研究结果表明，苏云金杆菌制剂灭蛾灵 300 倍液对斑须蝽的防治效果与 10 % 氰戊菊酯乳油 2 000 倍液的防治效果相当。孙宏伟等研究认为，阿维菌素对斑须蝽的防治效果与吡虫啉的防治效果无显著差异，但显著低于高效氯氟氰菊酯对斑须蝽的防治效果。

5. 科学用药技术

（1）适宜时期用药

斑须蝽对烟草的危害主要发生在烟草旺长期和圆顶期，因此防控斑须蝽的施药最佳时期为团棵期、旺长期和圆顶期，烟田斑须蝽的药剂防治指标为每百株 20 ～ 30 头，具体施药时间为早晨或傍晚。

烟田斑须蝽的重点防治虫态为第 1 代成虫和第 2 代若虫。高正良应用模糊聚类分析方法将烟田斑须蝽的种群动态划分为 7 个状态集，其中 A1、A2 状态集为斑须蝽初迁入烟田的种群动态，A3、A4、A5 三个状态集为烟田斑须蝽发生盛期的种群动态。分析认为，对有增长趋势的 A3 状态集施加作用，进行防治，可控制 A3 到 A4 的发展，达到有效控制斑须蝽在烟田的危害，而如果种群发展到 A5 状态集时，不需人为防治，虫口也会大幅度下降。

（2）有效靶区用药

斑须蝽具有明显的趋嫩性，喜食烟株的嫩叶、腋芽或花蕾，常潜藏在烟株叶背和叶基处，防控斑须蝽的施药有效靶区为烟株的嫩叶、腋芽、花蕾、叶片正面和叶基处。

（3）适宜方法用药

70% 吡虫啉可湿性粉剂每亩 3 ～ 5 g、1 000 ～ 1 500 倍液；5% 高效氯氟氰菊酯乳油每亩 15 ～ 20 mL、600 ～ 800 倍液；2% 阿维菌素乳油每亩 35 ～ 60 mL、100 ～ 200 倍液。药剂稀释液喷雾烟株的嫩叶、腋芽、花蕾、叶片正面和叶基处，7 ～ 10 天 1 次，单一种类药剂最多连续使用 3 次。

# 第六章　临沧市烤烟产业的健康发展

# 第一节　临沧烤烟病虫害趋重的原因

近年来，临沧烟区烤烟病毒病发生趋重，除多年常发的普通花叶病外，黄瓜花叶病、马铃薯Y病毒病、番茄斑萎病（TSWV）、曲叶病毒病（TLCV）、丛顶病（TBTD）等都有不同程度的发生。不少烟农缺乏正确的诊断和防治技术，盲目用药，多种农药混打，增加用药次数，加大用药浓度，既起不到好的防治效果，又增加投入，污染环境，甚至在烟株上产生药害症状，极不利于烟叶"优质、特色、生态、安全"生产目标的实现。笔者结合多年的生产实际经验，对临沧烟区烤烟病毒病发生趋重的原因进行分析，并提出防治对策，希望对今后的烟叶生产有所帮助。

## 一、病毒病发生趋重的原因

### （一）连作问题

烟草属于茄科烟草属的植物，不耐连作。据研究，连作会导致土壤养分失调，土壤有益微生物活性降低，病原物积累，包括病毒病在内的多种病害加重，产量降低，品质变劣，连作年限越长，影响越大。但近几年来临沧市烟草产业发展迅速，受烟草种植最适宜区、适宜区的限制，以及烟农急功近利等多方面因素的影响，烟草连作现象普遍存在，以烟草为主的科学合理的耕作制度尚未形成。

### （二）品种问题

目前烟草生产上普遍种植高品质的品种，往往不能兼顾其抗病毒性。临沧市的烟草主栽品种K326、云烟87都属于易感普通花叶病的品种，因长期多年连作，加之种植管理技术不够规范、防病意识差、防治方法单一等因素的影响，病毒病的危害逐年加重。

### （三）传毒介体问题

传播烟草病毒病的介体主要是一些昆虫，如桃蚜、蓟马、粉虱、叶蝉、线虫、跳甲等，其中以桃蚜传播病毒病最为严重，桃蚜可传播黄瓜花叶病、马铃薯Y病毒病、丛顶病等。番茄斑萎病的传毒介体主要是蓟马，曲叶病毒病的传毒介体主要是粉虱。这些昆虫往往从烟地附近的油菜、十字花科蔬菜、茄科和葫芦科蔬菜及果园中迁飞而来，体内已携带病毒，这些病毒对昆虫本身无害，但带毒昆虫通过不同的方式将病毒传播到烟株上，却能危害烟株。

### （四）气候问题

临沧市大部分烟区冬季至早春气温偏高，少雨干旱，有利于传毒介体的大量越冬。烟株的移栽期一般是 4～5 月，降雨稀少，团棵至旺长期前后温度波动大，不但刺激有翅蚜迁飞，而且不利于烟株正常生长，使抗病性下降。这也是病毒病发生的原因之一。

### （五）烟苗携带病毒的问题

在临沧市烟草生产实际中有时会看到这样的现象：烤烟移栽到大田后，于成活至摆小盘期间心叶就开始出现花叶症状。笔者认为，这种大田期花叶病早发的情况多与烟苗本身携带病毒有关。这些烟苗在移栽时看似健康，事实上已携带病毒，栽植后在一定的环境条件下，烟株体内的病毒增殖，从而产生病毒病症状。调查表明，云南省危害烟草漂浮苗的病毒种类主要是烟草普通花叶病毒，这种病毒主要以病残体越冬，通过机械接触、汁液接触、种子及种用材料传播。临沧市烤烟苗 100% 为漂浮育苗，漂浮育苗由于涉及的材料和环节很多，生产上某些育苗点存在消毒不到位、措施不力、主次不分、顾此失彼等问题。旧漂盘上附着的残根，剪叶机内的烟苗残体，成为 TMV 的重要初侵染源。另外，池水、基质、棚膜、杂草、场地、操作人员的手和鞋底、运输烟苗的工具等都可能成为漂浮苗 TMV 的初侵染源。

### （六）施肥及田间管理问题

临沧市烤烟施肥不科学的现象仍然存在。有机肥投入不足，长期施用化肥，造成土壤板结，土壤团粒结构遭到破坏，有机质含量下降，土壤蓄水保墒能力减弱，烟株自身抵抗能力降低。氮、磷、钾配比不当，氮肥偏多，烟株粗筋暴叶，烟叶贪青晚熟，容易发病。缺硼、锌等微量元素的土壤，未及时通过施肥补充，烟株生长不良，抗病能力减弱。在田间管理方面也存在一些问题。例如：栽后不及时追施提苗肥，缓苗期长，烟苗迟迟不长，易受病毒攻击；团棵至旺长初期未及时摘除下部无效底脚叶和病叶，不及时揭膜培土；在摘叶和打顶时，没有将病株和健株分开操作，摘除病叶随弃、打顶抹杈随扔、病株残叶清理不净等不卫生现象。

# 第二节　临沧烤烟产业健康可持续发展的对策

## 一、建立市场化的分工合作机制，减少烟农劳动量，降低劳动强度和技术风险

第一，商品化、专业户育苗。对于目前普及推广的漂浮育苗及湿润育苗新技术，可以整合资源、配套建设，变千家万户育苗为专业户育苗，种烟农户按成本价订购，减少冻害，节约用工。

第二，培育专业烘烤技术户。对一些想种烟又害怕烘烤技术不过关的农户和部分劳动力偏弱的农户（如妇女、50岁以上的男劳动力），可培养他们成为专业烘烤技术户与生产户，建立风险共担、利益共沾的联合体，吸引更多的农户加入种烟队伍。

第三，推广预检进农户的收购管理体制。组建一支数量充足的分级扎把指导队伍，既有利于帮助烟农总结生产、烘烤中存在的技术问题，推动烟叶生产和烘烤技术的提高，又有利于指导培训，提高烟农的分级扎把水平，提高烤烟收购质量，加快收购进度，实现烟农、政府、公司（烟厂）三方皆满意的局面，实现生产适应收购、收购促进生产的良性互动。

## 二、健全土地流转机制，推进烟叶与其他农作物的科学合理轮作与集约化、规模化发展

目前土地流转的方式主要有如下几种。①短期租赁。有能力种植的大户租赁无能力耕作的农户的责任田种烟一季或二季，由农户自己协调，以谷物（现金）抵付租金。②调换。烟农用同等质量的不适宜种烟的田块调换其他农户适宜种烟的田块。③规划租赁。由村、组根据作物轮作需要规划逐年轮作区域地，建立烟叶基地，村、组出面牵头统一把规划区内无力种植烟草的农户的田块租下来，然后由有能力种烟的农户承租，实行规模种烟。④股份合作。有劳动力、有田块的农户与有技术、有资金的农户采用股份合作制的方式组成烟叶生产联合体，实行风险共担、利益共沾。

以上这些方式都是短期的，带有局限性，需要建立一种长效流转机制来促进烟叶生产的持续发展。一是在专题调研的基础上，根据烟叶生产集约化、规模化、专业化的需要，通过调查摸底，在外出劳动力较多、有比较稳定的收入来源的地方把有田无力种的一部分农户的责任田由村、组统一租用较长时间，并在征求多数村民意见的基础上做些土地小调整，规划为轮作基地，转租给种烟能手种烟。二是种田能手与责任田承包户之间签订较长（3～5年）的租地合同，建立较为长期的契约关系，以利于经营者加大对基础设施及培肥地力的投入。三是创新组建农村烟叶生产合作经济组织。在种烟相对集中的村、组，试点建立烟农专业合作社，整合各种资源，通过股份合作，形成稳定的种烟专业村、组，专业田块，如江西省赣州市兴国县高兴镇山塘村的紫丰现代烟草农民专业合作社、老圩村烟叶专业社。山塘村在没有组建烟叶合作社以前，全村平均烟叶单价每千克 14.86 元，亩产 150 kg，在全镇居中等水平；组建了紫丰现代烟草农民专业合作社后，全村平均烟价提高到每千克 22.22 元，亩产 157.5 kg，居全镇之首。2010 年全村收购烟叶 40 000 kg，净增 26 500 kg。特别是小春村在 2010 年组建了祥丰烟叶专业合作社后，吸引了全村种烟能手 35 户，2012 年烟叶收购量达 50 000 kg，成为"千担"村。四是在稳定家庭联产承包责任制的前提下，制定出台规范操作的土地流转办法和指导原则。

## 三、建立烟叶生产风险补偿机制，增强烟农发展烟叶生产的信心，调动农民种烟的积极性

政府、烟厂、公司共同筹资建立种烟风险补偿基金。在遇到大的自然灾害时给予烟农一定的救助，使烟农在遇到大灾时不至于血本无归，增强烟农种烟的信心。

尝试建立烟叶产业商业保险制度。采取"烟草部门筹一点、政府筹一点、烟农筹一点"的办法，探索建立烟叶生产商业保险的路子，最大限度地减少烟农的种烟风险和损失。

#### 四、完善服务保障机制，为广大烟农提供全方位的优质服务是烟叶生产持续健康发展的重要保证

一是完善烟用物资供应体系。烟用肥料、地膜、农药及烘烤建设材料、新技术成果等烟用物资由烟草部门实行一条龙供应，并健全供应网络，方便烟农购买。

二是完善技术推广服务体系。在烟叶主产县建立研发中心，在主产乡（镇）建立测土配方施肥站和病虫预测预报站。加快对新技术创新的研究、引进、开发、应用，加大良种良法的推广力度，解决制约烟叶发展的关键技术问题。例如，江西省兴国县烟草公司、高兴镇、县科学技术局共同聘请科技特派员，在老圩村指导推广使用烤烟大培土、温湿度自动控制烘烤技术，取得了明显效益，平均每千克烟叶价格提高了 2.9 元，同时也辐射带动了周边的高兴、蒙山、合兴等村的烟叶生产。

三是完善金融借贷服务，降低贷款门槛，解决烟农资金投入问题。当前烟农贷款基本上都在农村信用合作社借贷，与其他经商、住房等贷款项目比，信贷规模小、利率高、门槛高。上级有关部门应制定扶贷政策，拿出部分扶贫贴息专项贷款，向烟草产业倾斜，适当提高种烟专业户小额信用贷款的额度。

四是建立完善烟叶协会组织，把烟叶协会组织延伸到村、村民组，在政府的引导下，使之成为"自我管理，自我服务，自我发展"的一种新型农村合作组织，通过经常性的活动和交流，为烟叶发展起到"传、帮、带"的作用，实现"建一个组织，兴一项产业，活一片经济，富一方农民"的目标，把协会建成真正的"烟农之家"。

#### 五、完善政策扶持机制

一是加大工厂、县（烟草公司）挂钩扶持力度，适当增加对烟农烟用物资的优惠，以适应国家对粮食及其他农产品生产加大扶持力度的形势，调动农民种烟积极性。

二是加大对烟叶烘房新建与改造的扶持力度，加大对改造老烟叶烘房应用推广新技术成果的扶持力度。对新建烟叶烘房，特别是烟叶烘房群，除稳

定现有的扶持政策外，对新建烟叶烘房户种植交售的烟叶按每年生产的中上等烟数量，给予一定金额的奖励扶持，使新建烟叶烘房投资能逐年收回一定成本。这有利于调动烟农新增烟叶烘房、扩大烟叶烘房面积、推动烟叶生产不断做大做强的积极性。

三是加大对新技术推广应用的扶助。创新科技是解决烟叶生产劳动强度偏大、比较效益偏低的根本出路，科技兴烟是实现烟叶生产品质和效益大提高的必然选择。加大对新技术、新成果推广应用的扶助，更好地促进烟农采用更多新的适用技术并缩短新技术推广应用的周期。

四是加大对烟草基地水利设施及耕作道路建设的扶持力度，为烟叶生产科学轮作、旱涝保收、方便耕作奠定基础。对种烟基地水利、道路等基础设施建设应加大扶持力度，使之尽快完善。

# 第三节　临沧烟区"科技兴烟"战略的实施

科技是推动烟叶生产发展的巨大动力。回顾我国烟叶生产发展历程，特别是品种优良化、栽培规范化、布局区域化生产措施全面普及以来，科学技术的发展（应用）直接带动了烟叶生产水平的提高。当前，随着社会主义市场经济的建立和完善，烟草行业的改革步伐也迈向了一个新阶段。现代企业制度的建立、社会资源的合理配置，使科技兴烟面临着新的困境与挑战。科技兴烟的成效好坏，事关我国是否能够实现烟叶生产水平的提高和全行业的健康发展。本部分从战略角度，论述了科技在烤烟生产中的作用，提出了科技兴烟的关键技术及实现科技兴烟的保证措施。

## 一、科技兴烟是发展我国烟草事业的战略选择

中华人民共和国成立以来，我国烤烟生产发生了巨大的变化。20世纪70年代以来，我国烤烟种植面积和收购量均居世界首位。烤烟种植做为烟草行业的基础，在满足卷烟工业上产量、上质量、上水平方面做出了巨大贡献。但是，目前烤烟种植面积却出现了滑坡趋势，对卷烟工业造成了一定影响。究其原因：一是种烟效益不高，加之投入多、风险大，烟农种烟积极性下降；

二是农村经济结构逐渐多元化，烤烟已难以满足群众致富需要，烟农纷纷将眼光瞄向其他高产高效产业；三是同其他农业产业一样，烤烟生产规模小，综合经济效益不高，随着其他优势产业崛起，部分烟农放弃种烟；四是随着农村改革的逐渐深入，行政干预力度减弱，原来行政干预下的烤烟生产逐渐恢复为经济杠杆指导下的自由选择，这也是造成烤烟种植面积落实困难的重要原因之一。

上述情况表明，与过去相比，我国烤烟生产条件已发生了质的变化。单靠过去的生产方式，已难以适应当前烤烟生产的发展。因此，研究现阶段发展我国烤烟生产的措施和方法，已是当务之急。按照一般供求理论，实现烟叶供求的有效平衡有四条途径：①扩大种植面积，增加生产总量；②提高收购价格，刺激烟农发展生产；③增加烟叶进口，弥补总量不足；④强化科技兴烟，提高单位面积产量。

我国耕地面积有限，粮烟用地矛盾突出。由于粮棉油事关国计民生，烟草无法与之竞争，扩大种植面积显然与国家政策相悖。因此，提高收购价格无疑成为提高烟农种烟积极性的有效手段，但大幅度提高收购价格不但会冲击粮食生产（提价幅度小，难以产生实质性效应），而且会加重用户负担，使厂家难以承受，而单纯依靠进口烟叶弥补总量显然更不现实。这是因为进口烟叶不但价格高，而且品质有别，难以在国产卷烟配方中占有主导地位。此外，即使进口烟叶可以接受，但对于数以千计的烟叶产区而言，不种烟则意味着失去经济（生活）来源，同样行不通。

上述情况表明，发展我国烟草事业必须立足国内，增加烟叶供应必须依靠科技，这是现阶段我国烟叶生产的客观选择，具有重要的战略意义。

## 二、提高科技水平对烟叶生产贡献率的经济学分析

与世界先进水平相比，现阶段我国烟叶生产水平还存在一定差距，突出表现为单产较低、质量不高。在质量方面，表现为上等烟偏少，下等烟叶比重过大，香气不足。许多名牌卷烟配方依赖进口烟叶。

烟叶产量、质量水平的高低与烟叶生产的各个环节有关。从品种方面来看，优质抗病品种的开发和利用，能大幅度提高烟叶产量和品质。据统计，在烟叶增产的诸多要素中，品种的贡献率高达20％～35％。事实上，我国

烟叶生产的每一次较大规模的发展，品种都发挥了重大作用。目前的情况是，我国现有主要栽培品种抗病性较差，特别是对目前国内几种重要病害，如花叶病、赤星病、根结线虫病缺乏抗性，对黑胫病、青枯病的抗性正在减退或丧失。加强病虫害防治具有重大的经济效益和社会效益。按我国现有生产能力计算，若减少损失 2 000 万 kg（将病虫害损失控制在 10 % 以下），则相应增产 2 000 万 kg 或节省烟田 160 万亩。影响我国烟叶生产的另一项因素是烘烤。多年的调查结果表明：仅由于烘烤技术落后一项，全国平均每亩减产 10 ~ 25kg。换言之，若每亩减少损失 15kg，则相当于增产 3 000 万 kg，即节省烟田 240 万亩。至于其他因素，如缺乏烟用肥料、耕作条件差、缺乏水浇条件等，在一定程度上也影响了烟叶产量、质量。

造成我国烟叶生产水平不高的原因是多方面的。主要原因是：烟叶生产条件差，抗御自然灾害能力不强，在诸多增产因素中科技含量较低。目前，我国烟叶科技成果转化率不到 40 %。就全国范围而言，部分产区还存在着广种薄收、靠天吃饭的现象。因此，加快我国科技兴烟进程，提高烟叶生产水平，是当前乃至今后相当时期内亟待解决的课题。

## 三、实施科技兴烟的关键技术

实施科技兴烟战略，就是通过加强科技攻关和关键技术的推广应用及科学技术的普及，达到提高单产、降低成本、增加投入、保障供给的目的。科技兴烟战略包括奋斗目标、关键性技术及保证措施。

关键技术：烟叶生产是一项技术性较强的工作，且各个环节之间联系较为紧密。随着科学技术的发展及卷烟工业配方的改革，科技兴烟内容也会不断丰富，水平也会不断提高。要充分发挥科学技术对生产的巨大指导作用，近期应重点抓好以下六项工作。

### （一）品种

品种是生产的基础。目前我国烤烟品种存在的主要问题是：首先，抗病性不强（或较差）或抗病性与品质性状不协调；其次，品种布局不合理，特别是品种单一，难以满足不同生态条件下烤烟的生长；最后，现行栽培品种不同程度地存在退化现象。另外，缺乏良好的配套生产措施，也限制着品种优良性状的发挥。

　　解决上述问题的主要措施是：从长远来讲，积极培育优良品种，充分利用国内外现有品种资源，采取多种技术，如杂交育种、细胞融合、基因转移等，尽快培育出适合中国的优良品种，努力实现培育一代、应用一代、储备一代的机制，形成合理的品种更新换代格局；从近期来讲，及时对现有品种提纯复壮，因地制宜、合理搭配品种，坚持良种良法配套，最大限度地发挥品种的优良性能，同时积极引进品种，做好试验、示范、推广。

　　**（二）肥料**

　　烤烟是一类叶用经济作物，对内在品质要求极为严格。肥料的种类、数量及比例影响着烟叶品质。目前，我国烟用肥料普遍存在的问题是重氮、轻磷、缺钾，部分地区仍然存在着烟株发育不良的现象。另外，微量元素缺乏也是一个不可忽视的问题。

　　造成以上现象的原因：一是烟用肥料紧张，特别是国内钾肥资源极为短缺；二是施肥技术不合理，有限的肥料资源得不到充分利用。对此，一方面，要积极培植肥源，特别是重视钾肥的引进及国产氯化钾的转化利用，开发研制适合中国烤烟生长的烟用专用肥料；另一方面，应从栽培环节入手，采取多种措施，如双层施肥、叶面施肥等技术，提高肥料的利用率。此外，要用地与养地相结合，多方式培肥地力，提高土地的产出能力。

　　**（三）水**

　　水是生命之源。在影响烤烟生产的诸多因素中，水是制约因素之一。就全国范围而言，目前我国烤烟用水基本上是依靠降水。由于降水具有明显的阶段性和不平衡性，难以满足不同时期烤烟的正常生长发育需要。近10年来，烤烟移栽与旺长期缺水是黄淮海烟区普遍发生的现象（南方烟区也常常如此）。这是造成部分烟区烟叶品质不良的原因之一。

　　从目前的情况来看，解决上述难题可以采取以下四项措施：一是合理推迟移栽期，尽量使烟株生长与大气降水协调一致，从而最大限度地顺应天时、占有地利，以充分利用有限的自然资源；二是积极开展旱作技术研究，采取多种措施，如选用抗旱品种、整地保墒、增施有机肥，提高土地蓄水、保水能力；三是大力推广地膜及秸秆覆盖技术，试验、示范保水剂、抗旱剂，减少水分蒸发，提高水分利用率；四是合理调整生产布局，改善生产条件，保证烤烟生长正常用水；五是因地制宜发展旱作节水技术，推广应用喷灌、滴灌等节水技术。

### （四）防治病虫害

除品种外，烟草病虫害是当前烟叶生产的又一个重要的影响因素。培育优质抗病品种周期长、难度大，短期内难以取得理想效果。因此，防治病虫害是一项积极有效的补救措施。从生物间相互依赖关系来看，病虫害是难以彻底消灭的。因为只要寄主（烟草）存在，病虫害就有发生的原因和条件。从该意义上讲，防治病虫害是一项长期性工作。在影响我国烤烟生产的诸多病虫害中，烟草病毒病害（TMV、CMV、PVY）、黑胫病、青枯病、赤星病、根结线虫病及蚜虫、烟青虫是主要病虫害，占病虫害损失的 80% 以上。目前生产上缺乏抗上述病虫害的优良品种。因此，在当前生产条件下（缺乏优质抗病品种），加强病虫害的治理是当前烟叶生产的中心工作。

病虫害防治是一项系统性较强的工作，涉及品种、耕作、栽培、化学防治、生物防治及人员素质等多方面。在目前培育优质抗病品种、轮作休闲等防病措施难以实施的情况下，应从改进栽培技术、提高化学防治水平等环节入手，结合预测预报，综合防治病虫害。同时，要加快植保队伍建设，提高技术人员的业务素质。

### （五）烘烤

与先进国家相比，我国烟叶烘烤技术落后，目前全国仍然普遍采用自然通风气流上升式普通烟叶烘房，烟叶烘房建设较美国、日本等国家落后 30 多年。此外，烘烤技术不高、烟叶质量提高不快是我国烟叶质量短期内难以赶上世界先进水平的原因之一。按照外国专家在中国烘烤烟叶的结果，仅采用先进烘烤技术一项，烤后烟叶较国内一般工艺高出 1 ~ 2 个等级，上等烟最高可达 70%。由此可见，改进烘烤技术是一项事半功倍的有益之举。目前应借鉴国外先进经验（如堆积式烟叶烘房、三段式工艺等），结合中国烟叶的特点，研究适合不同条件的优质烟烘烤技术规范。针对目前问题，重点解决香气不足等缺点，进一步提高烟叶香气质和香气量（栽培环节也应同步进行）。

### （六）改进耕作制度

鉴于目前烟叶收购价格较低，短期内难以调整到位，解决烟农收益不高等问题，应在不影响烟叶品质的前提下，合理安排一定面积的轮作、复种。这不但有利于解决粮烟争地，提高复种指数，增加经济效益，而且可以改善烟田理化性状，进一步提高烟田理化性质。有条件的地方可以逐步扩大推广。

以上六项技术简称为"种、肥、水、防、烤、改"。

## 四、实现科技兴烟的保证措施

### （一）提高烟田素质是基础

①合理调整生产布局，为烤烟生产提供良好的生长环境。下决心做好三个调整：由不适宜区向适宜区和最适宜区调整，山岭薄地向肥力较好的地块调整，无水浇条件地块向有水浇条件地块调整。尽量将烤烟安排在最适宜条件下生长。

②有计划发展、规模化生产，向集约化方向发展。重点发展大县、大乡、大村、大户，提高生产管理水平。

③注意保护耕地，坚持用地与养地相结合，保持生产的连续性。大力推广秸秆还田、增施优质有机肥等培肥地力技术，改善土壤理化性状，保持烟株正常生长所需营养的有效供给，努力实现优质丰产。

### （二）增加投入是保证

烤烟生产是一项产出较为明显的产业，保持一定量的投入，有利于促进生产水平的提高。在投入方面，应重点保证烟用种子、肥料、薄膜、地膜、煤炭、农药、农机具、排灌设备及烟叶烘房建设。在资金投入方面，应加强科技开发力度，建立必要的科技推广网络，形成合理的、层次分明的科技推广体系。目前工作的重点是：抓好南北方育种中心的建立和完善，使之尽快运作；同时，继续抓好系统内科研单位及大专院校的人才培养和科学研究；充分发挥系统外科研力量雄厚、门类齐全的优势，就影响烤烟生产的重大课题，实行联合攻关。

### （三）提高烟农素质是根本

烟农是烟叶生产的主体，烤烟生产的应用效果最终必须由烟农的收益来体现。只有用现代化的技术武装烟农，才能从根本上落实科技兴烟。目前要重点加强科技成果的消化吸收，做好试验、示范、推广，以点带面，用生动的现实教育烟农、启发烟农，激发烟农学科学、用科学的积极性。然后，还要采取多种形式，加强技术培训，加强重点环节的指导，最终使科学技术转化为生产力。

### （四）搞好服务是桥梁

抓服务体系建设、搞好社会服务是普及六项技术的桥梁。烤烟生产周期长、环节多、技术复杂、制约因素多。对此，烟草部门要发挥部门优势，坚持按产业化组织生产，注重抓好硬件（如生产资料等）和软件（如技术等）服务体系建设，搞好产前、产中和产后服务指导，及时解决烟农生产中的困难，为烟叶生产创造良好的内外部环境。

### （五）加强组织领导是关键

科技兴烟能否落实，关键在于领导是否有效。一方面，加强组织领导有助于保证各项措施的落实；另一方面，只有统一组织领导，才能协调好各方面的关系，为烟叶生产创造良好的社会氛围。首先，各级领导要充分理解科学技术是第一生产力的指导思想，并从思想上形成共识，从而增强依靠科技发展生产的自觉性和主动性；其次，各级领导部门要制定切实可行的科技兴烟规划，确保主攻目标的实现；最后，要制定鼓励科技兴烟的政策和措施，激发科技人员的积极性和创造性，为科技兴烟创造良好的外部环境。只有这样，才能保证上述各项措施能够最终实现。

# 参考文献

[1] 李淑君. 烤烟病害 [M]. 郑州：河南科学技术出版社，2018.

[2] 马国胜. 烟草疫霉菌及其病害生态治理研究 [M]. 苏州：苏州大学出版社，2015.

[3] 张一扬，李强，柳立. 烟叶精益烟草生产技术与应用 [M]. 长春：吉林大学出版社，2018.

[4] 曹圣金. 烤烟主要病虫害识别及防治图册 [M]. 长沙：湖南科学技术出版社，2011.

[5] 马聪，苏新宏，韩非，等. 现代烟草农业与烟叶产业化 [M]. 北京：中国农业出版社，2016.

[6] 董宇. "互联网 +"背景下烟草行业发展的策略试析 [J]. 现代商业，2021（12）：38-40.

[7] 魏彬，林壁润，孙大元，等. 我国烟草主要病虫害防治药剂登记现状与发展对策 [J]. 广东农业科学，2021，48（03）：105-114.

[8] 赵建勋. 烟草病虫害绿色防控技术 [J]. 现代农村科技，2021（03）：33-34.

[9] 马德良. 烟草优质高效栽培关键技术的应用 [J]. 种子科技，2021，39（02）：35-36.

[10] 马德良. 对烟草优质高效栽培关键技术要点的分析 [J]. 农业与技术，2020，40（21）：95-96.

[11] 李翠英. 植物生长调节剂在烟草栽培上的运用分析 [J]. 种子科技，2020，38（19）：21-22.

[12] 张守荣，金江华，金铭路，等. 烟草优质高效栽培技术要点 [J]. 南方农业，2020，14（26）：44-45.

[13] 詹仁锋，黄鹤鸣，叶庄钦. 烟草种植技术与田间管理分析 [J]. 河南农业，2020（23）：21-22.

[14] 秦焕朝. 烟草育苗及田间管理措施 [J]. 乡村科技，2020，11（22）：99-100.

[15] 于超. 生物防治在烟草病虫害防治中的应用 [J]. 农业与技术，2020，40（09）：47-48.

[16] 胡正兴. 烟草种植技术与实施要点解读 [J]. 种子科技，2020，38（07）：37，40.

[17] 刘治平，范才银，安然，等. 绿色防控技术对烟草病虫害及经济效益的影响 [J]. 现代农业科技，2020（06）：105，111.

[18] 刘贵轩. 烟草病虫害综合防控措施 [J]. 乡村科技，2020（07）：100-101.

[19] 肖桂丰. 烟草优质高效栽培的关键技术及其把握 [J]. 农家参谋，2019（18）：13.

[20] 王晓磊. 对烟草优质高效栽培关键技术要点的分析 [J]. 农村经济与科技，2019，30（16）：14-15.

[21] 马思敏洁，刘殊捷，张轶源，等. 云南省烟草产业与经济发展的研究 [J]. 财富时代，2019（08）：154.

[22] 黎远珍. 烟草病虫害产生原因及预防措施研究 [J]. 南方农业，2019，13（17）：8-9.

[23] 刘志刚. 新形势下"互联网＋"助力烟草产业发展的对策研究 [J]. 乡村科技，2018（31）：56-57.

[24] 王欢. 烟草农业信息化现状与对策 [J]. 现代农业科技，2018（17）：292，295.

[25] 刚勇. 烟草病虫害防治网络信息系统研究 [D]. 长沙：湖南农业大学，2011.

[26] 叶晓波. 烟草病虫害预报信息系统的研究与设计 [D]. 贵阳：贵州大学，2009.

[27] 尹湧华. 烟草病虫害管理决策支持系统的开发 [D]. 重庆：西南大学，2008.

[28] 相启夺. 烟草病虫害低公害综合防治技术研究 [D]. 泰安：山东农业大学，2004.